第二版

数控加工中心

（FANUC、SIEMENS系统）

编程实例精粹

牛海山　郭庆梁　王春蓉

编 著

化学工业出版社

·北京·

内 容 简 介

本书从工程实用的角度出发，以最常用的 FANUC、SIEMENS 数控系统为蓝本，深入浅出地介绍了数控加工中心的编程方法、技巧与应用实例。

本书首先概要介绍了 FANUC、SIEMENS 数控系统程序编制指令、加工中心工艺分析、调试与常用工具，引导读者入门；然后针对应用广泛的 FANUC、SIEMENS 数控系统，按照入门实例—提高实例—经典实例循序渐进的过程，通过学习目标与要领、工艺分析与实现过程、参考代码与注释的讲授方式，详细介绍了加工中心编程技术及实际编程应用；最后针对加工中心自动编程，重点介绍了 Mastercam 自动编程软件特点与实际加工案例。

本书语言通俗、层次清晰，工艺分析详细到位，编程实例典型丰富。全书以应用为核心，技术先进实用，全部来自一线实践，代表性和指导性强，方便读者学懂学透，实现举一反三。同时穿插介绍许多加工经验与技巧，帮助读者解决工作中遇见的多种问题，快速步入高级技工的行列。

本书适合广大初中级数控技术人员使用，同时也可作为高职高专院校相关专业学生，以及社会相关培训班学员的理想教材。

图书在版编目（CIP）数据

数控加工中心（FANUC、SIEMENS 系统）编程实
例精粹/牛海山，郭庆梁，王春蓉编著. —2 版. —北
京：化学工业出版社，2023.11
  ISBN 978-7-122-43909-3

Ⅰ.①数…　Ⅱ.①牛…　②郭…　③王…　Ⅲ.①数控
机床加工中心-程序设计　Ⅳ.①TG659

中国国家版本馆 CIP 数据核字（2023）第 137519 号

责任编辑：王　烨　陈　喆
责任校对：边　涛　　　　　　　　　　　　装帧设计：张　辉

出版发行：化学工业出版社（北京市东城区青年湖南街 13 号　邮政编码 100011）
印　　刷：北京云浩印刷有限责任公司
装　　订：三河市振勇印装有限公司
787mm×1092mm　1/16　印张 19¾　字数 484 千字　2023 年 12 月北京第 2 版第 1 次印刷

购书咨询：010-64518888　　　　　　　　售后服务：010-64518899
网　　址：http://www.cip.com.cn
凡购买本书，如有缺损质量问题，本社销售中心负责调换。

定　　价：89.00 元　　　　　　　　　　　　　　　版权所有　违者必究

前言

数控加工是机械制造业中的先进加工技术，在企业生产中，数控机床的使用已经非常广泛。目前，随着国内数控机床用量的剧增，急需培养一大批能够熟练掌握现代数控机床编程、操作和维护的应用型高级技术人才。

虽然许多职业学校都相继开展了数控技工的培训，但由于课程课时有限、培训内容单一（主要是理论）以及学生实践和提高的机会少，学生们还只是处于初级数控技工的水平，离企业需要的高级数控技工的能力还有一定的差距。编者结合自己多年的实际工作经验编写了本书，在简要介绍操作和指令的基础上，突出对编程技巧和应用实例的讲解，加强了技术性和实用性。

本书第一版以其内容实用、讲解透彻而较好满足了广大读者的需求，但因出版时间较久，部分内容也需完善更新，故对本书进行修订再版。此次修订主要对部分陈旧的实例进行了更新，补充和强化了数控铣床和加工中心加工工艺内容，对全部实例的参数选取和程序编制进行了校核，对个别错误的图文进行了订正等。

全书共包括3大部分，主要内容如下。

第1部分为数控加工中心基础（第1~3章），依次概要介绍了FANUC、SI-EMENS数控系统程序编制指令、加工中心工艺分析、调试与常用工具，引导读者入门。通过本部分学习，读者可以了解数控加工中心的编程指令、工艺分析与辅助工具。

第2部分为加工中心编程实例（第4~9章），针对应用广泛的FANUC、SI-EMENS数控系统，按照入门实例—提高实例—经典实例这样循序渐进的过程，通过学习目标与要领、工艺分析与实现过程、参考代码与注释的讲授方式，详细介绍了加工中心技术以及实际编程应用。学习完本部分，读者可以举一反三，掌握各类零件的加工编程流程以及运用技巧。

第3部分为加工中心自动加工（第10和11章），重点介绍了Mastercam自动编程软件特点与实际加工案例。读者通过学习，将丰富自己的加工中心编程技术，提升加工编程能力。

本书主要具备以下一些特色。

（1）以应用为核心，技术先进实用；同时总结了许多加工经验与技巧，帮助读者解决加工中遇见的各种问题，快速入门与提高。

（2）加工实例典型丰富、由简到难、深入浅出，全部取自于一线实践，代表性和指导性强，方便读者学懂学透、举一反三。

本书适合广大数控技工初中级读者使用，同时也可作为高职高专院校相关专业学生以及社会相关培训班学员的理想教材。

本书由辽宁石油化工大学牛海山、郭庆梁、王春蓉编著。其中，牛海山编写第1~6章，郭庆梁编写第7~9章，王春蓉编写第10和11章。另外，浦艳敏老师也为本书编写做了很多组织工作，在此表示感谢！

由于时间仓促，编者水平有限，书中难免有不足和疏漏之处，欢迎广大读者批评指正。

编著者

目录

第1篇　数控加工中心基础

第 2 篇　FANUC 系统加工中心实例

第3篇　SIEMENS 系统加工中心实例

第4篇　自动加工编程

第1篇

数控加工中心基础

第1章
数控加工中心程序编制基础

在数控加工中心的编程中，用户可以通过系统指定的一些标准指令对机床进行动作控制，如主轴的正反转、自动换刀、进给速度的快慢以及各种走刀路线的控制等。熟悉数控加工中心程序编制技术，是用户进行数控加工的基础。本章将分别对 FANUC 和 SIEMENS 系统加工中心程序编制指令与使用进行具体介绍。

1.1 FANUC 系统加工中心程序编制基础

FANUC 系统加工中心程序编制包括插补功能指令、固定循环指令以及其他一些指令，下面一一叙述。

1.1.1 插补功能指令

（1）平面选择：G17、G18、G19

① 指令格式：G17

　　　　　　　　G18

　　　　　　　　G19

② 指令功能　分别用来指定程序段中刀具的圆弧插补平面和刀具半径补偿平面。

③ 指令说明

a. G17 表示选择 XY 加工平面；

b. G18 表示选择 XZ 加工平面；

c. G19 表示选择 YZ 加工平面（如图 1-1 所示）。

④ 应用举例

例如，加工如图 1-2 所示零件，当铣削圆弧面 1 时，就在 XY 平面内进行圆弧插补，应选用 G17；当铣削圆弧面 2 时，应在 YZ 平面内加工，选用 G19。

立式三轴加工中心大都在 X、Y 平面内加工，参数一般都将数控系统开机默认 G17 状态，故 G17 在正常情况下可以省略不写。

（2）英制尺寸/公制尺寸指令

① 指令格式：G20

　　　　　　　　G21

② 指令功能　数控系统可根据所设定的状态，利用代码把所有的几何值转换为公制尺寸或英制尺寸，同样进给率 F 的单位也分别为 mm/min（in/min）或 mm/r（in/r）。

③ 指令说明

a. G20　英制输入

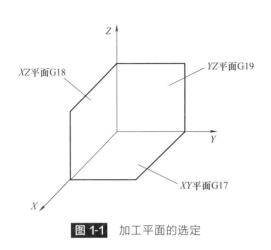

图 1-1 加工平面的选定

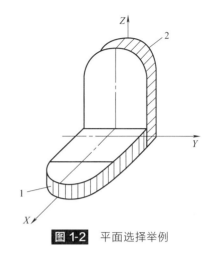

图 1-2 平面选择举例

b. G21　公制输入

该 G 代码必须要在设定坐标系之前，在程序中用独立程序段指定。一般机床出厂时，将公制输入 G21 设定为参数缺省状态。

公制与英制单位的换算关系为：

$$1\text{mm} \approx 0.0394\text{in}$$
$$1\text{in} \approx 25.4\text{mm}$$

④ 注意事项

a. 在程序的执行过程中，不能在 G20 和 G21 指令之间切换。

b. 当英制输入（G20）切换到公制（G21）或进行相互切换时，刀具补偿值必须根据最小输入增量单位在加工前设定（当机床参数 No.5006 ♯0 为 1 时，刀具补偿值会自动转换而不必重新设定）。

（3）绝对值编程与增量值编程

① 指令格式：G90
　　　　　　　G91

② 指令功能　G90 和 G91 指令分别对应着绝对位置数据输入和增量位置数据输入。

③ 指令说明　G90　绝对值编程
　　　　　　　G91　增量值编程

当使用 G90 绝对值编程时，不管零件的坐标点在什么位置，该坐标点的 X、Y、Z 都是以坐标系的坐标原点为基准去计算。坐标的正负方向可以通过象限的正负方向去判断。

当使用 G91 增量值编程时，移动指令的坐标值 X、Y、Z 都是以上一个坐标终点为基准来计算的，也可以通俗地理解为刀具在这个移动动作中移动的距离。正负判定：当前点到终点的方向与坐标轴同向取正，反向则为负。

④ 应用举例

例如图 1-3 所示，刀具以 $A{\to}B{\to}C{\to}A$ 的走刀顺序快速移动，使用绝对坐标与增量坐标方式编程。

增量坐标编程为：

```
G90 G54 G0 X0 Y0 Z0；刀具定位到编程原点
G91 G00 X20. Y10.；　 从编程原点→A 点
```

```
X20.Y20.；              从 A 点→B 点
X20.；                  从 B 点→C 点
 X-40 Y-20;             从 C 点→A 点
```

绝对坐标编程为：

```
G90 G54 G0 X0 Y0 Z0;  刀具定位到编程原点
X20.Y10.；            刀具快速移动到 A 点
X40.Y30.；            从 A 点→B 点
X60.；                从 B 点→C 点
X20.Y10.；            从 C 点→A 点
```

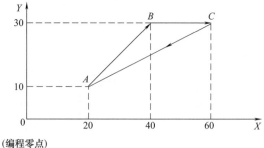

图 1-3　使用绝对坐标与增量坐标方式编程

（4）快速点定位 G00

① 指令格式：G00　X＿ Y＿ Z＿；

② 指令功能　使刀具以点位控制的方式从刀具起始点快速移动到目标位置。

③ 指令说明　在 G00 的编程格式中 X＿ Y＿ Z＿分别表示目标点的坐标值。G00 的移动速度由机床参数设定，在机床操作面板上有一个快速修调倍率能够对移动速度进行百分比缩放。

④ 注意事项

a. 因 G00 的移动速度非常快（根据机床的档次和性能不同，最高的 G00 速度也不尽相同，但一般普通中档机床也都会在每分钟十几米以上），所以 G00 不能参与工件的切削加工，这是初学者经常会出现的加工事故，希望读者注意。

b. G00 的运动轨迹不一定是两点一线，而有可能是一条折线（是直线插补定位还是非直线插补定位，由参数 No.1401　第 1 位设置）。所以我们在定位时要考虑刀具在移动过程中是否会与工件、夹具干涉，我们可采用三轴不同段编程的方法去避免这种情况的发生。即

刀具从上往下移动时：　　　　　　　　刀具从下往上移动时：

编程格式：G00　X＿ Y＿；　　　　　编程格式：Z＿；

　　　　　　Z＿；　　　　　　　　　　　G00　X＿ Y＿；

即刀具从上往下时，先在 XY 平面内定位，然后 Z 轴再下降或下刀；刀具从下往上时，Z 轴先上提，然后再在 XY 平面内定位。

⑤ 应用举例

例如图 1-4 所示，刀具从 A 点快速移动至 B 点，使用绝对坐标与增量坐标方式编程。

增量坐标方式：G91 G00 X30.Y20.；

绝对坐标方式：G90 G00 X40.Y30.；

（5）直线插补 G01

① 指令格式：G01　X＿ Y＿ Z＿ F＿；

② 指令功能　使刀具按进给指定的速度从当前点运动到指定点。

③ 指令说明　G01 指令后的坐标值为直线的终点值坐标，G01 与格式里面的每一个字母都是模态代码。

（6）圆弧插补指令 G02、G03

① 指令格式：$\begin{Bmatrix} G02 \\ G03 \end{Bmatrix} X\_\_ Y\_\_ Z\_\_ \begin{Bmatrix} R\_\_ \\ I\_\_ J\_\_ K\_\_ \end{Bmatrix} F\_\_;$

② 指令功能　圆弧插补指令命令刀具在指定平面内按给定的进给速度 F 做圆弧运动，切削出圆弧轮廓。

③ 指令说明

a. G02、G03 的判断　圆弧插补指令分为顺时针圆弧插补指令（G02）和逆时针圆弧插补指令（G03）。判断方法为：沿着刀具的进给方向，圆弧段为顺时针的为 G02，逆时针则为 G03；如图 1-5 所示，刀具以 $A \rightarrow B \rightarrow C \rightarrow D$ 顺序进给加工时，BC 圆弧段因为是顺时针，故是 G02；CD 圆弧段则为逆时针，故为 G03；假使现在进给方向从 $D \rightarrow C \rightarrow B \rightarrow$

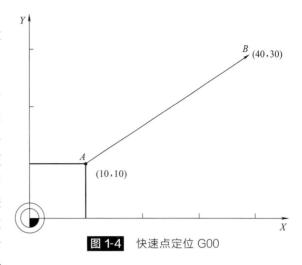

图 1-4　快速点定位 G00

A 这样的进给路线，那么两圆弧的顺逆都将颠倒一下，所以在判断时必须牢记沿进给方向去综合判断。

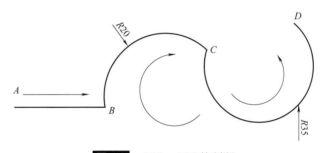

图 1-5　G02、G03 的判断

b. G02/G03 的编程格式

ⅰ. 用圆弧半径编程

$$\left. \begin{matrix} G02 \\ G03 \end{matrix} \right\} X \_\_ Y \_\_ Z \_\_ R \_\_ F \_\_ ;$$

这种格式在平时的圆弧编程中最为常见，也较容易理解，只需按格式指定圆弧的终点和圆弧半径 R 即可。格式中的 R 有正负之分，当圆弧小于等于半圆（180°）时取 $+R$，"$+$" 在编程中可以省略不写；当圆弧大于半圆（180°）小于整圆（360°）时 R 应写为 "$-R$"。

应用举例：

如图 1-5 所示，各点坐标为 A（0，0）、B（20，0）、C（40，20）、D（55，30）。轮廓的参考程序如下：

```
G90 G54 G0 X0 Y0 M03 S800;        定位到 A 点
G01 X20.F200;                     从 A 点进给移动到 B 点
G02 X40.Y20.R20.;                 走圆弧 BC
G03 X55.Y30.R-35.;                走圆弧 CD
```

注意：圆弧半径 R 编程不能加工整圆。

ⅱ. 用 I、J、K 编程

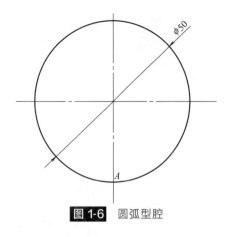

图 1-6 圆弧型腔

$$\begin{Bmatrix} G02 \\ G03 \end{Bmatrix} X\_\_Y\_\_Z\_\_I\_\_J\_\_K\_\_F\_\_;$$

这种编程方法一般用于整圆加工。

在格式中的 I、J、K 分别为 X、Y、Z 方向相对于圆心之间的距离（矢量），X 方向用 I 表示，Y 方向用 J 表示，Z 方向用 K 表示（但在 G17 平面上编程 K 均为 0）。I、J、K 的正负可以这样去判断：刀具停留在轴的负方向，往正方向进给，也就是与坐标轴同向，那么就取正值，反之则为负。

应用举例：

加工如图 1-6 所示的圆弧型腔，参考程序如下。

O001;	
N10 G90 G54 G0 X0 Y0 Z30. M03 S800;	刀具快速定位到圆的中心点
N20 Z3. ;	刀具接近工件表面
N30 G01 Z-5. F100;	下刀
N40 Y-25. F200;	刀具移动到圆弧的起点处 A 点
N50 G02 J25. ;	因加工整圆时起点等于终点值坐标，故 X、Y 值可以省略不写。又因刀具是移动到 Y 轴线上，圆弧的起点 A 点相对于圆心距离是 25，而且是刀具停在 Y 轴的负方向上，往正方向走，所以是 J25
N60 G01 X0 Y0;	刀具进给移回到圆心点，必须使用 G01，因为圆的中间部分还有残料
N70 G0 Z30. ;	快速抬刀
N80 M30;	程序结束并返回到程序头

小技巧：在加工整圆时，一般把刀具定位到中心点，下刀后移动到 X 轴或 Y 轴的轴线上，这样就有一根轴是 0，便于编程。

（7）刀具半径补偿指令 G41、G42、G40

① 指令格式：G01（G00）$\begin{Bmatrix} G41 \\ G42 \end{Bmatrix} X\_\_Y\_\_D\_\_(F\_\_);$

　　　　…
　　　　…

　　　G40　G01（G00）X__Y__（F__）;

② 指令功能　使用了刀具半径补偿后，编程时不需再计算刀具中心的运动轨迹，只需按零件轮廓编程。操作时还可以用同一个加工程序，通过改变刀具半径的偏移量，对零件轮廓进行粗、精加工。

③ 指令说明

a. G41 为刀具半径左补偿，定义为假设工件不动，沿着刀具运动（进给）方向向前看，刀具在零件左侧的刀具半径补偿，如图 1-7 所示；G42 为刀具半径右补偿，定义为假设工件不动，沿刀具运动方向向前看，刀具在零件右侧的刀具半径补偿，如图 1-8 所示。

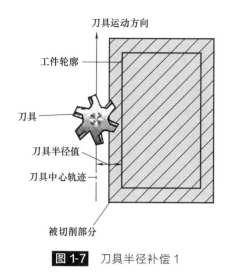

图 1-7　刀具半径补偿 1

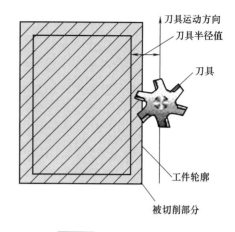

图 1-8　刀具半径补偿 2

b. 在进行刀具半径补偿时必须要有该平面的轴移动（例在 G17 平面上建立刀补则必须要有 XY 轴的移动），而且移动量必须大于刀具半径补偿值，否则机床将无法正常加工。

c. 在执行 G41、G42 及 G40 指令时，其移动指令只能用 G01 或 G00，而不能用 G02 或 G03。

d. 当刀补数据为负值时，则 G41、G42 功效互换。

e. G41、G42 指令不能重复指定，否则会产生特殊状况。

f. G40、G41、G42 都是模态代码。

g. 在建立刀具半径补偿时，如果在 3 段程序中没有该平面的轴移动（如在建刀补后加了暂停、子程序名、M99 返回主程序、第三轴移动等），就会产生过切。

④ 应用举例　加工图 1-9 所示零件，参考程序如下。

```
O00001;
G90 G55 G0 X-80. Y-80. ;
S1500 M3;
G0 Z10. ;
G01 Z-10. F100;
G41 X-50. D01 F200;
X-35. ;
Y35. ;
X35. ;
Y-35. ;
X-80. ;
G0 Z3;
G40 X0 Y0;
G01 Z-10. F100;
G41 X0. Y-10. D02 F200;
Y-15. ;
```

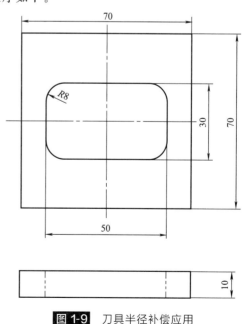

图 1-9　刀具半径补偿应用

```
X17.;
G3 X25.Y-7.R8.;
G1 Y7.;
G3 X17.Y15.R8.;
G1 X-17.;
G3 X-25.Y7.R8.;
G1 Y-7.;
G3 X-17Y-15R8.;
G1 X10.;
G40 X0 Y0;
G0 Z5;
M30;
```

（8）刀具长度补偿指令 G43、G44、G49

① 指令格式：$\begin{Bmatrix} G43 \\ G44 \end{Bmatrix}$ Z __ H __ ;

…

      G49 Z0;

② 指令功能　当使用不同类型及规格的刀具或刀具磨损时，可在程序中使用刀具长度补偿指令补偿刀具尺寸的变化，而不需要重新调整刀具或重新对刀。

③ 指令说明　G43 表示刀具长度正补偿；G44 指令表示刀具长度负补偿；G49 指令表示取消刀具长度补偿。

如图 1-10 所示，T1 为基准刀。T2 比 T1 长了 50，那么就可以使用 G43 刀具长度正补偿把刀具往上提到与 T1 相同位置，具体操作为在程序开头加 G43 Z100.H01，再在 OFFSET 偏置页面找到"01"位置，在 H 长度里面输入 50；T3 比 T1 短了 80，使用 G44 刀具长度负补偿把刀具往下拉一段距离，让其与基准刀 T1 相等，具体操作与 G43 相同。

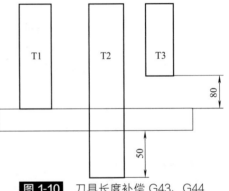

图 1-10　刀具长度补偿 G43、G44

H 指令对应的偏置量在设置时可以为"＋"，也可以为"－"，使用负值时 G43、G44 功能互换。在平时的生产加工中，一般只用一个 G43，然后在偏置里面加正负值。

在撤销刀具长度补偿时，切勿采用单独的 G49 格式，否则容易产生撞刀现象。

（9）子程序调用指令

① 指令格式：M98 P△△△ □□□□　　　　　O□□□□

      …　　　　　　　　　　　　　　　　…

      M30;　　　　　　　　　　　　　　M99;

② 指令功能　某些被加工的零件中，常会出现几何尺寸形状相同的加工轨迹，为了简化程序可以把这些重复的内容抽出，编制成一个独立的程序即为子程序，然后像主程序一样将它作为一个单独的程序输入到机床中。加工到相同的加工轨迹时，在主程序中使用 M98 调用指令调用这些子程序。

③ 指令说明　M98 P△△△ □□□□，M98 表示调用子程序，P 后面跟七位数字（完整情况下，可按规定省略）。前三位表示调用该子程序的次数，后四位表示被调用的子程序名。

例如：M98 P0030082 表示调用 O0082 号子程序 3 次；M98P82 当调用次数为一次时可以省略前置零。

子程序的编写与一般程序基本相同，只是程序用 M99（子程序结束并返回到主程序）结束。

子程序再调用子程序这种情况叫嵌套，如图 1-11 所示。根据每个数控系统的强弱也不尽相同，FANUC 可以嵌套 4 层。

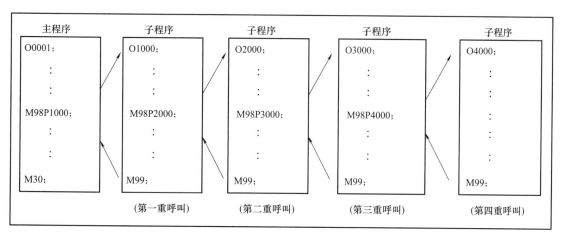

图 1-11　子程序嵌套

小技巧：在使用子程序时，最关键的一个问题，就是主程序与子程序的衔接，应该知道刀每一步为什么要这样走，以达到程序精简正确。这也是新手在学习数控时需要不断提升的部分。

（10）坐标系旋转指令 G68、G69

① 指令格式：G68　X__ Y__ R__；

　　　　　　…

　　　　　　G69；

② 指令功能　用该功能可将工件放置某一指定角度。另外，如果工件的形状由许多相同的图形组成，则可将图形单元编成子程序，然后再结合旋转指令调用，以达到简化程序、减少节点计算的目的。

③ 指令说明　G68 表示旋转功能打开，$X\_Y\_$ 表示旋转的中心点，坐标轴并不移动。$R\_$ 旋转的角度，逆时针为正，顺时针为负。G69 指令表示取消旋转。

④ 应用举例　加工图 1-12 实线所示方框，参考程序如下。

```
O0001;
G90 G40 G49;              取消模态指令，使机床处于初始状态
G68 X0 Y0 R30.;           打开旋转指令
```

G0X-65.Y-25.M3 S1200;	刀具定位（上一步虽有 X、Y 但含义不同，刀具未移动）
G43 H01 Z100.;	使用刀具长度补偿并定位到 Z100 的地方
Z30.;	确认工件坐标系
Z5.;	接近工件表面
G01 Z-2. F100;	下刀
G41 X-25. D01 F200;	建立刀具半径补偿
Y15.;	
X25.;	
Y-15.;	
X-65. F300;	
G0 Z30.;	抬刀
G69 G40;	取消旋转和刀具半径补偿
G91 G30 Z0 Y0;	机床快速退回到 Z 的第二参考点，Y 轴退到机床零点，以便于测量
M30;	程序结束

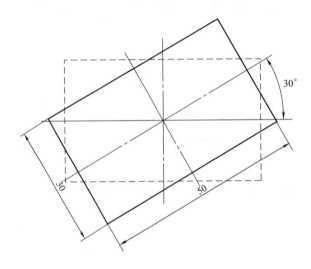

图 1-12 坐标系旋转指令

> 小技巧：可以使用旋转指令旋转 180°替代镜像指令，而且要比镜像指令更加简便好用。

1.1.2 固定循环指令

在数控加工中，有些典型的加工工序，是由刀具按固定的动作完成的。如在孔加工时，往往需要快速接近工件、进行孔加工及孔加工完成后快速回退等固定动作。将这些典型的、固定的几个连续动作，用一条 G 指令来代表，这样只需用单一程序段的指令即可完成加工，这样的指令称为固定循环指令。FANUC 中固定循环指令主要用于钻孔、镗孔、攻螺纹等孔类加工，固定循环指令详细功能见表 1-1。

⊡ 表 1-1　固定循环指令功能一览表

G 代码	钻削（−Z 方向）	在孔底的动作	回退（＋Z 方向）	应用
G73	间歇进给	—	快速移动	高速深孔钻循环
G74	切削进给	停刀→主轴正转	切削进给	左旋攻螺纹循环
G76	切削进给	主轴定向停止	快速移动	精镗循环
G80	—	—	—	取消固定循环
G81	切削进给	—	快速移动	钻孔循环,点钻循环
G82	切削进给	停刀	快速移动	钻孔循环,锪镗循环
G83	间歇进给	—	快速移动	深孔钻循环
G84	切削进给	停刀→主轴反转	切削进给	攻螺纹循环
G85	切削进给	—	切削进给	镗孔循环
G86	切削进给	主轴停止	快速移动	镗孔循环
G87	切削进给	主轴正转	快速移动	背镗循环
G88	切削进给	停刀→主轴停止	手动移动	镗孔循环
G89	切削进给	停刀	切削进给	镗孔循环

固定循环由 6 个分解动作组成（见图 1-13）：

① X 轴和 Y 轴快速定位（还包括另一个轴）。

② 刀具快速从初始点进给到 R 点。

③ 以切削进给方式执行孔加工的动作。

④ 在孔底相应的动作。

⑤ 返回 R 点。

⑥ 快速返回到初始点。

编程格式：

G90/G91 G98/G99 G73～G89 X __
Y __ Z __ R __ Q __ P __ F __ K __；

指令意义：

G90/G91——绝对坐标编程或增量坐标编程；

G98——返回起始点；

G99——返回 R 平面；

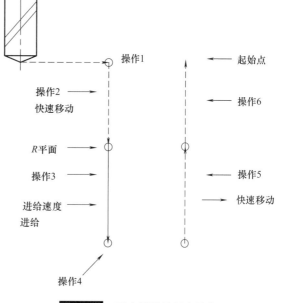

操作1　　起始点
操作2　　操作6
快速移动
R平面　　操作5
操作3
进给速度　　快速移动
进给
操作4

图 1-13　固定循环的基本动作

G73～G89——孔加工方式，如钻孔加工、高速深孔钻加工、镗孔加工等；

X、Y——孔的位置坐标；

Z——孔底坐标；

R——安全面（R 面）的坐标。增量方式时，为起始点到 R 面的增量距离；在绝对方式时，为 R 面的绝对坐标；

Q——每次切削深度；

P——孔底的暂停时间；

F——切削进给速度；

K——规定重复加工次数。

固定循环由 G80 或 01 组 G 代码撤销。

（1）钻孔循环 G81

① 指令格式：G81 X＿＿ Y＿＿ R＿＿ Z＿＿ F＿＿；

② 指令功能　该循环用于正常的钻孔，切削进给到孔底，然后刀具快速退回。执行此指令时，如图 1-14 所示，钻头先快速定位至 X、Y 所指定的坐标位置，再快速定位至 R 点，接着以 F 所指定的进给速率向下钻削至 Z 所指定的孔底位置，最后快速退刀至 R 点或起始点完成循环。

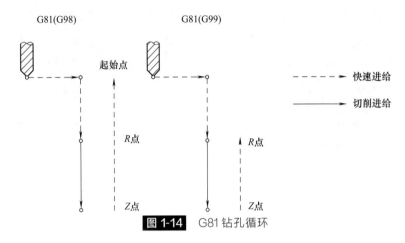

图 1-14　G81 钻孔循环

（2）固定循环取消 G80

① 指令格式：G80

② 指令功能　固定循环使用结束后，应指令 G80 取消自动切削循环，而使用 01 组指令（G00、G01、G02、G03 等），此时固定循环指令中的孔加工数据也会自动取消。

（3）沉孔加工固定循环 G82

① 指令格式：G82 X＿＿ Y＿＿ R＿＿ Z＿＿ P＿＿ F＿＿；

② 指令功能　G82 指令除了在孔底会暂停 P 后面所指定的时间外，其余加工动作均与 G81 相同。刀具切削到孔底后暂停几秒，可改善钻盲孔、柱坑、锥坑的孔底精度。P 不可用小数点方式表示数值，如欲暂停 0.5s 应写成 P500。

（4）高速深孔钻削循环 G73

① 指令格式：G73 X＿＿ Y＿＿ R＿＿ Z＿＿ Q＿＿ F＿＿；

② 指令功能　该循环执行高速排屑钻孔。执行指令时刀具间歇切削进给直到 Z 的最终深度（孔底深度），同时可从中排除掉一部分的切屑。

③ 指令说明　如图 1-15（a）所示钻头先快速定位至 X、Y 所指定的坐标位置，再快速定位到 R 点，接着以 F 所指定的进给速率向 Z 轴下钻 Q 所指定的距离（Q 必为正值，用增量值表示），再快速退回 d 距离（FANUC0M 由参数 0531 设定之，一般设定为 1000，表示 0.1mm），依此方式一直钻孔到 Z 所指定的孔底位置。此种间歇进给的加工方式可使切屑裂断且切削剂易到达切边进而使断屑和排屑容易且冷却、润滑效果佳，适合较深孔加工。图 1-15 所示为高速深孔钻加工的工作过程。其中 Q 为增量值，指定每次切削深度。d 为排屑退刀量，由系统参数设定。

（5）啄式钻孔循环 G83

① 指令格式：G83 X＿＿ Y＿＿ R＿＿ Z＿＿ Q＿＿ F＿＿；

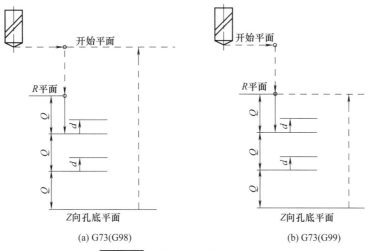

(a) G73(G98)　　　　　　　　　　　　　　(b) G73(G99)

图 1-15　高速深孔钻削循环动作

② 指令功能　执行该循环刀具间歇切削进给到孔的底部，钻孔过程中按指令的 Q 值抬一次刀，从孔中排除切屑，也可让冷却液进入到加工的孔中。

③ 指令说明　G83 的加工与 G73 略有不同的是每次钻头间歇进给回退到点 R 平面，可把切屑带出孔外，以免切屑将钻槽塞满而增加钻削阻力及切削剂无法到达切边，故适于深孔钻削。d 表示钻头间断进给时，每次下降由快速转为切削进给时的那一点与前一次切削进给下降的点之间的距离，同样由系统内部参数设定。孔加工动作如图 1-16 所示。

G83 (G98)　　　　　　　　　　　　G83 (G99)

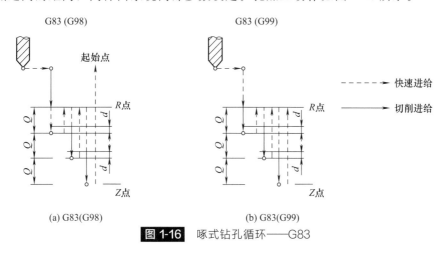

- - - - → 快速进给

———→ 切削进给

(a) G83(G98)　　　　　　　　　　　　(b) G83(G99)

图 1-16　啄式钻孔循环——G83

（6）攻右旋螺纹指令 G84 与攻左旋螺纹指令 G74

① 指令格式：G84（G74）X＿Y＿R＿Z＿F＿；

② 指令说明　G84 用于攻右旋螺纹，丝锥到达孔底后主轴反转，返回到 R 点平面后主轴恢复正转；G74 用于攻左旋螺纹，丝锥到达孔底后主轴正转，返回到 R 点平面后主轴恢复反转。格式中的 F 在 G94 和 G95 方式各有不同，在 G94（每分钟进给）中，进给速率（mm/min）＝导程（mm/r）×主轴转速（r/min）；在 G95（每转进给）中，F 即为导程，一般机床设置都为 G94。加工动作如图 1-17 所示。

（7）铰（粗镗）孔循环指令 G85 与精镗阶梯孔循环指令 G89

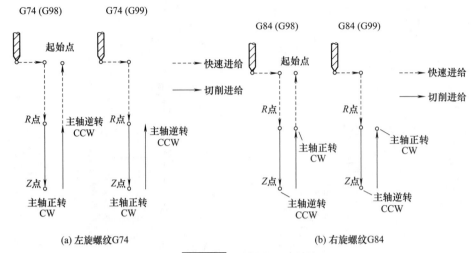

图 1-17 攻螺纹循环

① 指令格式：G85 X __ Y __ R __ Z __ F __ ;

　　　　　　　G89 X __ Y __ R __ Z __ P __ F __ ;

② 指令说明　这两种加工方式，刀具是以切削进给的方式加工到孔底，然后又以切削方式返回到点 R 平面，因此适用于铰孔、镗孔。G89 在孔底又因有暂停动作，所以适宜精镗阶梯孔。加工动作如图 1-18 所示。

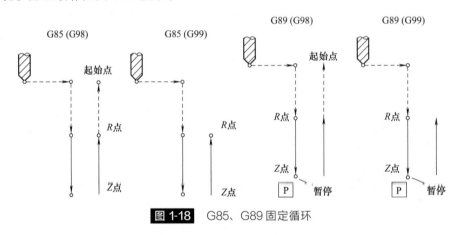

图 1-18 G85、G89 固定循环

（8）精镗孔循环指令 G76

① 指令格式：G76 X __ Y __ R __ Z __ Q __ F __ ;

② 指令功能　此指令到达孔底时，主轴在固定的旋转位置停止，并且刀具以刀尖的相反方向移动退刀。这可以保证孔壁不被刮伤，实现精密和有效的镗削加工。

③ 指令说明　G76 切削到达孔底后，主轴定向，刀具再偏移一个 Q 值，动作如图 1-19 所示。

④ 注意事项

a. 在装镗刀到主轴前，必须使用 M19 执行主轴定向。镗刀刀尖朝哪边，可在没装刀前就用程序试验出方向。以免方向相反在刀具到达孔底后移动刮伤工件或造成镗刀报废。

b. Q 一定为正值。如果 Q 指定为负值，符号被忽略。也不可使用小数点方式表示，如欲偏移 0.5mm，则必须要写成 Q500。Q 值一般取 0.5～1mm，不可取过大，要避免刀杆刀

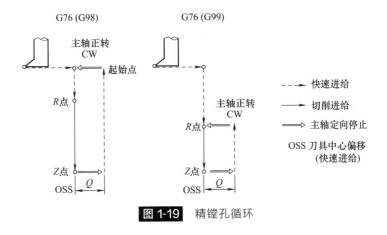

图 1-19　精镗孔循环

背与机床孔壁相摩擦。Q 的偏移方向由参数 No. 5101 ♯4（RD1）和 ♯5（RD2）设定。

1.1.3　其他指令

（1）极坐标编程 G16、G15

① 指令格式：G16；

　　　　　　…

　　　　　　G15；

② 指令功能　在有些指定了极半径与极角的零件图中，可以简化程序和减少节点计算。

③ 指令说明　一旦指定了 G16 后，机床就会进入极坐标编程方式。X 表示为极坐标的极半径，Y 将会表示为极角。

④ 应用举例　如图 1-20 所示，编程的参考程序如下。

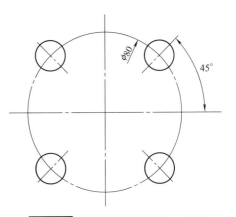

图 1-20　极坐标编程 G16、 G15

O0001;	
M06 T01;	换 01 号刀具
G43 H01 Z100. ;	执行刀具长度补偿
G40 G69 G15;	取消模态代码，使机床初始化
G90 G54 G0 X0 Y0 M03 S1000;	定位，主轴打开
Z3. M08;	接近工件表面，打开冷却液
G16;	打开极坐标编程
G81 X40. Y45. Z-10. R3. F120;	使用 G81 打孔循环，X40 表示孔的极半径为 40，Y45 则表示极角为 45°；
Y135. ;	极半径不变，极角增大
Y225. ;	
Y315. ;	
G0 Z30. ;	
G15;	取消极坐标
M09;	在主轴停转前关闭冷却液
M30;	程序结束

（2）时间延迟指令 G04

① 指令格式：G04 X ___ . 或 G04 P ___ ；

② 指令功能　当加工台阶孔或有需要执行时间延迟动作时可使用该指令。

③ 指令说明　地址码 X 或 P 都为暂停时间。其中 X 后面可用带小数点的数值，单位为 s，如 G04 X3. 表示前面程序执行完后，要延迟 3s 再继续执行下面程序；地址 P 后面不允许用小数点，单位为 ms。需延迟 3s 则用 G04 P3000。

（3）程序暂停指令 M00、M01

① 指令格式：M00（M01）

② 指令说明　当执行到 M00（M01）时程序将暂停，当按"循环启动"按钮后程序又继续往后走，适用于加工中的测量等。动作为：进给停止，主轴仍然转动（视机床情况而定，但一般都是不停），冷却液照常。

M01 功能和 M00 相同，但选择停止或不停止，可由执行操作面板上的"选择停止"按钮来控制。当按钮置于 ON（灯亮）时则 M01 有效，其功能等于 M00，若按钮置于 OFF（灯熄）时，则 M01 将不被执行，即程序不会停止。

FANUC 0i-MC 系统 G 指令如表 1-2 所示。

▢ 表 1-2　FANUC 0i-MC 系统 G 指令

G 码	群	功　能
G00☆		快速定位（快速进给）
G01☆	01	直线切削（切削进给）
G02		圆弧切削 CW
G03		圆弧切削 CCW
G04		暂停、正确停止
G09	00	正确停止
G10		资料设定
G11		资料设定取消
G15	17	极坐标指令取消
G16		极坐标指令
G17☆		XY 平面选择
G18	02	ZX 平面选择
G19		YZ 平面选择
G20	06	英制输入
G21		米制输入
G22☆		内藏行程检查功能 ON
G23		内藏行程检查功能 OFF
G27	00	原点复位检查
G28		原点复位
G29		从参考原点复位
G30		从第二原点复位
G31		跳跃功能
G33	01	螺纹切削
G39	00	转角补正圆弧插补

G 码	群	功　能
G40☆	07	刀具半径补正取消
G41		刀具半径补正左侧
G42		刀具半径补正右侧
G43		刀具长补正方向
G44		刀具长补正方向
G45	00	刀具位置补正伸长
G46		刀具位置补正缩短
G47		刀具位置补正 2 倍伸长
G48		刀具位置补正 2 倍缩短
G49	08	刀具长补正取消
G50	11	缩放比例取消
G51		缩放比例
G52	14	特定坐标系设定
G53		机械坐标系选择
G54☆		工件坐标系统 1 选择
G55		工件坐标系统 2 选择
G56		工件坐标系统 3 选择
G57		工件坐标系统 4 选择
G58		工件坐标系统 5 选择
G59		工件坐标系统 6 选择
G60	00	单方向定位
G61	15	确定停止模式
G62		自动转角进给率调整模式
G63		攻螺纹模式
G64		切削模式
G65	12	自设程式群呼出
G66		自设程式群状态呼出
G67☆		自设程式群状态取消
G68☆	16	坐标系旋转
G69		坐标系旋转取消
G73	09	高速啄式深孔钻循环
G74		反攻螺纹循环
G76		精镗孔循环
G80☆		固定循环取消
G81		钻孔循环,点钻孔循环
G82		钻孔循环,反镗孔循环
G83		啄式钻孔循环

G 码	群	功　能
G84		攻螺纹循环
G85		镗孔循环
G86	09	反镗孔循环
G87		镗孔循环
G88		镗孔循环
G89		镗孔循环
G90☆	03	绝对指令
G91☆		增量指令
G92	00	坐标系设定
G94	05	每分钟进给
G95		每转进给
G96	13	周速一定控制
G97		周速一定控制取消
G98	04	固定循环中起始点复位
G99		固定循环中 R 点复位

注：1. ☆记号的 G 代码在电源开时是这个状态。对 G20 和 G21，保持电源关以前的 G 代码。G00、G01、G90、G91 可用参数设定选择。

2. 群 00 的 G 码不是状态 G 码。它们仅在所指定的单步有效。

3. 如果输入的 G 码一览表中未列入的 G 码，或指令系统中无特殊功能的 G 码会显示警示（No.010）。

4. 在同一单步中可指定几个 G 码。同一单步中指定同一群 G 码一个以上时，最后指定的 G 码有效。

5. 如果在固定循环模式中指定群 01 的任何 G 代码，固定循环会自动取消，成为 G80 状态。但是 01 群的 G 码不受任何固定循环的 G 码的影响。

　　M 码功能说明见表 1-3。

▫ 表 1-3　M 码功能说明

M 码	功　能	M 码	功　能
M00	程序暂停	M08	冷却液开
M01	选择性停止	M09	关闭冷却
M02	程序结束且重置	M19	主轴定位
M03	主轴正转	M29	刚性攻螺纹
M04	主轴反转	M30	程式结束重置且回到程序起点
M05	主轴旋转停止	M98	呼叫子程序
M06	主轴自动换刀	M99	返回主程序
M07	气冷开		

1.2　SIEMENS 系统数控加工中心编程基础

　　下面对 SIEMENS 系统数控加工中心编程技术进行介绍，读者通过学习，将对 SIE-MENS 系统数控加工中心编程指令了解和熟悉。

1.2.1　平面选择：G17、G18、G19

（1）指令功能

① 确定圆弧插补平面，并影响圆弧插补时圆弧方向（顺时针和逆时针）的定义。

② 确定刀具半径补偿的坐标平面。

③ 确定刀具长度补偿的坐标轴。

④ 影响倒角、倒圆指令的坐标平面。

（2）指令格式

G17；　　　 *XY* 平面选择

G18；　　　 *ZX* 平面选择

G19；　　　 *YZ* 平面选择

（3）参数说明

该指令无参数。

（4）使用说明

① 在计算刀具长度补偿和刀具半径补偿时必须首先确定一个平面，即确定一个两坐标轴的坐标平面，这一平面不仅是可以进行刀具半径补偿的平面，而且也是影响根据不同的刀具类型（铣刀，钻头，车刀等）进行相应的刀具长度补偿时的坐标轴。对于钻头和铣刀，长度补偿的坐标轴为所选平面的垂直坐标轴；对于车刀构成当前平面的两个坐标轴就是车刀的长度补偿坐标轴。

② 同样，平面选择的不同也影响圆弧插补时圆弧方向的定义：顺时针和逆时针。

③ G17、G18、G19 为同组的模态 G 指令，数控铣床一般设定开机后的默认状态为G17。设定或编程的坐标平面称为当前平面。

指令对应的平面横、纵坐标轴和垂直坐标轴如表 1-4 所示（见图 1-21）。

▫ 表 1-4　各指令对应的平面横、纵坐标轴和垂直坐标轴

G 功能	平面 （横坐标/纵坐标）	垂直坐标轴 （在钻削/铣削时的长度补偿轴）
G17	*X/Y*	*Z*
G18	*Z/X*	*Y*
G19	*Y/Z*	*X*

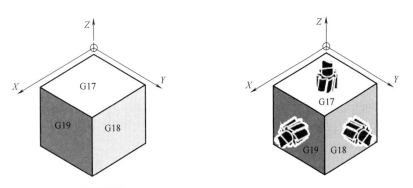

图 1-21　钻削/铣削时的平面和坐标轴布置示意图

（5）编程举例

N10 G170 T__D__M__;	选择 X/Y 平面
N20 __X__Y__Z__;	Z 轴方向上刀具长度补偿

1.2.2 绝对和增量位置数据 G90、G91

（1）指令功能

确定当前尺寸数据的类型。

（2）指令格式

G90；绝对尺寸 ［见图 1-22（a）］

G91；增量尺寸 ［见图 1-22（b）］

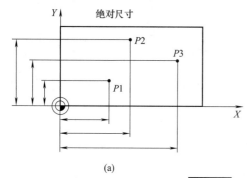

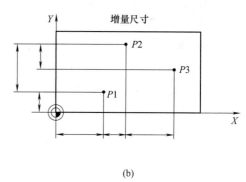

（a）　　　　　　　　　　　　　　　　　　（b）

图 1-22 绝对尺寸与增量尺寸

（3）参数说明

该指令无参数。

（4）使用说明

① G90 和 G91 指令分别对应着绝对位置数据输入和增量位置数据输入。其中 G90 表示坐标系中目标点的坐标尺寸，G91 表示待运行的位移量。G90/G91 适用于所有坐标轴。

② 程序启动后 G90 适用于所有坐标轴，并且一直有效，直到在后面的程序段中由 G91（增量位置数据输入）替代为止（模态有效），反之也相同，即 G90 和 G91 为同组的模态 G 指令。

③ 绝对位置数据输入中尺寸取决于当前坐标系（工件坐标系或机床坐标系）的零点位置。零点偏置有以下几种情况：可编程零点偏置，可设定零点偏置或者没有零点偏置。

④ 机床启动后的基本状态可由机床数据设定，一般为 G90 状态。

（5）G90 和 G91 应用举例

N10 G90 X20 Z90;	绝对尺寸
N20 X75 Z-32;	仍然是绝对尺寸
...	
N180 G91 X40 Z20;	转换为增量尺寸
N190 X-12 Z17;	仍然是增量尺寸

1.2.3 公制尺寸/英制尺寸：G71、G70

（1）指令功能

设定尺寸单位。

（2）指令格式

G70；　　　英制尺寸

G71；　　　公制尺寸

（3）参数说明

该指令无参数。

（4）使用说明

① 可用 G70 或 G71 编程所有与工件直接相关的几何数据，比如：

a. 在 G0、G1、G2、G3、G33 功能下的位置数据 X，Y，Z；

b. 插补参数 I、J、K（也包括螺距）；

c. 圆弧半径 CR；

d. 可编程的零点偏置（G158）。

② 所有其他与工件没有直接关系的几何数值，诸如进给率、刀具补偿、可设定的零点偏置，它们与 G70/G71 的编程状态无关，只与设定的基本状态有关。

③ 基本状态可以通过机床数据设定。系统根据所设定的状态把所有的几何值转换为公制尺寸或英制尺寸（这里刀具补偿值和可设定零点偏置值也作为几何尺寸）。同样，进给率 F 的单位分别为 mm/min 或 in/min。本书中所给出的例子均以基本状态为公制尺寸作为前提条件。另外，需要说明的是，在引入了公、英制后，给加工一些外贸件带来了方便，不必为单位转换而大伤脑筋了。

（5）编程举例

```
N10 G70 X10 Z30;           英制尺寸
N20 X40 Z50;               G70 继续有效
...
N80 G71 X19 Z17.3;         开始公制尺寸
...
```

1.2.4　可设定的零点偏置：G54～G59

（1）指令功能

可设定的零点偏置给出工件零点在机床坐标系中的位置（工件零点以机床零点为基准移动）。当工件装夹到机床上后求出偏移量，并通过操作面板输入到规定的数据区。程序可以选择相应的 G 功能 G54～G59 激活此值，从而建立工件坐标系，使工件在机床上有一个确定的位置。

（2）指令格式

G54；　　　第一可设定零点偏置

G55；　　　第二可设定零点偏置

G56；　　　第三可设定零点偏置

G57；　　　第四可设定零点偏置

G58；　　　第五可设定零点偏置

G59；　　　第六可设定零点偏置

（3）参数说明

该指令的参数由机床操作面板输入，输入值为零点偏移矢量在各坐标轴上的分量。在编程时此指令无参数。

（4）使用说明

可设定的零点偏置给出工件零点在机床坐标系中的位置（工件零点以机床参考零点为基准的偏移量）。当工件装夹到机床上后通过试切、测量等操作，求出偏移量，并通过操作面板输入到规定的数据区。程序可以通过选择相应的 G 功能 G54～G59 激活这些参数，从而使刀具以工件坐标系内的尺寸坐标运行。图 1-23 为可设定零点偏置示意图。图 1-24 表示同时安装多个工

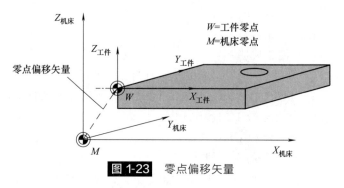

图 1-23　零点偏移矢量

件时可为每一个工件设定一个零点偏置，这样一来，可以充分利用数控机床工作台的有限空间，提高加工效率。

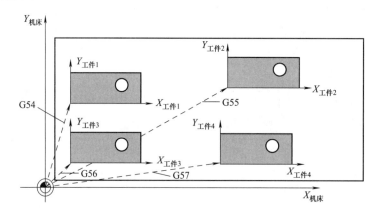

图 1-24　不同位置可以使用不同的机床坐标系

（5）编程举例

N10 G54…;	调用第一可设定零点偏置
N20 L47;	加工工件 1，此处作为 L47 调用
N30 G55…;	调用第二可设定零点偏置
N40 L47;	加工工件 2，此处作为 L47 调用
N50 G54…;	调用第三可设定零点偏置
N60 L47;	加工工件 3，此处作为 L47 调用
N70 G54…;	调用第四可设定零点偏置
N80 L47;	加工工件 4，此处作为 L47 调用

1.2.5　辅助功能——M 指令

辅助功能指令是控制机床"开—关"功能的指令，主要用于完成机床加工时的辅助工作和状态控制，本节详细说明各 M 指令的功能和使用情况。

SIEMENS 系统允许在一个程序段中最多可以有 5 个 M 功能。

当 M 指令与坐标轴运动指令编写在同一程序段时，有两种可能的执行情况。

① 和坐标轴移动指令同时执行的 M 指令，称为"前指令"。

② 直到坐标轴移动指令完成后再执行的 M 指令，称为"后指令"。

若特意要某 M 指令在坐标轴移动指令之前或之后执行，则需要为这个 M 指令单独编写一个程序段。

（1）M0

① 指令功能：程序停止。

② 使用说明如下。

a. M0 使进给、主轴和冷却液都停止。但主轴停止和冷却液停止是机床生产厂家决定的，是否如此，还要看具体的机床。

b. M0 指令常用于零件加工过程中需要停机进行中间检验的情况。

c. M0 为后指令。

d. 执行 M0 使程序停止后，按机床面板上"启动"按钮可使机床恢复运行。

注意：SIEMENS 系统指令字中数值的前导零可省略，所以 M0 与 M00 为同一指令，后同。

（2）M1

① 指令功能：程序计划停止。

② 使用说明如下。

a. 与 M0 一样使进给、主轴和冷却液都停止，但仅在"条件停（M1）有效"功能被软键或接口信号触发后才生效（参见"数控操作"的有关章节）。

b. M1 指令常用于首个零件加工过程中需要停机进行中间检验的情况。

c. M1 为后指令。

（3）M2

① 指令功能：程序结束。

② 使用说明如下。

a. 每一个程序的结束都要编写该指令，表明程序已结束。

b. M2 使进给、主轴和冷却液都停止。

c. M2 为后指令。

（4）M3、M4

① 指令功能：主轴顺时针旋转、主轴逆时针旋转。

② 使用说明如下。

a. 指令启动主轴顺时针（逆时针）旋转，以主轴轴线垂直的平面上刀具相对于工件旋转的方向来判定方向的。

b. M3、M4 为前指令。在主轴启动后，坐标轴才开始移动。

（5）M5

① 指令功能：主轴停止。

② 使用说明如下。

a. 该指令使主轴停止旋转。

b. M5 为前指令。但坐标轴并不等待主轴完全停止才移动。

（6）M6

① 指令功能：更换刀具。

② 使用说明如下。

a. 在机床数据有效时用 M6 更换刀具，其他情况下直接用 T 指令进行。

b. 对于没有自动换刀装置的数控铣床，则不能使用该指令。

（7）M7、M8、M9

① 指令功能：打开、关闭冷却液。

② 使用说明如下。

a. M8 打开 1 号冷却液，M7 打开 2 号冷却液，M9 关闭冷却液。

b. 机床是否具有冷却液功能，由机床生产厂家设定。

1.2.6 主轴转速功能——S 指令

（1）指令功能

① 当机床具有受控主轴时，主轴的转速可以编程在地址 S 下。

② S 指令由地址 S 及后面的数字组成，单位"r/min"（数控铣床中的主轴转速只有这一种）。机床所能达到的转速范围依机床不同而不同。

③ 旋转方向通过 M 指令规定。

（2）相关说明

① 特殊说明：在 S 值取整情况下可以去除小数点后面的数据，比如 S270。

② 使用说明：如果在程序段中不仅有 M3 或 M4 指令，而且还写有坐标轴运行指令，则 M 指令在坐标轴运行之前生效。只有在主轴启动之后，坐标轴才开始运行。

（3）使用举例

N10 G1 X70 Z20 F300 S270 M3;	在 X、Z 轴运行之前，主轴以 270r/min 启动，方向顺时针
…	
N80 S450;	改变转速
…	
N170 G0 Z180 M5;	Z 轴运行，主轴停止

1.2.7 进给功能 F 指令

（1）指令功能

进给率 F 是刀具轨迹速度，它是所有移动坐标轴速度的矢量和。坐标轴速度是刀具轨迹速度在坐标轴上的分量。

（2）指令格式：F __

（3）使用说明

① 它是所有移动坐标轴速度的矢量和。坐标轴速度是刀具轨迹速度在各坐标轴上的分量。

② 进给率 F 在 G1、G2、G3、G5 插补方式中生效，并且一直有效，直到被一个新的地址 F 取代为止。

③ 在取整数值方式下可以取消小数点后面的数据，如 F300。

④ F 的单位由 G94、G95 指令确定。

G94；直线进给率 mm/min

G95；旋转进给率 mm/min（只有主轴旋转才有意义）

（4）注意事项

① G94 为机床的默认状态；

② G94 和 G95 更换时要求写入一个新的 F 指令。

（5）使用举例

```
N10 G94 F200;          进给率 200mm/min
…
N110 S200 M3;          主轴旋转
N120 G95 F0.5;         进给率 0.5mm/r
```

1.2.8　快速线性移动：G0

（1）指令功能

用于快速定位刀具，不能用于对工件的加工。

（2）指令格式

G0 X __ Y __ Z __

（3）参数说明

X __ Y __ Z __ 为目标点的坐标值，某一坐标值在移动前后不产生变化时可被省略。

（4）使用说明

① G0 指令下的刀具移动，F 指令无效，每一个坐标轴的移动速度由机床数据确定。

② 如果快速移动同时在两个轴上执行，则移动速度为保持线性运动时两个轴可能的最大速度（有的数控系统是两轴分别以最大速度运行，轨迹可能是折线）。

③ G0 一直有效，直到被同组中其他的指令（G1，G2，G3，…）取代为止。

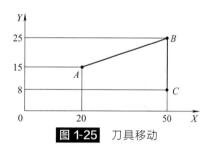

图 1-25　刀具移动

（5）使用举例

如图 1-25 所示，刀具由 A 点快速移动到 B 点，再移动到 C 点。

绝对尺寸方式：

G90 G0 X50 Y25；移动到 B 点

Y8；　　　　　　移动到 C 点

增量尺寸方式：

G 91 G0 X30 Y10；移动到 B 点

Y－17；　　　　　移动到 C 点

注意：

绝对尺寸方式编程时，坐标相同的可以省略；

增量尺寸方式编程时，增量为零的可以省略。

1.2.9　直线插补指令：G1

（1）指令功能

使刀具沿直线从起始点移动到目标位置，并按 F 指令编程的进给速度运行。

（2）指令格式

G1 X __ Y __ Z __ F __

（3）参数说明：

X ＿ Y ＿ Z ＿为终点的坐标值，某一坐标值在移动前后不产生变化时可被省略。

F ＿　　　　　　　为进给速度，单位为 mm/min 或 mm/r。

（4）使用说明

① G1 指令使刀具严格按直线移动，主要用于刀具切削工件。

② 切削工件时，主轴必须旋转。

③ F 指令的速度为操作面板上进给速度修调开关设定为 100％时，沿运动方向的速度，各坐标轴的速度为此速度在各坐标轴上的分量。

④ G1 一直有效，直到被同组中其他的指令（G0，G2，G3，…）取代为止。

（5）使用举例

如图 1-25 所示，刀具由 A 点以 50mm/min 的工进速度移动到 B 点，再移动到 C 点。

绝对尺寸方式：　　　　　　　　　增量尺寸方式：

G90 G1 X50 Y25 F50；　　　　　G91 G1 X30 Y10 F50；

Y8；　　　　　　　　　　　　　Y－17；

1.2.10　圆弧插补指令：　G2、 G3

（1）指令功能

使刀具沿圆弧轨迹从起始点移动到终点。用于加工具有圆形轮廓的零件表面。

（2）指令格式

G2 IP～ F ＿；顺时针方向圆弧插补

G3 IP～ F ＿；逆时针方向圆弧插补

（3）参数说明

IP ＿指描述圆弧几何尺寸的数控指令，依圆弧表示方式和当前平面的不同而不同。

F ＿为圆弧插补的线速度。

（4）使用说明

① 顺时针、逆时针方向按右手螺旋定则判断：用右手大拇指指向当前平面的垂直坐标轴（由 G17～G19 指令确定）的正向，四指弯曲，与四指绕向相同的方向为逆时针方向，相反的为顺时针方向，如图 1-26 所示。

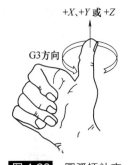

图 1-26　圆弧插补方向判断示意图

三个平面上的圆弧插补方向见图 1-27。

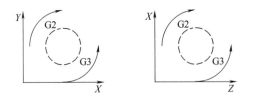

图 1-27　不同坐标平面圆弧插补方向示意图

② G2 和 G3 一直有效，直到被同组中其他的 G 指令（G0，G1，…）取代为止。

③ 圆弧插补的表示方式见图 1-28。

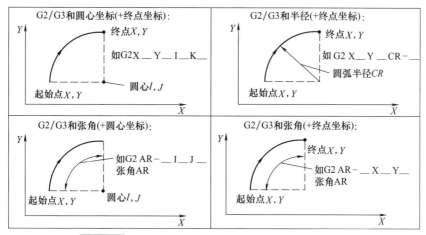

图 1-28　X/Y 平面内，G2/G3 圆弧编程的几种方式

注意：G2 和 G3 也可以通过下面的方法来判断：沿圆弧所在平面垂直轴的负方向看，顺时针方向为 G2，逆时针方向为 G3。

1.2.11 　倒角和倒圆指令

（1）指令功能

在一个轮廓拐角处可以插入倒角或倒圆。

（2）指令格式

CHF=＿；插入倒角，数值：倒角长度。

RND=＿；插入倒圆，数值：倒圆半径。

（3）使用说明

指令 CHF=＿或者 RND=＿必须写入加工拐角的两个程序段中的第一个程序段中。

① 倒角 CHF=＿直线轮廓之间、圆弧轮廓之间以及直线轮廓和圆弧轮廓之间加入一直线并倒去棱角。图 1-29 所示为倒角的应用示例。

倒角编程举例（如图 1-30）：

```
N10 G1 X50 Y40 CHF= 2.828 ; 倒角
N20 Y10;
...
```

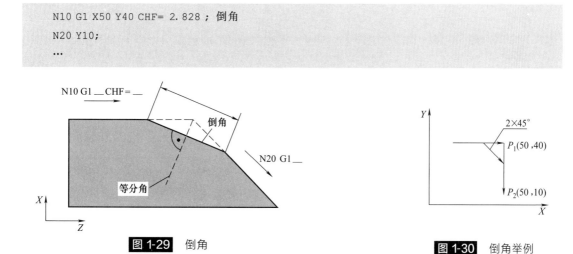

图 1-29　倒角

图 1-30　倒角举例

② 倒圆 RND ＝__直线轮廓之间、圆弧轮廓之间以及直线轮廓和圆弧轮廓之间加入一圆弧，圆弧与轮廓进行切线过渡。

倒圆编程举例（如图 1-31）：

```
N10 G1 X __ RND= 8 ; 倒圆，半径 8mm。
N20 X __ Y __ ;
…
N50 G1 X __ RND= 7.3 ; 倒圆，半径 7.3mm
N60 G3 X __ Y __ ;
```

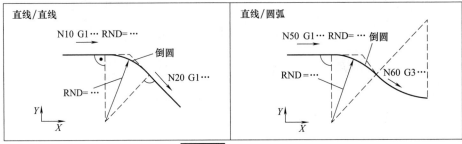

图 1-31　倒圆举例

（4）使用说明

在当前的平面（G17～G19）中执行倒圆/倒角功能。与倒圆/倒角指令共段的坐标轴移动指令的终点坐标和倒角长度或倒圆半径的大小无关。

（5）注意事项

如果其中一个程序段轮廓长度不够，则在倒圆或倒角时会自动削减编程值。

在下面情况下不可以进行倒角/倒圆：

① 如果超过 3 个连续编程的程序段中不含当前平面中移动指令。

② 进行平面转换时。

第 2 章
加工中心工艺分析

加工中心是在数控铣床的基础上发展起来的。早期的加工中心就是指配有自动换刀装置和刀库，并能在加工过程中实现自动换刀的数控镗铣床。所以它和数控铣床有很多相似之处，不过它的结构和控制系统功能都比数控铣床复杂得多。通过在刀库上安装不同用途的刀具，加工中心可在一次装夹中实现零件的铣、钻、镗、铰、攻螺纹等多种加工过程。现在加工中心的刀库容量越来越大，换刀时间越来越短，功能不断增强，还出现了建立在数控车床基础上的车削加工中心。随着工业的发展，加工中心将逐渐取代数控铣床，成为一种主要的加工机床。

本章重点对加工中心工艺进行分析。

2.1 加工中心的工艺特点

归纳起来，加工中心加工有如下工艺特点。

① 可减少工件的装夹次数，消除因多次装夹带来的定位误差，提高加工精度。当零件各加工部位的位置精度要求较高时，采用加工中心加工能在一次装夹中将各个部位加工出来，避免了工件多次装夹所带来的定位误差，既有利于保证各加工部位的位置精度要求，同时可减少装卸工件的辅助时间，节省大量的专用和通用工艺装备，降低生产成本。

② 可减少机床数量，并相应减少操作工人，节省占用的车间面积。

③ 可减少周转次数和运输工作量，缩短生产周期。

④ 在制品数量少，简化生产调度和管理。

⑤ 使用各种刀具进行多工序集中加工，在进行工艺设计时要处理好刀具在换刀及加工时与工件、夹具甚至机床相关部位的干涉问题。

⑥ 若在加工中心上连续进行粗加工和精加工，夹具既要能适应粗加工时切削力大、高刚度、夹紧力大的要求，又需适应精加工时定位精度高、零件夹紧变形尽可能小的要求。

⑦ 由于采用自动换刀和自动回转工作台进行多工位加工，决定了卧式加工中心只能进行悬臂加工。由于不能在加工中设置支架等辅助装置，应尽量使用刚性好的刀具，并解决刀具的振动和稳定性问题。另外，由于加工中心是通过自动换刀来实现工序或工步集中的，因此受刀库、机械手的限制，刀具的直径、长度、重量一般都不允许超过机床说明书所规定的范围。

⑧ 多工序的集中加工，要及时处理切屑。

⑨ 在将毛坯加工为成品的过程中，零件不能进行时效，内应力难以消除。

⑩ 技术复杂，对使用、维修、管理要求较高。

⑪ 加工中心一次性投资大，还需配置其他辅助装置，如刀具预调设备、数控工具系统或三坐标测量机等，机床的加工工时费用高，如果零件选择不当，会增加加工成本。

2.2　加工中心的工艺路线设计

设计加工中心加工零件的工艺路线时，还要根据企业现有的加工中心机床和其他机床的构成情况，本着经济合理的原则，安排加工中心的加工顺序，以期最大程度地发挥加工中心的作用。

在目前国内很多企业中，由于多种原因，加工中心仅被当作数控铣床使用，且多为单机作业，远远没有发挥出加工中心的优势。从加工中心的特点来看，由若干台加工中心配上托盘交换系统构成柔性制造单元（FMC），再由若干个柔性制造单元可以发展组成柔性制造系统（FMS），加工中小批量的精密复杂零件，就最能发挥加工中心的优势与长处，获得更显著的技术经济效益。

单台加工中心或多台加工中心构成的 FMC 或 FMS，在工艺设计上有较大的差别。

（1）单台加工中心

其工艺设计与数控铣床的相类似，主要注意以下方面。

① 安排加工顺序时，要根据工件的毛坯种类，现有加工中心机床的种类、构成和应用习惯，确定零件是否要进行加工中心工序前的预加工以及后续加工。

② 要照顾各个方向的尺寸，留给加工中心的余量要充分且均匀。通常直径小于 30mm 的孔的粗、精加工均可在加工中心上完成；直径大于 30mm 的孔，粗加工可在普通机床上完成，留给加工中心的加工余量一般为直径方向 4～6mm。

③ 最好在加工中心上一次定位装夹中完成预加工面在内的所有内容。如果非要分两台机床完成，则最好留一定的精加工余量。或者，使该预加工面与加工中心工序的定位基准有一定的尺寸精度和位置精度要求。

④ 加工质量要求较高的零件，应尽量将粗、精加工分开进行。如果零件加工精度要求不高，或新产品试制中属单件或小批，也可把粗、精加工合并进行。在加工较大零件时，工件运输、装夹很费工时，经综合比较，在一台机床上完成某些表面的粗、精加工，并不会明显发生各种变形时，粗、精加工也可在同一台机床上完成，但粗、精加工应划成两个工步分别完成。

⑤ 在具有良好冷却系统的加工中心上，可一次或两次装夹完成全部粗、精加工工序。对刚性较差的零件，可采取相应的工艺措施和合理的切削参数，控制加工变形，并使用适当的夹紧力。

一般情况下，箱体零件加工可参考的加工方案为：铣大平面→粗镗孔→半精镗孔→立铣刀加工→打中心孔→钻孔、铰孔→攻螺纹→精镗、精铣等。

（2）多台加工中心构成的 FMC 或 FMS

当加工中心处在 FMC 或 FMS 中时，其工艺设计应着重考虑每台加工设备的加工负荷、生产节拍、加工要求的保证以及工件的流动路线等问题，并协调好刀具的使用，充分利用固定循环、宏指令和子程序等简化程序的编制。对于各加工中心的工艺安排，一般通过 FMC 或 FMS 中的工艺决策模块（工艺调度）来完成。

2.3　加工中心的工步设计

设计加工中心机床的加工工艺实际就是设计各表面的加工工步。在设计加工中心工步时，主要从精度和效率两方面考虑。理想的加工工艺不仅应保证加工出符合图纸要求的合格工件，同时应能使加工中心机床的功能得到合理应用与充分发挥，主要有以下方面。

① 同一加工表面按粗加工、半精加工、精加工次序完成，或全部加工表面按先粗加工，然后半精加工、精加工分开进行。加工尺寸公差要求较高时，考虑零件尺寸、精度、零件刚性和变形等因素，可采用前者；加工位置公差要求较高时，采用后者。

② 对于既要铣面又要镗孔的零件，如各种发动机箱体，可以先铣面后镗孔。按这种方法划分工步，可以提高孔的加工精度。铣削时，切削力较大，工件易发生变形。先铣面后镗孔，使其有一段时间的恢复，可减少由变形对孔的精度的影响。反之，如果先镗孔后铣面，则铣削时，必然在孔口产生飞边、毛刺，从而破坏孔的精度。

③ 相同工位集中加工，应尽量按就近位置加工，以缩短刀具移动距离，减少空运行时间。

④ 按所用刀具划分工步。如某些机床工作台回转时间比换刀时间短，在不影响精度的前提下，为了减少换刀次数，减少空行程，减少不必要的定位误差，可以采取刀具集中工序，也就是用同一把刀把零件上相同的部位都加工完，再换第二把刀。

⑤ 当加工工件批量较大而工序又不太长时，可在工作台上一次装夹多个工件同时加工，以减少换刀次数。

⑥ 考虑到加工中存在着重复定位误差，对于同轴度要求很高的孔系，就不能采取原则4，应该在一次定位后，通过顺序连续换刀，顺序连续加工完该同轴孔系的全部孔后，再加工其他坐标位置孔，以提高孔系同轴度。

⑦ 在一次定位装夹中，尽可能完成所有能够加工的表面。

实际生产中，应根据具体情况，综合运用以上原则，从而制定出较完善、合理的加工中心切削工艺。

2.4　工件的定位与装夹

（1）加工中心定位基准的选择

合理选择定位基准对保证加工中心的加工精度，对提高加工中心的生产效率有着重要的作用。确定零件的定位基准，应遵循下列原则。

① 尽量使定位基准与设计基准重合　选择定位基准与设计基准重合，不仅可以避免因基准不重合而引起的定位误差，提高零件的加工精度，而且还可减少尺寸链的计算，简化编程。同时，还可避免精加工后的零件再经过多次非重要尺寸的加工。

② 保证零件在一次装夹中完成尽可能多的加工内容　零件在一次装夹定位后，要求尽可能多的表面被集中加工。如箱体零件，最好采用一面两销的定位方式，以便刀具对其他表面都能加工。

③ 确定设计基准与定位基准的形位公差范围　当零件的定位基准与设计基准难以重合时，应认真分析装配图，理解该零件设计基准的设计意图，通过尺寸链的计算，严格规定定位基准与设计基准之间的形位公差范围，确保加工精度。对于带有自动测量功能的加工中心，可在工艺中安排测量检查工步，从而确保各加工部位与设计基准之间的集合关系。

④ 工件坐标系原点的确定　工件坐标系原点的确定主要应考虑便于编程和测量。确定定位基准时，不必与其原点一定重合，但应考虑坐标原点能否通过定位基准得到准确的测量，即得到准确的集合关系，同时兼顾到测量方法。如图 2-1 所示，零件在加工中心上加工 $\phi80\mathrm{H7}$ 孔及 $4\times\phi25\mathrm{H7}$ 孔时，$4\times\phi25\mathrm{H7}$ 孔以 $\phi80\mathrm{H7}$ 孔为基准，编程原点应选在 $\phi80\mathrm{H7}$ 孔中心上。定位基准为 A、B 两面。这种加工方案虽然定位基准与编程原点不重合，但仍然能够保证各项精度。反之，如果将编程原点也选在 A、B 上（即 P 点），则计算复杂，编程不便。

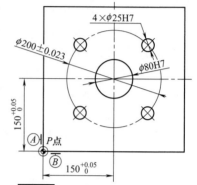

图 2-1　工件坐标系原点的确定

⑤ 一次装夹就能够完成全部关键精度部位的加工。为了避免精加工后的零件再经过多次非重要的尺寸加工，多次周转，造成零件变形、磕碰划伤，在考虑一次完成尽可能多的加工内容（如螺孔，自由孔，倒角，非重要表面等）的同时，一般将加工中心上完成的工序安排在最后。

⑥ 当在加工中心上既加工基准又完成各工位的加工时，其定位基准的选择需考虑完成尽可能多的加工内容。为此，要考虑便于各个表面都能被加工的定位方式，如对于箱体，最好采用一面两销的定位方式，以便刀具对其他表面进行加工。

⑦ 当零件的定位基准与设计基准难以重合时，应认真分析装配图纸，确定该零件设计基准的设计功能，通过尺寸链的计算，严格规定定位基准与设计基准间的公差范围，确保加工精度。对于带有自动测量功能的加工中心，可在工艺中安排坐标系测量检查工步，即每个零件加工前由程序自动控制用测头检测设计基准，系统自动计算并修正坐标系，从而确保各加工部位与设计基准间的几何关系。

（2）加工中心夹具的选择和使用

加工中心夹具的选择和使用，主要有以下几方面。

① 根据加工中心机床特点和加工需要，目前常用的夹具类型有专用夹具、组合夹具、可调夹具、成组夹具以及工件统一基准定位装夹系统。在选择时要综合考虑各种因素，选择较经济、较合理的夹具形式。一般夹具的选择顺序是：在单件生产中尽可能采用通用夹具；批量生产时优先考虑组合夹具，其次考虑可调夹具，最后考虑成组夹具和专用夹具；当装夹精度要求很高时，可配置工件统一基准定位装夹系统。

② 加工中心的高柔性要求其夹具比普通机床结构更紧凑、简单，夹紧动作更迅速、准确，尽量减少辅助时间，操作更方便、省力、安全，而且要保证足够的刚性，能灵活多变。因此常采用气动、液压夹紧装置。

③ 为保持工件在本次定位装夹中所有需要完成的待加工面充分暴露在外，夹具要尽量敞开，夹紧元件的空间位置能低则低，必须给刀具运动轨迹留有空间。夹具不能和各工步刀具轨迹发生干涉。当箱体外部没有合适的夹紧位置时，可以利用内部空间来安排夹紧装置。

④ 考虑机床主轴与工作台面之间的最小距离和刀具的装夹长度，夹具在机床工作台上

的安装位置应确保在主轴的行程范围内能使工件的加工内容全部完成。

⑤ 自动换刀和交换工作台时不能与夹具或工件发生干涉。

⑥ 有些时候，夹具上的定位块是安装工件时使用的，在加工过程中，为满足前后左右各个工位的加工，防止干涉，工件夹紧后即可拆去。对此，要考虑拆除定位元件后，工件定位精度的保持问题。

⑦ 尽量不要在加工中途更换夹紧点。当非要更换夹紧点时，要特别注意不能因更换夹紧点而破坏定位精度，必要时应在工艺文件中注明。

总之，在加工中心上选择夹具时，应根据零件的精度和结构以及批量因素，进行综合考虑。一般选择夹具的顺序是：优先考虑组合夹具，其次考虑可调整夹具，最后考虑专用夹具和成组夹具。

（3）确定零件在机床工作台上的最佳位置

在卧式加工中心上加工零件时，工作台要带着工件旋转，进行多工位加工，就要考虑零件（包括夹具）在机床工作台上的最佳位置，该位置是在技术准备过程中根据机床行程，考虑各种干涉情况，优化匹配各部位刀具长度而确定的。如果考虑不周，将会造成机床超程，需要更换刀具，重新试切，影响加工精度和加工效率，也增大了出现废品的可能性。

加工中心具有的自动换刀功能决定了其最大的弱点是刀具悬臂式加工，在加工过程中不能设置镗模、支架等。因此，在进行多工位零件的加工时，应综合计算各工位的各加工表面到机床主轴端面的距离以选择最佳的刀具长度，提高工艺系统的刚性，从而保证加工精度。

如某一工件的加工部位距工作台回转中心的 Z 向距离为 L_{zi}（工作台移动式机床，向主轴移动为正，背离主轴移动为负），加工该部位的刀具长度补偿（主轴端面与刀具端部之间的距离）为 H_i；机床主轴端面到工作台回转中心的最小距离为 Z_{min}，最大距离为 Z_{max}，则确定加工的刀辅具长度时，应满足下面两式。

$$H_i > Z_{min} - L_{zi} \tag{2-1}$$

$$H_i < Z_{max} - L_{zi} \tag{2-2}$$

满足式（2-1）可以避免机床负向超程，满足式（2-2）可以避免机床正向超程。在满足以上两式的情况下，多工位加工时工件尽量位居工作台中间部位，而单工位加工或相邻两工位加工，则应将零件靠工作台一侧或一角安置，以减小刀具长度，提高工艺系统刚性。图 2-2 所示，工件 1 加工 A 面上孔为单工位加工，图 2-2 中，工件 2 上 B、C 面加工为相邻两工位加工。此外，确定工件在机床工作台上的位置时，还应能方便准确地测量各工位工件坐标系。

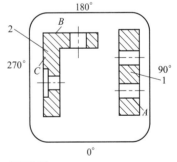

图 2-2　工件在工作台上的位置
1,2—工件

（4）零件的夹紧与安装

工件的夹紧对加工精度有较大的影响。在考虑夹紧方案时，夹紧力应力求靠近主要支承点上，或在支承点所组成的三角内，并力求靠近切削部位及刚性好的地方，避免夹紧力落在工件的中空区域，尽量不要在被加工孔的上方。同时，必须保证最小的夹紧变形。加工中心上既有粗加工，又有精加工。零件在粗加工时，切削力大，需要大的夹紧力，精加工时为了保证加工精度，减少夹压变形，需要小的夹紧力。若采用单一的夹紧力，零件的变形不能很好控制时，可将粗、精加工工序分开，或在程序编制到精加工时使程序暂停，让操作者放松夹具后继续加工。另外还要考虑各个夹紧部件不要与加工部位和所用刀具发生干涉。

夹具在机床上的安装误差和工件在夹具中的定位、安装误差对加工精度将产生直接影响。即使程序原点与工件本身的基准点相符合，也要求工件对机床坐标轴线上的角度进行准确地调整。如果编程零点不是根据工件本身，而是按夹具的基准来测量，则在编制工艺文件时，根据零件的加工精度对装夹提出特殊要求。夹具中工件定位面的任何磨损以及任何污物都会引起加工误差，因此，操作者在装夹工件时一定要清洁定位表面，并按工艺文件上的要求找正定位面，使其在一定的精度范围内。另外夹具在机床上需准确安装。一般立式加工中心工作台面上有基准 T 形槽，卧式加工中心上有工作台转台中心定位孔、工作台侧面基准挡板等。夹具在工作台上利用这些定位元件安装，用螺栓或压板夹紧。

对个别装夹定位精度要求很高，批量又很小的工件，可用检测仪器在机床工作台上找正基准，然后设定工件坐标系进行加工，这样对每个工件都要有手工找正的辅助时间，但节省了夹具费用。有些机床上配置了接触式测头，找正工件的定位基准可用编制测量程序自动完成。

2.5　加工中心刀具系统

加工中心使用的刀具由刃具和刀柄两部分组成。刀具部分和通用刃具一样，如钻头、铣刀、铰刀、丝锥等。加工中心上自动换刀功能，刀柄要满足机床主轴的自动松开和拉紧定位，并能准确地安装各种切削刃具，适应机械手的夹持和搬运，适应在刀库中储存和识别等。

决定零件加工质量的重要因素是刀具的正确选择和使用，对成本昂贵的加工中心更要强调选用高性能刀具，充分发挥机床的效率，降低加工成本，提高加工精度。

为了提高生产率，国内外加工中心正向着高速、高刚性和大功率方向发展。这就要求刀具必须具有能够承受高速切削和强力切削的性能，而且要稳定。同一批刀具在切削性能和刀具寿命方面不得有较大差异。在选择刀具材料时，一般尽可能选用硬质合金刀具，精密镗孔等还可以选用性能更好、更耐磨的立方氮化硼和金刚石刀具。

加工中心加工内容的多样性决定了所使用刀具的种类很多，除铣刀以外，加工中心使用比较多的是孔加工刀具，包括加工各种大小孔径的麻花钻、扩孔钻、锪孔钻、铰刀、镗刀、丝锥以及螺纹铣刀等。为了适应加工要求，这些孔加工刀具一般都采用硬质合金材料且带有各种涂层，分为整体式和机夹可转位式两类。

加工中心加工刀具系统由成品刀具和标准刀柄两部分组成。其中成品刀具部分与通用刀具相同，如钻头、铣刀、铰刀、丝锥等。标准刀柄部分可满足机床自动换刀的需求：能够在机床主轴上自动松开和拉紧定位，并准确地安装各种刀具和检具，能适应机械手的装刀和卸刀，便于在刀库中进行存取、管理、搬运和识别等。

2.6　加工方法的选择

加工方法的选择原则是：保证加工表面的加工精度和表面粗糙度的要求。由于获得同一级精度及表面粗糙度的加工方法一般有许多，因而在实际选择时，要结合零件的形状、尺寸大小和热处理要求等全面考虑。例如，对于 IT7 级精度的孔采用镗削、铰削、磨削等加工方法均可达到精度要求，但箱体上的孔一般采用镗削或铰削，而不宜采用磨削。一般小尺寸的箱体孔选择铰孔，当孔径较大时则应选择镗孔。此外，还应考虑生产效率和经济性的要求，以及工厂的生产设备等实际情况。常用加工方法的加工精度及表面粗糙度可查阅有关工艺手册。

2.7　加工路线和切削用量的确定

加工路线和切削用量的确定是加工中心非常重要的一项技术环节，下面具体介绍。

2.7.1　加工路线的确定

在数控机床的加工过程中，每道工序加工路线的确定都非常重要，因为它与工件的加工精度和表面粗糙度直接相关。

在数控加工中，刀具刀位点相对于零件运动的轨迹即为加工路线。编程时，加工路线的确定原则主要有以下几点。

① 加工路线应保证被加工零件的精度和表面粗糙度，且效率较高。

② 使数值计算简便，以减少编程工作量。

③ 应使加工路线最短，这样既可减少程序段，又可减少空刀时间。

确定进给路线的工作重点，主要在于确定粗加工及空行程的进给路线，因精加工切削过程的进给路线基本上都是沿其零件轮廓顺序进行的。

进给路线泛指刀具从对刀点（或机床参考点）开始运动起，直至返回该点并结束加工程序所经过的路径，包括切削加工的路径及刀具引入、切出等非切削空行程。

在保证加工质量的前提下，使加工程序具有最短的进给路线，不仅可以节省整个加工过程的执行时间，还能减少一些不必要的刀具消耗及机床进给机构滑动部件的磨损等。

实现最短的进给路线，除了依靠大量的实践经验外，还应善于分析，必要时可辅以一些简单计算。现将实践中的部分设计方法或思路介绍如下。

（1）最短的空行程路线

① 巧用起刀点　图 2-3（a）所示为采用矩形循环方式进行粗车的示例。其对刀点 A 的设定是考虑到精车等加工过程中需方便地换刀，故设置在离坯件较远的位置处，同时将起刀点与其对刀点重合在一起，按三刀粗车的进给路线安排如下：

第一刀为 $A—B—C—D—A$；

第二刀为 $A—E—F—G—A$；

第三刀为 $A—H—I—J—A$。

图 2-3（b）则是将起刀点与对刀点分离，并设于图示 B 点位置，仍按相同的切削量进行三刀粗车，其进给路线安排如下：

起刀点与对刀点分离的空行程为 $A—B$；

第一刀为 $B—C—D—E—B$；

第二刀为 $B—F—G—H—B$；

第三刀为 $B—I—J—K—B$。

显然，图 2-3（b）所示的进给路线短。该方法也可用在其他循环（如螺纹车削）指令格式的加工程序编制中。

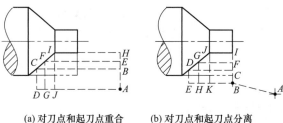

(a) 对刀点和起刀点重合　　(b) 对刀点和起刀点分离

图 2-3 巧用起刀点

② 巧设换（转）刀点　为了考虑换（转）刀的方便和安全，有时将换（转）刀点设置在离坯件较远的位置处［图 2-3（a）中的 A 点］，那么，当换第二把刀后，进行精车时的空行程路线必然也较长；如果将第二把刀的换刀点设置在图 2-3（b）中的 B 点位置上，则可缩短空行程距离。

③ 合理安排"回参考点"路线　在合理安排"回参考点"路线时，应使其前一刀终点与后一刀起点间的距离尽量缩短，或者为零，即可满足进给路线为最短的要求。

另外，在选择返回对刀点指令时，在不发生加工干涉现象的前提下，应尽量采用两坐标轴双向同时"回参考点"的指令，该指令功能的"回参考点"路线最短。

④ 巧排空程进给路线　对数控冲床、钻床等加工机床，其空程执行时间对生产效率的提高影响较大。例如在数控钻削如图 2-4（a）所示零件时，图 2-4（c）所示的空程进给路线，要比图 2-4（b）所示的常规的空程进给路线缩短一半左右。

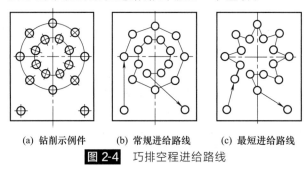

(a) 钻削示例件　　　　(b) 常规进给路线　　　　(c) 最短进给路线

图 2-4 巧排空程进给路线

（2）最短的切削进给路线

在安排粗加工或半精加工的切削进给路线时，应同时兼顾到被加工零件的刚性及加工的工艺性等要求，不要顾此失彼。

此外，确定加工路线时，还要考虑工件的加工余量和机床、刀具的刚度等情况，确定是一次进给还是多次进给来完成加工，以及在铣削加工中是采用顺铣还是采用逆铣等。

点位控制的数控机床，只要求定位精度较高，定位过程尽可能快，而刀具相对工件的运动路线是无关紧要的，因此这类机床应按空程最短来安排进给路线。除此之外，还要确定刀具轴向的运动尺寸，其大小主要由被加工零件的孔深来决定，但也应考虑一些辅助尺寸，如刀具的引入距离和超越量。数控钻孔的尺寸关系如图 2-5 所示。图中 z_d 为被加工孔的深度；Δz 为刀具的轴向引入距离；$z_p = \dfrac{D\cot\theta}{2}$；$z_f$ 为刀具轴向位移量，即程序中的 z 坐标尺寸，

$z_f = z_d + \Delta z + z_p$。

表 2-1 列出了刀具的轴向引入距离 Δz 的经验数据。

对于位置精度要求较高的孔系加工，特别要注意孔的加工顺序的安排，安排不当时，有可能将坐标轴的反向间隙带入，直接影响位置精度。如图 2-6 所示，图 2-6（a）为零件图，在该零件上镗 6 个尺寸相同的孔，有两种加工路线。当按图 2-6（b）所示路线加工时，由于 5、6 孔与 1、2、3、4 孔定位方向相反，y 方向反向间隙会使定位误差增加，而影响 5、6 孔与其他孔的位置精度。

按图 2-6（c）所示路线加工完孔后往上多移动一段距离到 P 点，然后再折回来加工 5、6 孔，这样方向一致，可避免反向间隙的引入，提高 5、6 孔与其他孔的位置精度。

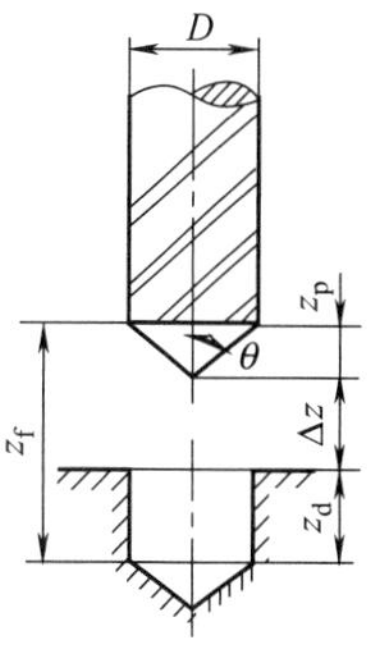

图 2-5 数控钻孔的尺寸关系

▣ **表 2-1 刀具的轴向引入距离 Δz 的经验数据**

对象	Δz 或超越量/mm	对象	Δz 或超越量/mm
已加工面钻孔、镗孔、铰孔	1～3	攻螺纹、铣削时	5～10
毛面上钻孔、镗孔、铰孔	5～8	钻通孔时	刀具超越量为 1～3

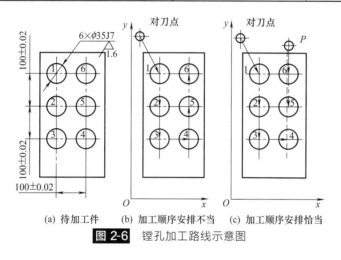

(a) 待加工件　(b) 加工顺序安排不当　(c) 加工顺序安排恰当
图 2-6 镗孔加工路线示意图

铣削平面零件时，一般采用立铣刀侧刃进行切削。为减少接刀痕迹，保证零件表面质量，对刀具的切入和切出程序需要精心设计。如图 2-7 所示，铣削外表面轮廓时，铣刀的切入和切出点应沿零件轮廓曲线的延长线上切向切入和切出零件表面，而不应沿法向直接切入零件，以避免加工表面产生刀痕，保证零件轮廓光滑［如图 2-7（b）、（c）所示］。

铣削内轮廓表面时，切入和切出无法外延，这时应尽量由圆弧过渡到圆弧。在无法实现时，铣刀可沿零件轮廓的法线方向切入和切出，并将其切入、切出点选在零件轮廓两几何元素的交点处。如图 2-8 所示为加工凹槽的三种加工路线。

图 2-8（a）、（b）分别为用行切法和环切法加工凹槽的进给路线；图 2-8（c）为先用行切法，最后环切一刀光整轮廓表面。三种方案中，图 2-8（a）方案最差，图 2-8（c）方案最好。

加工过程中，在工件、刀具、夹具、机床系统弹性变形平衡的状态下，进给停顿时，切削力减小，会改变系统的平衡状态，刀具会在进给停顿处的零件表面留下刀痕。因此，在轮廓加工中应避免进给停顿。

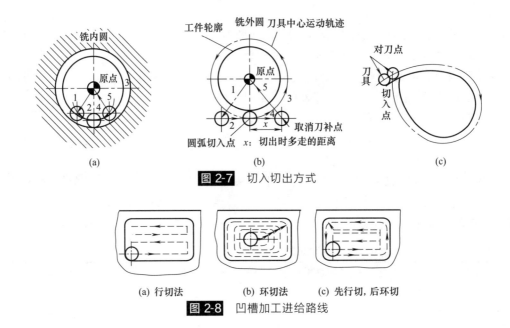

图 2-7　切入切出方式

(a) 行切法　　　(b) 环切法　　　(c) 先行切，后环切

图 2-8　凹槽加工进给路线

2.7.2　切削用量的确定

数控编程时，编程人员必须确定每道工序的切削用量，并以指令的形式写入程序中。切削用量包括主轴转速、背吃刀量及进给速度等。对于不同的加工方法，需要选用不同的切削用量。切削用量的选择原则是：保证零件加工精度和表面粗糙度，充分发挥刀具的切削性能，保证合理的刀具耐用度；并充分发挥机床的性能，最大限度提高生产效率，降低成本。

（1）主轴转速的确定

主轴转速应根据允许的切削速度和工件（或刀具）直径来选择，其计算公式为

$$n=1000v/(\pi D)$$

式中　v——切削速度，m/min，由刀具的耐用度决定；

　　　n——主轴转速，r/min；

　　　D——工件直径或刀具直径，mm。

计算的主轴转速 n，最后要根据机床说明书选取机床有的或较接近的转速。

（2）进给速度的确定

进给速度是数控机床切削用量中的重要参数，主要根据零件的加工精度和表面粗糙度要求以及刀具、工件的材料性质选取。最大进给速度受机床刚度和进给系统的性能限制。

确定进给速度的原则如下。

① 当工件的质量要求能够得到保证时，为提高生产效率，可选择较高的进给速度，一般在 100～200mm/min 范围内选取。

② 在切断、加工深孔或用高速钢刀具加工时，宜选择较低的进给速度，一般在 20～50mm/min 范围内选取。

③ 当加工精度、表面粗糙度要求高时，进给速度应选小些，一般在 20～50mm/min 范围内选取。

④ 刀具空行程时，特别是远距离"回零"时，可以设定该机床数控系统设定的最高进

给速度。

（3）背吃刀量的确定

背吃刀量根据机床、工件和刀具的刚度来决定，在刚度允许的条件下，应尽可能使背吃刀量等于工件的加工余量，这样可以减少走刀次数，提高生产效率。为了保证加工表面质量，可留少量精加工余量，一般 0.2～0.5mm。

总之，切削用量的具体数值应根据机床性能、相关的手册并结合实际经验用类比的方法确定。同时，使主轴转速、切削深度及进给速度三者能相互适应，以形成最佳的切削用量。

2.8　加工中心工艺规程的制定

在加工中心上加工零件，首先遇到的问题就是工艺问题。加工中心的加工工艺与普通机床的加工工艺有许多相同之处，也有很多不同之处，在加工中心上加工的零件通常要比普通机床所加工的零件工艺规程复杂得多。在加工中心加工前，要将机床的运动过程、零件的工艺过程、刀具的形状、切削用量和走刀路线等都编入程序，这就要求程序设计人员有多方面的知识基础。合格的程序员首先是一个很好的工艺人员，应对加工中心的性能、特点、切削范围和标准刀具系统等有较全面的了解，否则就无法做到全面周到地考虑零件加工的全过程以及正确、合理地确定零件的加工程序。

加工中心是一种高效率的设备，它的效率一般高于普通机床 2～4 倍。要充分发挥加工中心的这一特点，必须熟练掌握性能、特点及使用方法，同时还必须在编程之前正确确定加工方案，进行工艺设计，再考虑编程。

根据实际应用中的经验，数控加工工艺主要包括下列内容。

① 选择并确定零件的数控加工内容。

② 零件图样的数控工艺性分析。

③ 数控加工的工艺路线设计。

④ 数控加工工序设计。

⑤ 数控加工专用技术文件的编写。

其实，数控加工工艺设计的原则和内容在许多方面与普通加工工艺相同，下面主要针对不同点进行简要说明。

2.8.1　数控加工工艺内容的选择

对于某个零件来说，并非所有的加工工艺过程都适合在加工中心上完成，而往往只是其中的一部分适合于数控加工。这就需要对零件图样进行仔细的工艺分析，选择那些适合、最需要进行数控加工的内容和工序。在选择并做出决定时，应结合本企业设备的实际，立足于解决难题、攻克关键和提高生产效率，充分发挥数控加工的优势。在选择时，一般可按下列顺序考虑。

① 通用机床无法加工的内容应作为优选内容。

② 通用机床难加工、质量也难以保证的内容应作为重点选择内容。

③ 通用机床效率低、工人手工操作劳动强度大的内容，可在加工中心尚存在富余能力

的基础上进行选择。

一般来说，上述这些加工内容采用数控加工后，在产品质量、生产效率与综合效益等方面都会得到明显提高。相比之下，下列一些内容则不宜选用数控加工。

① 占机调整时间长。如：以毛坯的粗基准定位加工第一个精基准，要用专用工装协调的加工内容。

② 加工部位比较分散，要多次安装、设置原点。这时采用数控加工很麻烦，效果不明显，可安排通用机床补加工。

③ 按某些特定的制造依据（如：样板等）加工的型面轮廓。主要原因是获取数据困难，易与检验依据发生矛盾，增加编程难度。

此外，在选择和决定加工内容时，也要考虑生产批量、生产周期、工序间周转情况等。总之，要尽量做到合理，达到多、快、好、省的目的，要防止把加工中心降格为通用机床使用。

2.8.2 数控加工工艺路线的设计

数控加工与通用机床加工的工艺路线设计的主要区别在于，它不是指从毛坯到成品的整个工艺过程，而仅是几道数控加工工序工艺过程的具体描述，因此在工艺路线设计中一定要注意到，数控加工工序一般均穿插于零件加工的整个工艺过程中间，因而要与普通加工工艺衔接好。

另外，许多在通用机床加工时由工人根据自己的实践经验和习惯所自行决定的工艺问题，如：工艺中各工步的划分与安排、刀具的几何形状、走刀路线及切削用量等，都是数控工艺设计时必须认真考虑的内容，并将正确的选择编入程序中。在数控工艺路线设计中主要应注意以下几个问题。

（1）工序的划分

根据数控加工的特点，数控加工工序的划分一般可按下列方法进行。

① 以一次安装、加工作为一道工序。这种方法适合于加工内容不多的工件，加工完就能达到待检验状态。

② 以同一把刀具加工的内容划分工序。有些零件虽然能在一次安装中加工出很多待加工面，但考虑到程序太长，会受到某些限制，如：控制系统的限制（主要是内存容量）、机床连续工作时间的限制（如一道工序在一个工作班内不能结束）等。此外，程序太长会增加出错与检索困难。因此程序不能太长，一道工序的内容不能太多。

③ 以加工部位划分工序。对于加工内容很多的零件，可按其结构特点将加工部位分成几个部分，如内形、外形、曲面或平面。

④ 以粗、精加工划分工序。对于易发生加工变形的零件，由于粗加工后可能发生的变形需要进行校形，故一般来说凡要进行粗、精加工的都要将工序分开。

总之，在划分工序时，一定要对零件的结构与工艺性、机床的功能、零件数控加工内容的多少、安装次数及本企业生产组织状况灵活掌握。对于零件宜采用工序集中的原则还是用工序分散的原则，也要根据实际情况合理确定。

（2）顺序的安排

顺序的安排应根据零件的结构和毛坯状况，以及定位安装与夹紧的需要来考虑，重点是工件的刚性不被破坏。顺序安排一般应按以下原则进行。

① 上道工序的加工不能影响下道工序的定位与夹紧，中间穿插有通用机床加工工序的也要综合考虑。

② 先进行内形内腔加工工序，后进行外形加工工序。

③ 以相同的定位、夹紧方式或同一把刀具加工的工序，最好接连进行，以减少重复定位次数、换刀次数与挪动压板次数。

④ 在同一次安装中进行的多道工序，应先安排对工件刚性破坏较小的工序。

（3）数控加工工艺与普通工序的衔接

数控工序前后一般都穿插有其他普通工序，如衔接得不好就容易产生矛盾，因此在熟悉整个加工工艺内容的同时，要清楚数控加工工序与普通加工工序各自的技术要求、加工目的、加工特点，如：要不要留加工余量，留多少；定位面与孔的精度要求及形位公差；对校形工序的技术要求；对毛坯的热处理状态等，这样才能使各工序达到相互满足加工需要，且质量目标及技术要求明确，交接验收有依据。

数控工艺路线设计是下一步工序设计的基础，其设计质量会直接影响零件的加工质量与生产效率，设计工艺路线时应对零件图、毛坯图认真消化，结合数控加工的特点灵活运用普通加工工艺的一般原则，尽量把数控加工工艺路线设计得更合理一些。

（4）数控加工工序的设计

当数控加工工艺路线设计完成后，各道数控加工工序的内容已基本确定，要达到的目标已比较明确。对其他一些问题（诸如：刀具、夹具、量具、装夹方式等），也大体做到心中有数，接下来便可以着手进行数控工序的设计。

在确定工序内容时，要充分注意到数控加工的工艺是十分严密的。因为加工中心虽自动化程度较高，但自适应性差。它不像通用机床，加工时可以根据加工过程中出现的问题比较自由地进行人为调整，即使现代加工中心在自适应调整方面做出了不少努力与改进，但自由度也不大。比如，加工中心在攻螺纹时，就不能确定孔中是否已挤满了切屑，是否需要退一下刀，清理一下切屑再加工。所以，在数控加工的工序设计时必须注意加工过程中的每一个细节。同时，在对图形进行数学处理、计算和编程时，都要力求准确无误。因为，加工中心比同类通用机床价格要高得多，在加工中心上加工的也都是一些形状比较复杂、价值也较高的零件，万一损坏机床或零件都会造成较大的损失。在实际工作中，由于一个小数点或一个逗号的差错而酿造重大机床事故和质量事故的例子也是屡见不鲜的。

数控工序设计的主要任务是进一步把本工序的加工内容、切削用量、工艺装备、定位夹紧方式及刀具运动轨迹都要确定下来，为编制加工程序做好充分准备。

① 确定走刀路线和安排工步顺序　在数控加工工艺过程中，刀具时刻处于数控系统的控制下，因而每一时刻都应有明确的运动轨迹及位置。走刀路线就是刀具在整个加工工序中的运动轨迹，它不但包括了工步的内容，也反映出工步顺序，走刀路线是编写程序的依据之一，因此，在确定走刀路线时，最好画一张工序简图，将已经拟定出的走刀路线画上去（包括进、退刀路线），这样可为编程带来不少方便。工步的划分与安排一般可随走刀路线来进行，在确定走刀路线时，主要考虑以下几点。

a. 寻求最短加工路线，减少空刀时间以提高加工效率。

b. 为保证工件轮廓表面加工后的粗糙度要求，最终轮廓应安排在最后一次走刀中连续加工出来。

c. 刀具的进、退刀（切入与切出）路线要认真考虑，以尽量减少在轮廓切削中停刀

（切削力突然变化造成弹性变形）而留下刀痕，也要避免在工件轮廓面上垂直上下刀而划伤工件。

d. 要选择工件在加工后变形小的路线，对横截面积小的细长零件或薄板零件应采用分几次走刀加工到最后尺寸或对称去余量法安排走刀路线。

② 定位基准与夹紧方案的确定　在确定定位基准与夹紧方案时应注意下列三点。

a. 尽可能做到设计、工艺与编程计算的基准统一。

b. 尽量将工序集中，减少装夹次数，尽量做到在一次装夹后就能加工出全部待加工表面。

c. 避免采用占机人工调整装夹方案。

③ 夹具的选择　由于夹具确定了零件在机床坐标系中的位置，即加工原点的位置，因而首先要求夹具能保证零件在机床坐标系中的正确坐标方向，同时协调零件与机床坐标系的尺寸。除此之外，主要考虑下列几点。

a. 当零件加工批量小时，尽量采用组合夹具、可调式夹具及其他通用夹具。

b. 当小批量或成批生产时才考虑采用专用夹具，但应力求结构简单。

c. 夹具要开敞，其定位、夹紧机构元件不能影响加工中的走刀（如产生碰撞等）。

d. 装卸零件要方便可靠，以缩短准备时间，有条件时，批量较大的零件应采用气动液压夹具、多工位工具。

④ 刀具的选择　加工中心对所使用的刀具有性能上的要求，只有达到这些要求才能使加工中心真正发挥效率。在选择加工中心所用刀具时应注意以下几个方面。

a. 良好的切削性能。现代加工中心正向着高速、高刚性和大功率方向发展，因而所使用的刀具必须具有能够承受高速切削和强力切削的性能。同时，同一批刀具在切削性能和刀具寿命方面一定要稳定，这是由于在加工中心上为了保证加工质量，往往按刀的使用寿命换刀或由数控系统对刀具寿命进行管理。

b. 较高的精度。随着加工中心、柔性制造系统的发展，要求刀具能实现快速和自动换刀；又由于加工的零件日益复杂和精密，这就要求刀具必须具备较高的形状精度。对加工中心上所用的整体式刀具也提出了较高的精度要求，有些立铣刀的径向尺寸精度高达 $5\mu m$，以满足精密零件的加工需要。

c. 先进的刀具材料。刀具材料是影响刀具性能的重要因素。除了常用的高速钢和硬质合金钢材料外，涂层硬质合金刀具已在国外广泛使用。硬质合金刀片的涂层工艺是在韧性较大的硬质合金基体表面沉积一薄层（一般厚度为 $5\sim7\mu m$）高硬度的耐磨材料，把硬度和韧性高度地结合在一起，从而改善硬质合金刀片的切削性能。

在如何使用加工中心刀具方面，也应掌握一条原则：尊重科学，按切削规律办事。对不同的零件材质，在客观规律上都有一个切削速度、背吃刀量、进给量三者互相适应的最佳切削参数。这对大零件、稀有金属零件、贵重零件更为重要，应在实践中不断摸索这个最佳切削参数。

在选择刀具时，要注意对工件的结构及工艺性认真分析，结合工件材料、毛坯余量及刀具加工部位综合考虑。在确定好以后，要把刀具规格、专用刀具代号和该刀所要加工的内容列表记录下来，供编程时使用。

⑤ 确定刀具与工件的相对位置　对于加工中心来说，在加工开始时，确定刀具与工件的相对位置是很重要的，它是通过对刀点来实现的。对刀点是指通过对刀确定刀具与工件相

对位置的基准点。在程序编制时，不管是刀具相对工件移动，还是工件相对刀具移动，都是把工件看作静止，而把刀具看作在运动。对刀点往往就是零件的加工原点。它可以设在被加工零件上，也可以设在夹具与零件定位基准有一定尺寸联系的某一位置。对刀点的选择原则如下。

　　a. 所选的对刀点应使程序编制简单。

　　b. 对刀点应选择在容易找正、便于确定零件加工原点的位置。

　　c. 对刀点的位置应在加工时检查方便、可靠。

　　d. 有利于提高加工精度。

　　例如，加工图 2-9（a）所示的零件时，对刀点的选择如图 2-9（b）所示。当按照图示路线来编制数控程序时，选择夹具定位元件圆柱销的中心线与定位平面 A 的交点作为加工的对刀点。显然，这里的对刀点也恰好是加工原点。

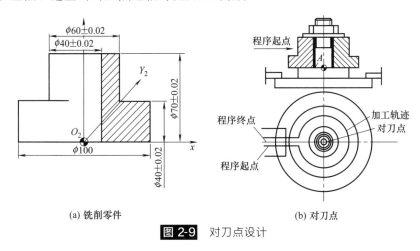

| (a) 铣削零件 | (b) 对刀点 |

图 2-9　对刀点设计

　　在使用对刀点确定加工原点时，就需要进行"对刀"。所谓对刀是指使刀位点与对刀点重合的操作。刀位点是指刀具的定位基准点。圆柱铣刀的刀位点是刀具中心线与刀具底面的交点；球头铣刀是球头的球心点；钻头是钻尖。

　　换刀点是为加工中心多刀加工的机床编程而设置的，因为这些机床在加工过程中要自动换刀。对于手动换刀的数控铣床，也应确定相应的换刀位置为防止换刀时碰坏零件或夹具，换刀点常常设置在被加工零件轮廓之外，并要有一定的安全量。

　　当编制数控加工程序时，编程人员必须确定每道工序的切削用量。确定时一定要根据机床说明书中规定的要求以及刀具的耐用度去选择，当然也可结合实践经验采用类比的方法来确定切削用量。在选择切削用量时要充分保证刀具加工完一个零件或保证刀具的耐用度不低于一个工作班，最少也不低于半个班的工作时间。

　　背吃刀量主要受机床刚度的限制，在机床刚度允许的情况下，尽可能使背吃刀量等于零件的加工余量，这样可以减少走刀次数，提高加工效率。对于表面粗糙度和精度要求较高的零件，要留有足够的精加工余量，数控加工的精加工余量可以比普通机床加工的余量小一些。切削速度、进给速度等参数的选择与普通机床加工基本相同，选择时应注意机床的使用说明书。在计算好各部位与各把刀具的切削用量后，最好能建立一张切削用量表，主要是为了防止遗忘和方便编程。

　　（5）数控加工专用技术文件的编写

　　数控加工工艺文件既是数控加工、产品验收的依据，也是操作者要遵守、执行的规程，同时还为产品零件重复生产做了技术上的必要工艺资料积累和储备。它是编程员在编制加工程序单时做出的与程序单相关的技术文件。该文件主要包括数控加工工序卡、数控刀具调整单、机床调整单、零件加工程序单等。

　　不同的加工中心，工艺文件的内容有所不同，为了加强技术文件管理，数控加工工艺文件也应向标准化、规范化的方向发展。但目前由于种种原因国家尚未制定统一的标准。各企业应根据本单位的特点制定上述必要的工艺文件。下面简要介绍工艺文件的内容，仅供参考。

　　① 数控加工工序卡片　　数控加工工序卡片与普通加工工艺卡片有许多相似之处，但不同的是该卡片中应反映使用的辅具、刀具切削参数等，它是操作人员配合数控程序进行数控加工的主要指导性工艺资料。工序卡片应按已确定的工步顺序填写。表 2-2 所示为加工中心上的数控镗铣工序卡片。

　　若在加工中心上只加工零件的一个工步时，也可不填写工序卡。在工序加工内容不十分复杂时，可把零件草图反映在工序卡上，并注明编程原点和对刀点等。

　　② 数控刀具调整单　　数控刀具调整单主要包括数控刀具卡片（简称刀具卡）和数控刀具明细表（简称刀具表）两部分。

　　数控加工时，对刀具的要求十分严格，一般要在机外对刀仪上，事先调整好刀具直径和长度。刀具卡主要反映刀具编号、刀具结构、尾柄规格、组合件名称代号、刀片型号和材料等，它是组装刀具和调整刀具的依据。刀具卡的格式如表 2-3 所示。

　　数控刀具明细表是调刀人员调整刀具输入的主要依据。刀具表格式如表 2-4 所示。

▣ 表 2-2　数控加工工序卡片

××机械厂		数控加工工序卡片		产品名称或代号	零件名称	零件图号
				JS	恒星架	0102-4
工序号		程序编号	夹具名称	夹具编号	使用设备	车间
				镗胎		
工步号	工步内容	加工面	刀具号	刀具规格	主轴转速	进给速度	切削深度	备注
1	N5～N30，φ65H7 镗成 φ63mm		T13001					
2	N40～N50，φ50H7 镗成 φ48mm		T13006					
3	N60～N70，φ65H7 镗成 φ64.8mm		T13002					
4	N80～N90，φ65H7 镗好		T13003					
5	N100～N105，倒 φ65H7 孔边 1.5×45°		T13004					
6	N110～N120，φ50H7 镗成 φ49.8mm		T13007					
7	N130～N140，φ50H7 镗好		T13008					
8	N150～N160，倒 φ50H7 孔边 1.5×45°		T13009					
9	N170～N240，铣 φ（68＋0.3）mm 环沟		T13005					
编制		审核	批准		共　　页		第　　页	

⊡ **表 2-3　数控刀具卡片**

零件图号		JS0102		数控刀具卡片			使用设备	
刀具号		镗刀					TC-30	
刀具编号	T13003	换刀方式		自动	程序编号			
序号		编号	刀具名称	规格	数量		备注	
1		7013960	拉钉		1			
2		390.140-5063050	刀柄		1			
3		391.35-4063114M	镗刀杆		1			
4		448S-405628-11	镗刀体		1			
5		2148C-33-1103	精镗单元		1			
6		TRMR110304-21SIP	刀片		1			

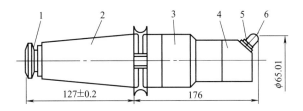

备注									
编制		审核		批注		共　　页		第　　页	

⊡ **表 2-4　数控刀具明细表**

零件编号	零件名称	材料	数控刀具明细表	程序编号	车间		使用设备		
JS0102—4									

刀号	刀位号	刀具名称	刀具			刀补地址		换刀方式	加工部位
			直径/mm		长度/mm	直径	长度		
			设定	补偿	设定				
T13001		镗刀	$\phi63$		137			自动	
T13002		镗刀	$\phi64.8$		137			自动	
T13003		镗刀	$\phi65.01$		176			自动	
T13004		镗刀	$\phi65\times45°$		200			自动	
T13005		环沟铣刀	$\phi50$	$\phi50$	200			自动	
T13006		镗刀	$\phi48$		237			自动	
T13007		镗刀	$\phi49.8$		237			自动	
T13008		镗刀	$\phi50.01$		250			自动	
T13009		镗刀	$\phi50\times45°$		300			自动	
编制		审核		批准	年　月　日		共　　页		第　　页

③ 机床调整单　机床调整单是机床操作人员在加工前调整机床的依据。它主要包括机床控制面板开关调整单和数控加工零件安装、零件设定卡片两部分。

机床控制面板开关调整单，主要记有机床控制面板上有关"开关"的位置，如进给速度、调整旋钮位置或超调（倍率）旋钮位置、刀具半径补偿旋钮位置或刀具补偿拨码开关组数值表、垂直校验开关及冷却方式等内容。机床调整单格式如表 2-5 所示。

▫ **表 2-5　数控镗铣床调整单**

零件号		零件名称		工序号		制表
F——位码调整旋钮						
F1	F2	F3	F4	F5		
F6	F7	F8	F9	F10		
刀具补偿拨盘						
1	T03	−1.20		6		
2	T54	+0.69		7		
3	T15	+0.29		8		
4	T37	−1.29		9		
5				10		
对称切削开关位置						
	N001～N080	0		0	0	N001～N080	0
X		1	Y	0	Z	0	B	N081～N110	1
垂直校验开关位置			0			
工件冷却			1			

几点说明：

a. 对于由程序中给出速度代码（如给出 F1、F2 等）而其进给速度由拨盘拨入的情况，在机床调整单中应给出各代码的进给速度值。对于在程序中给出进给速度值或进给率的情形，在机床调整单中应给出超调旋钮的位置。超调范围一般为 10%～120%，即将程序中给出的进给速度变为其值的 10%～120%。

b. 对于有刀具半径偏移运算的数控系统，应将实际所用刀具半径值记入机床调整单。在有刀具长度和半径补偿开关组的数控系统中，应将每组补偿开关记入机床调整单。

c. 垂直校验表示在一个程序段内，从第一个"字符"到程序段结束"字符"，总"字符"数是偶数个。若在一个程序内"字符"数目是奇数个，则应在这个程序段内加一"空格"字符。若程序中不要求垂直校验时，应在机床调整单的垂直校验栏内填入"断"。这时不检验程序段中字符数目是奇数还是偶数。

d. 冷却方式开关给出的是油冷还是雾冷。

数控加工零件安装和零点设定卡片（简称装夹图和零点设定卡），它表明了数控加工零件的定位方法和夹紧方法，也标明了工件零点设定的位置和坐标方向，使用夹具的名称和编号等。装夹图和零点设定卡片格式如表 2-6 所示。

加工中心的功能不同，机床调整单的形式也不同，这是仅给出一例。

④ 数控加工程序单　数控加工程序单是编程员根据工艺分析情况，经过数值计算，按照机床特点的指令代码编制的。它是记录数控加工工艺过程、工艺参数、位移数据的清单以及手动数据输入（MDI）和置备纸带，实现数控加工的主要依据。不同的加工中心，不同的

数控系统，程序单的格式不同。表 2-7 为型号 XK0816A 的立式铣床（配备 FANUC 0i-MC 数控系统）铣削加工程序单示例。

⊡ 表 2-6　工件安装和零点设定卡片

零件图号	JS0102—4			工序号	
零件名称	行星架	数控加工工件安装和零点设定卡片		装夹次数	

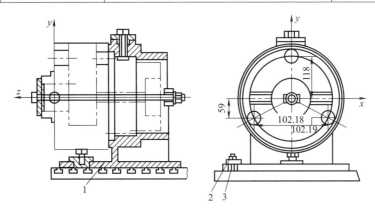

				3	梯形槽螺栓	
				2	压板	GS53—61
				1	镗铣夹具板	
编制	审核	批准	第　　页			
			共　　页	序号	夹具名称	夹具图号

⊡ 表 2-7　加工程序清单

<table>
<tr><th colspan="3">程序名:O0001</th></tr>
<tr><th>程序段号</th><th>程序内容</th><th>程序段解释</th></tr>
<tr><td>N05</td><td>G92 X0 Y0 Z0</td><td>设置工件坐标系原点</td></tr>
<tr><td>N10</td><td>G90 G00 X－65 Y－95 Z300</td><td>快速插补</td></tr>
<tr><td>N15</td><td>G43 H08 Z－8 S350 M03</td><td>建立刀具长度补偿，主轴 350r/min 正转，刀具下降到加工位置</td></tr>
<tr><td>N20</td><td>G41 G01 X－45 Y－75 D05 F105</td><td>建立刀具半径左补偿直线插补</td></tr>
<tr><td>N25</td><td>Y－40</td><td>直线插补</td></tr>
<tr><td>N30</td><td>X－25</td><td>直线插补</td></tr>
<tr><td>N35</td><td>G03 X－20 Y－15 I－60 J25</td><td>圆弧插补</td></tr>
<tr><td>N40</td><td>G02 X20 I20 J50</td><td>圆弧插补</td></tr>
<tr><td>N45</td><td>G03 X25 Y－40 I65 J0</td><td>圆弧插补</td></tr>
<tr><td>N50</td><td>G01 X45</td><td>直线插补</td></tr>
<tr><td>N55</td><td>Y－75</td><td>直线插补</td></tr>
<tr><td>N60</td><td>X0 Y－62.9</td><td>直线插补</td></tr>
<tr><td>N65</td><td>X－45 Y－75</td><td>直线插补</td></tr>
<tr><td>N70</td><td>G40 X－65 Y－95 Z300</td><td>注销刀具补偿</td></tr>
<tr><td>N75</td><td>M30</td><td>程序结束</td></tr>
</table>

第3章
加工中心调试与常用工具

本章介绍加工中心调试与辅助工具内容。加工中心编程离不开调试工作。对于小型的加工中心，这项工作比较简单；但对于大中型数控机床，工作比较复杂，用户需要了解许多使用事项。同样，加工中心编程需要使用一些辅助工具来完成，用户掌握了常用工具的使用，将大大提高编程效率。

3.1 加工中心调试

加工中心调试工作比较多，下面逐一介绍。

3.1.1 通电试车

机床调试前，应事先做好油箱及过滤器的清洗工作，然后按机床说明书要求给机床润滑油箱、润滑点灌注规定的油液和油脂，液压油事先要经过过滤，接通外界输入的气源，做好一切准备工作。

机床通电操作可以是一次各部分全面供电，或各部件分别供电，然后再做总供电试验。分别供电比较安全，但时间较长。通电后首先观察有无报警故障，然后用手动方式陆续启动各部件。检查安全装置能否正常工作，能否达到额定的工作指标。例如，启动液压系统时先判断油泵电机转动方向是否正确，油泵工作后液压管路中是否形成油压，各液压元件是否正常工作，有无异常噪声，各接头有无渗漏，液压系统冷却装置能否正常工作等。总之，根据机床说明书资料粗略检查机床的主要部件的功能是否正常、齐全，使机床各环节都能运动起来。

然后，调整机床的床身水平，粗调机床的主要几何精度，再调整重新组装的主要运动部件与主机的相对位置，如机械手、刀库与主机换刀位置的校正、APC托盘站与机床工作台交换位置的找正等。这些工作完成后，就可以用快干水泥灌注主机和各附件的地脚螺栓，把各个预留孔灌平，等水泥完全干固以后，就可进行下一步工作。

在数控系统与机床联机通电试车时，虽然数控系统已经确认，工作正常无任何报警，但为了预防万一，应在接通电源的同时，做好按压急停按钮的准备，以备随时切断电源。例如，伺服电动机的反馈信号线接反和断线，均会出现机床"飞车"现象，这时就需要立即切断电源，检查接线是否正确。

在检查机床各轴的运转情况时，应用手动连续进给移动各轴，通过 CRT 或 DPL（数字显示器）的显示值检查机床部件移动方向是否正确。如方向相反，则应将电动机动力线及检测信号线反接才行。然后检查各轴移动距离是否与移动指令相符。如不符，应检查有关指令、反馈参数以及位置控制环增益等参数设定是否正确。

随后，再用手动进给，以低速移动各轴，并使它们碰到行程开关，用以检查超程限位是否有效，数控系统是否在超程时会发出报警。

最后还应进行一次返回机械零点动作。机床的机械零点是以后机床进行加工的程序基准位置，因此，必须检查有无机械零点功能，以及每次返回机械零点的位置是否完全一致。

3.1.2　加工中心精度和功能的调试

（1）机床几何精度的调试

在机床安装到位粗调的基础上，还要对机床进行进一步的微调。在已经固化的地基上用地脚螺栓和垫铁精调机床床身的水平，找正水平后移动床身上的各运动部件（立柱、主轴箱和工作台等），观察各坐标全行程内机床水平的变化情况，并相应调整机床，保证机床的几何精度在允许范围之内。使用的检测工具有精密水平仪、标准方尺、平尺、平行光管等。在调整时，主要以调整垫铁为主，必要时可稍微改变导轨上的镶条和预紧滚轮等。一般来说，只要机床质量稳定，通过上述调试可将机床调整到出厂精度。

（2）换刀动作调试

加工中心的换刀是一个比较复杂的动作，根据加工中心刀库的结构型式，一般加工中心实现换刀的方法有两种：使用机械手换刀和由伺服轴控制主轴头换刀。

① 使用机械手换刀。使用机械手换刀时，让机床自动运行到刀具交换的位置，用手动方式调整装刀机械手和卸刀机械手与主轴之间的相对位置。调整中，在刀库中的一个刀位上安装一个校验芯棒，根据校验芯棒的位置精度检测和抓取准确性，确定机械手与主轴的相对位置，有误差时可调整机械手的行程，移动机械手支座和刀库位置等，必要时还可以修改换刀位置点的设定（改变数控系统内与换刀位置有关的 PLC 整定参数），调整完毕后紧固各调整螺钉及刀库地脚螺钉。然后装上几把接近规定允许重量的刀柄，进行多次从刀库到主轴的往复自动交换，要求动作准确无误，不撞击、不掉刀。

② 由伺服轴控制主轴头换刀。在中小型加工中心上，用伺服轴控制主轴头直接换刀的方案较多见，常用在刀库刀具数量较少的加工中心上。

由主轴头代替机械手的动作实现换刀，由于减少了机械手，使得加工中心换刀动作的控制简单，制造成本降低，安装调试过程相对容易。这一类型的刀库，刀具在刀库中的位置是固定不变的，即刀具的编号和刀库的刀位号是一致的。

这种刀库的换刀动作可以分为两部分：刀库的选刀动作和主轴头的还刀和抓刀动作。

刀库的选刀动作是在主轴还刀以后进行，由 PLC 程序控制刀库将数控系统传送的指令刀号（刀位）移动至换刀位；主轴头实现的动作是还刀→离开→抓刀。

安装时，通常以主轴部件为基准，调整刀库刀盘相对于主轴端面的位置。调整中，在主轴上安装标准刀柄（如 BT4.0 等）的校验芯棒，以手动方式将主轴向刀库移动，同时调整刀盘相对于主轴的轴向位置，直至刀爪能完全抓住刀柄，并处于合适的位置，记录下此时的相应的坐标值，作为自动换刀时的位置数据使用。调整完毕，应紧固刀库螺栓，并用锥销定位。

（3）交换工作台调试

带 APC 交换工作台的机床要把工作台运动到交换位置，调整托盘站与交换台面的相对位置，达到工作台自动交换时动作平稳、可靠、正确。然后在工作台面上装上 70%～80% 的允许负载。进行多次自动交换动作，达到正确无误后紧固各有关螺钉。

（4）伺服系统的调试

伺服系统在工作时由数控系统控制，是数控机床进给运动的执行机构。为使数控机床有稳定高效的工作性能，必须调整伺服系统的性能参数使其与数控机床的机械特性匹配，同时在数控系统中设定伺服系统的位置控制性能要求，使处于速度控制模式的伺服系统可靠工作。

（5）主轴准停定位的调试

主轴准停是数控机床进行自动换刀的重要动作。在还刀时，准停动作使刀柄上的键槽能准确对准刀盘上的定位键，让刀柄以规定的状态顺利进入刀盘刀爪中；在抓刀时，实现准停后的主轴可以使刀柄上的两个键槽正好卡入主轴上用来传递转矩的端面键。

主轴的准停动作一般由主轴驱动器和安装在主轴电动机中用来检测位置信号的内置式编码器来完成；对没有主轴准停功能的主轴驱动器，可以使用机械机构或通过数控系统的 PLC 功能实现主轴的准停。

（6）其他功能调试

仔细检查数控系统和 PLC 装置中参数设定值是否符合随机资料中规定的数据，然后试验各主要操作功能、安全措施、常用指令执行情况等。例如，各种运行方式（手动、点动、MDI、自动方式等），主挂挡指令，各级转速指令等是否正确无误，并检查辅助功能及附件的工作是否正常。例如机床的照明灯、冷却防护罩盒、各种护板是否完整；往切削液箱中加满切削液，试验喷管是否能正常喷出切削液；在用冷却防护罩时切削液是否外漏；排屑器能否正确工作；机床主轴箱的恒温油箱能否起作用等。

在机床调整过程中，一般要修改和机械有关的 NC 参数，例如各轴的原点位置、换刀位置、工作台相对于主轴的位置、托盘交换位置等；此外，还会修改和机床部件相关位置有关的参数，如刀库刀盒坐标位置等。修改后的参数应在验收后记录或存储在介质上。

3.1.3 机床试运行

数控机床在带有一定负载条件下，经过较长时间的自动运行，能比较全面地检查机床功能及工作可靠性，这种自动运行称为数控机床的试运行。试运行的时间，一般采用每天运行 8h，连续运行 2～3 天；或运行 24h，连续运行 1～2 天。

试运行中采用的程序叫考机程序，可以采用随箱技术文件中的考机程序，也可自行编制一个考机程序。一般考机程序中应包括：数控系统的主要功能指令，自动换刀取刀库中 2/3 以上刀具；主轴转速要包括标称的最高、中间及最低在内五种以上速度的正转、反转及停止等运行转速；快速及常用的进给速度；工作台面的自动交换；主要 M 指令等。试运行时刀库应插满刀柄，刀柄质量应接近规定质量，交换工作台面上应加有负载。参考的考机程序如下。

```
O1111;
G92 X0 Y0 Z0;
M97 P8888 L10;
M30;
O8888;
G90 G00 X350 Y- 300 M03 S300;
Z- 200;
M05;
G01 Z- 5 M04 S500 F100;
X10 Y- 10 F300;
```

```
M05;
M06 T2;
G01 X300 Y- 250 F300 M03 S3000;
M05;
Z- 200 M04 S2000;
G00 X0 Y0 Z0;
M05;
M50;
G01 X200 Y- 200 M03 S2500 F300;
Z- 100;
G17 G02 I- 30 J0 F500;
M06 T10;
G00 X10 Y- 10;
M05;
G91 G28 Z0;
X0 Y0;
M50;
M99;
```

3.1.4　加工中心的检测验收

加工中心的验收大致分为两大类：一类是对于新型加工中心样机的验收，它由国家指定的机床检测中心进行验收；另一类是一般的加工中心用户验收其购置的数控设备。

对于新型加工中心样机的验收，需要进行全方位的试验检测。它需要使用各种高精度仪器来对机床的机、电、液、气等各部分及整机进行综合性能及单项性能的检测，包括进行刚度和热变形等一系列机床试验，最后得出对该机床的综合评价。

对于一般的加工中心用户，其验收工作主要根据机床检验合格证上规定的验收条件及实际能提供的检测手段来部分或全部测定机床合格证上的各项技术指标。如果各项数据都符合要求，则用户应将此数据列入该设备进厂的原始技术档案中，作为日后维修时的技术指标依据。

下面介绍一般加工中心用户在加工中心验收工作中要做的一些主要工作。

（1）机床外观检查

一般可按照通用机床的有关标准，但数控机床是价格昂贵的高技术设备，对外观的要求就更高。对各级防护罩，油漆质量，机床照明，切屑处理，电线和气、油管走线固定防护等都有进一步的要求。

在对加工中心做详细检查验收以前，还应对数控柜的外观进行检查验收，应包括下述几个方面。

① 外表检查。用肉眼检查数控柜中的各单元是否有破损、污染，连接电缆捆绑线是否有破损，屏蔽层是否有剥落现象。

② 数控柜内部件紧固情况检查。螺钉的紧固检查；连接器的紧固检查；印刷线路板的紧固检查。

③ 伺服电动机的外表检查。特别是对带有脉冲编码器的伺服电动机的外壳应认真检查，尤其是后端盖处。

（2）机床性能及 NC 功能试验

加工中心性能试验一般有十几项内容。现以一台立式加工中心为例说明一些主要的项目。

① 主轴系统的性能。

② 进给系统的性能。

③ 自动换刀系统。

④ 机床噪声。机床空运转时的总噪声不得超过标准规定（80dB）。

⑤ 电气装置。

⑥ 数字控制装置。

⑦ 安全装置。

⑧ 润滑装置。

⑨ 气、液装置。

⑩ 附属装置。

⑪ 数控机能。按照该机床配备数控系统的说明书，用手动或自动的方法，检查数控系统主要的使用功能。

⑫ 连续无载荷运转。机床长时间连续运行（如 8h，16h 和 24h 等）是综合检查整台机床自动实现各种功能可靠性的最好办法。

（3）机床几何精度检查

加工中心的几何精度综合反映该设备的关键机械零部件和组装后的几何形状误差。以下列出一台普通立式加工中心的几何精度检测内容。

① 工作台面的平面度。

② 各坐标方向移动的相互垂直度。

③ X 坐标方向移动时工作台面的平行度。

④ Y 坐标方向移动时工作台面的平行度。

⑤ X 坐标方向移动时工作台面 T 形槽侧面的平行度。

⑥ 主轴的轴向串动。

⑦ 主轴孔的径向跳动。

⑧ 主轴箱沿 Z 坐标方向移动时主轴轴心线的平行度。

⑨ 主轴回转轴心线对工作台面的垂直度。

⑩ 主轴箱在 Z 坐标方向移动的直线度。

（4）机床定位精度检查

加工中心的定位精度有其特殊的意义。它是表明所测量的机床各运动部件在数控装置控制下运动所能达到的精度。因此，根据实测的定位精度数值，可以判断出这台机床在自动加工中能达到的工件加工精度。

定位精度主要检查的内容有。

① 直线运动定位精度（包括 X、Y、Z、U、V、W 轴）。

② 直线运动重复定位精度。

③ 直线运动轴机械原点的返回精度。

④ 直线运动失动量的测定。

⑤ 回转运动定位精度（转台 A、B、C 轴）。

⑥ 回转运动的重复定位精度。

⑦ 回转轴原点的返回精度。

⑧ 回轴运动失动量测定。

（5）机床切削精度检查

机床切削精度检查实质是对机床的几何精度和定位精度在切削和加工条件下的一项综合考核。一般来说，进行切削精度检查的加工，可以是单项加工或加工一个标准的综合性试件。国内多以单项加工为主。对于加工中心，主要的单项精度有。

① 镗孔精度。

② 端面铣刀铣削平面的精度（XY 平面）。

③ 镗孔的孔距精度和孔径分散度。

④ 直线铣削精度。

⑤ 斜线铣削精度。

⑥ 圆弧铣削精度。

⑦ 箱体掉头镗孔同轴度（对卧式机床）。

⑧ 水平转台回转 90°铣四方加工精度（对卧式机床）。

3.2　加工中心常用工具

3.2.1　加工中心夹具

根据加工中心机床特点和加工需要，目前常用的夹具结构类型有组合夹具、可调夹具、成组夹具、专用夹具和通用夹具等。组合夹具的基本特点是具有组合性、可调性、模拟性、柔性、应急性和经济性，使用寿命长，能适应产品加工中的周期短、成本低等要求。现代组合夹具的结构主要分为槽系与孔系两种基本形式，两者各有所长。

图 3-1 为槽系定位组合夹具，沿槽可调性好，但其精度和刚度稍差些。近年发展起来的孔系定位组合夹具使用效果较好，图 3-2 为孔系组合夹具。可调夹具与组合夹具有很大的相似之处，所不同的是它具有一系列整体刚性好的夹具体。在夹具体上，设置有可定位、夹压等多功能的 T 形槽及台阶式光孔、螺孔，配制有多种夹紧定位元件。它可实现快速调整，刚性好，且能保证加工精度。它不仅适用于多品种、中小批量生产，而且在少品种、大批量生产中也体现出了明显的优越性。

图 3-3 为数控铣床用通用可调夹具基础板。工件可直接通过定位件、压板、锁紧螺钉固定在基础板上，也可通过一套定位夹紧调整装置定位在基础板上，基础板为内装立式液压缸和卧式液压缸的平板，通过定位键和机床工作台的一个 T 形槽连接，夹紧元件可从上或侧面把双头螺杆或螺栓旋入液压缸活塞杆，不用的对定孔用螺塞封盖。成组夹具是随成组加工工艺的发展而出现的。使用成组夹具的基础是对零件的分类（即编码系统中的零件族）。通过工艺分析，把形状相似、尺寸相近的各种零件进行分组，编制成组工艺，然后把定位、夹紧和加工方法相同的或相似的零件集中起来，统筹考虑夹具的设计方案。对结构外形相似的

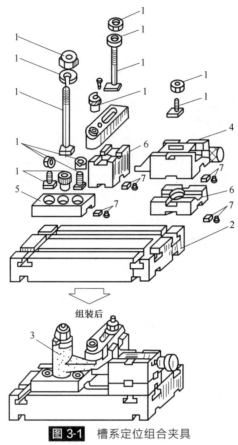

图 3-1　槽系定位组合夹具

1—紧固件；2—基础板；3—工件；4—活动 V 形铁组合件；5—支承板；6—垫铁；7—定位键、紧定螺钉

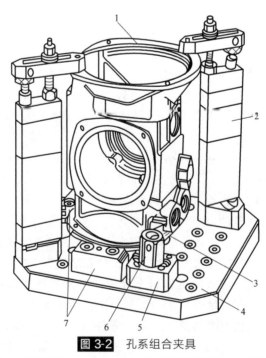

图 3-2　孔系组合夹具

1—工件；2—组合压板；3—调节螺栓；4—方形基础板；5—方形定位连接板；6—切边圆柱支承；7—台阶支承

零件，采用成组夹具。它具有经济、夹紧精度高等特点。成组夹具采用更换夹具可调整部分元件或改变夹具上可调元件位置的方法来实现组内不同零件的定位、夹紧和导向等的功能。

图 3-4 为成组钻模，在该夹具中既采用了更换元件的方法，又采用可调元件的方法，也称综合式的成组夹具。总之，在选择夹具时要综合考虑各种因素，选择最经济、最合理的夹具形式。一般，单件小批生产时优先选用组合夹具、可调夹具和其他通用夹具，以缩短生产准备时间和节省生产费用；成批生产时，才考虑成组夹具、专用夹具，并力求结构简单。当然，根据需要还可使用三爪卡盘、虎钳等大家熟悉的通用夹具。

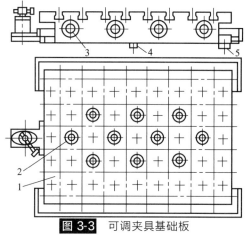

图 3-3 可调夹具基础板

1—基础板；2,3—液压缸；4,5—定位键

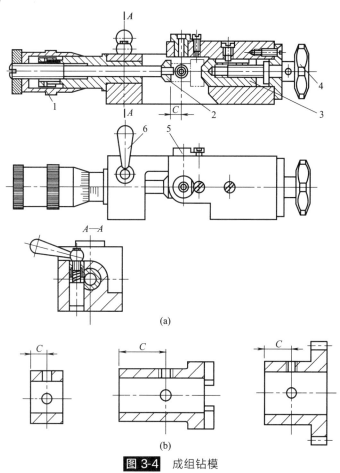

(a)

(b)

图 3-4 成组钻模

1—调节旋钮；2—定位支承；3—滑柱；4—夹紧把手；5—钻套；6—紧固手柄

对一些小型工件，若批量较大，可采用多件装夹的夹具方案。这样节省了单件换刀的时间，提高了生产效率，又有利于粗加工和精加工之间的工件冷却和时效。

3.2.2 常规数控刀具刀柄

常规数控刀具刀柄均采用 7∶24 圆锥工具柄，并采用相应类型的拉钉拉紧结构。目前在我国应用较为广泛的标准有国际标准 ISO 7388，中国标准 GB/T 10944，日本标准 MAS404，美国标准 ANSI/ASMB5.5。

（1）常规数控刀柄及拉钉结构

我国数控刀柄结构（国家标准 GB/T 10944）与国际标准 ISO 7388 规定的结构几乎一致，如图 3-5 所示。相应的拉钉结构国家标准 GB/T 10945 包括两种类型的拉钉：A 型用于不带钢球的拉紧装置，其结构如图 3-6（a）所示；B 型用于带钢球的拉紧装置，其结构如图 3-6（b）所示。图 3-7 和图 3-8 分别表示日本标准锥柄及拉钉结构和美国标准锥柄及拉钉结构。

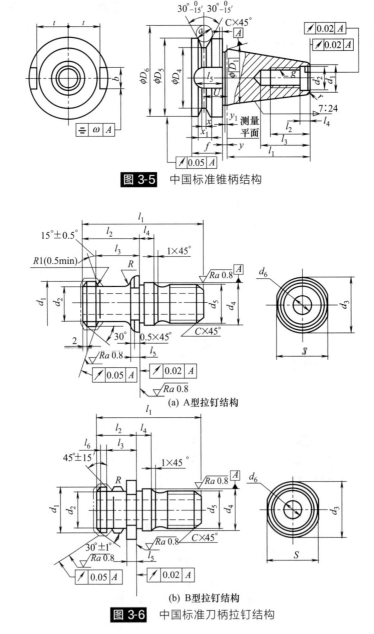

图 3-5 中国标准锥柄结构

（a）A 型拉钉结构

（b）B 型拉钉结构

图 3-6 中国标准刀柄拉钉结构

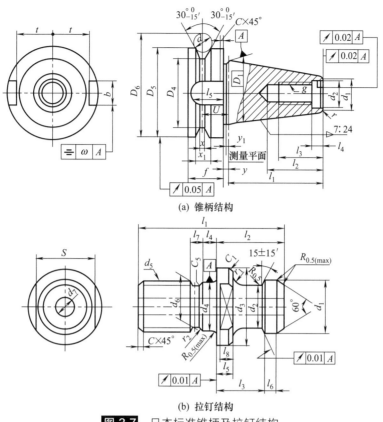

(a) 锥柄结构

(b) 拉钉结构

图 3-7　日本标准锥柄及拉钉结构

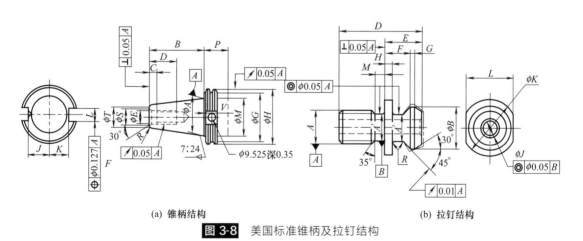

(a) 锥柄结构　　　　　　　　　　　　　(b) 拉钉结构

图 3-8　美国标准锥柄及拉钉结构

（2）典型刀具系统的种类及使用范围

整体式数控刀具系统种类繁多，基本能满足各种加工需求。其标准为 JB/GQ 5010 《TSG 工具系统型式与尺寸》。TSG 工具系统中的刀柄，其代号由 4 部分组成，各部分的含义如下。

$$JT\quad 45\text{-}Q\quad 32\text{-}120$$

JT：表示工具柄部型式（具体含义查有关标准）

45：对圆锥柄表示锥度规格，对圆柱表示直径

Q：表示工具的用途

32：表示工具的规格

120：表示刀柄的工作长度

上述代号表示的工具为：自动换刀机床用7：24圆锥工具柄（GB/T 10944），锥柄号45号，前部为弹簧夹头，最大夹持直径32mm，刀柄工作长度120mm。

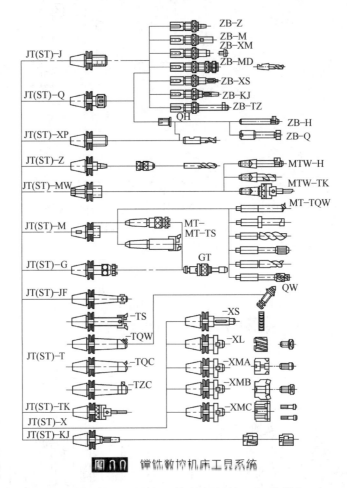

图3-9　镗铣数控机床工具系统

整体工具系统的刀柄系列如图3-9所示，其所包括的刀柄种类如下。

① 装直柄接杆刀柄系列（J）　它包括15种不同规格的刀柄和7种不同用途、63种不同尺寸的直柄接杆，分别用于钻孔、扩孔、铰孔、镗孔和铣削加工。它主要用于需要调节刀具轴向尺寸的场合。

② 弹簧夹头刀柄系列（Q）　它包括16种规格的弹簧夹头。弹簧夹头刀柄的夹紧螺母采用钢球将夹紧力传递给夹紧环，自动定心、自动消除偏摆，从而保证其夹持精度，装夹直径为16～40mm。如配用过渡卡簧套QH，还可装夹直径为6～12mm的刀柄。

③ 装钻夹头刀柄系列　用于安装各种莫氏短锥（Z）和贾氏锥度钻夹头，共有24种不同的规格尺寸。

④ 装削平型直柄工具刃柄（XP）。

⑤ 装带扁尾莫氏圆锥工具刀柄系列（M）　29种规格，可装莫氏1.5号锥柄工具。

⑥ 装无扁尾莫氏圆锥工具刀柄系列（MW）　有10种规格，可装莫氏1.5号锥柄

工具。

⑦ 装浮动铰刀刀柄系列（JF）　用于某些精密孔的最后加工。

⑧ 攻螺纹夹头刀柄系列（G）　刀柄由夹头柄部和丝锥夹套两部分组成，其后锥柄有三种类型供选择。攻螺纹夹头刀柄具有前后浮动装置，攻螺纹时能自动补偿螺距，攻螺纹夹套有转矩过载保护装置，以防止机攻时丝锥折断。

⑨ 倾斜微调镗刀刀柄系列（TQW）　有 45 种不同的规格。这种刀柄刚性好，微调精度高，微进给精度最高可达每 10 格误差±0.02mm，镗孔范围是 $\phi20\sim285$mm。

⑩ 双刃镗刀柄系列（7S）　镗孔范围是 $\phi21\sim140$mm。

⑪ 直角型粗镗刀刀柄系列（TZC）　有 34 种规格。适用于对通孔的粗加工，镗孔范围是 $\phi25\sim190$mm。

⑫ 倾斜型粗镗刀刀柄系列（TQC）　有 35 种规格。主要适用于盲孔、阶梯孔的粗加工，镗孔范围是 $\phi20\sim200$mm。

⑬ 复合镗刀刀柄系列（TF）　用于镗削阶梯孔。

⑭ 可调镗刀刀柄系列（TK）　有 3 种规格。镗孔范围是 $\phi5\sim165$mm。

⑮ 装三面刃铣刀刀柄系列（XS）　有 25 种规格。可装 $\phi50\sim200$mm 的铣刀。

⑯ 装套式立铣刀刀柄系列（XL）　有 27 种规格。可装 $\phi40\sim160$mm 的铣刀。

⑰ 装 A 类面铣刀刀柄系列（XMA）　有 21 种规格。可装 $\phi50\sim100$mm 的 A 类面铣刀。

⑱ 装 B 类面铣刀刀柄系列（XMB）　有 21 种规格。可装 $\phi50\sim100$mm 的 B 类面。

⑲ 装 C 类面铣刀刀柄系列（XMC）　有 3 种规格。可装 $\phi160\sim200$mm 的 C 类面铣刀。

⑳ 装套式扩孔钻、铰刀刀柄系列（KJ）　共 36 种规格。可装 $\phi25\sim90$mm 的扩孔钻和 $\phi25\sim70$mm 的铰刀。

刀具的工作部分可与各种柄部标准相结合组成所需要的数控刀具。

（3）常规 7∶24 锥度刀柄存在的问题

高速加工要求确保高速下主轴与刀具的连接状态不发生变化。但是，传统主轴的 7∶24 前端锥孔在高速运转的条件下，由于离心力的作用会产生膨胀，膨胀量的大小随着旋转半径与转速的增大而增大；但是与之配合的 7∶24 实心刀柄膨胀量则较小，因此总的锥度连接刚度会降低，在拉杆拉力的作用下，刀具的轴向位置也会发生改变（如图 3-10 所示）。主轴锥孔的喇叭口状扩张，还会引起刀具及夹紧机构质心的偏离，从而影响主轴的动平衡。要保证这种连接在高速下仍有可靠的接触，需有一个很大的过盈量来抵消高速旋转时主轴锥孔端部的膨胀，例如标准 40 号锥需初始过盈量为 $15\sim20\mu$m，再加上消除锥度配合公差带的过盈量（AT4 级锥度公差带达 13μm），因此这个过盈量很大。这样大的过盈量要求拉杆产生很大的拉力，这样大的拉力一般很难实现。就是能实现，对快速换刀也非常不利，同时对主轴前轴承也有不良的影响。

高速加工对动平衡要求非常高，不仅要求主轴组件需精密动平衡（G0.4 级以上），而且刀具及装夹机构也需精确动平衡。但是，传递转矩的键和键槽很容易破坏这个动平衡，而且标准的 7∶24 锥柄较长，很难实现全长无间隙配合，一般只要求配合面前段 70% 以上接触。因此配合面后段会有一定的间隙，该间隙会

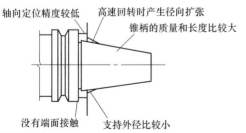

图 3-10　在高速运转中离心力使主轴锥孔扩张

（图中标注：轴向定位精度较低　高速回转时产生径向扩张　锥柄的质量和长度比较大　没有端面接触　支持外径比较小）

引起刀具的径向圆跳动，影响主轴组件整体结构的动平衡。

键是用来传递转矩和进行圆周方向定位的，为解决键及键槽引起的动平衡问题，最近已研究出一种新的刀/轴连接结构，实现在配合处产生很大的摩擦力以传递转矩，并用在刀柄上做标记的方法实现安装的周向定位，达到取消键的目的。用三棱圆来传递转矩，也可以解决动平衡问题。

主轴与刀具的连接必须具有很高的重复安装精度，以保持每次换刀后的精度不变。否则，即使刀具进行了很好的动平衡也无济于事。稳定的重复定位精度有利于提高换刀速度和保持高的工作可靠性。

另外，主轴与刀具的连接必须有很高的连接刚度及精度，同时也希望对可能产生的振动有衰减作用等。

标准的 7∶24 锥度连接有许多优点：不自锁，可实现快速装卸刀具；刀柄的锥体在拉杆轴向拉力的作用下，紧紧地与主轴的内锥面接触，实心的锥体直接在主轴锥孔内支承刀具，可以减小刀具的悬伸量；这种连接只有一个尺寸，即锥角需加工到很高的精度，所以成本较低，而且使用可靠，应用非常广泛。

但是，7∶24 锥度连接也有以下一些不足。

① 单独锥面定位。7∶24 连接锥度较大，锥柄较长，锥体表面同时要起两个重要的作用，即刀具相对于主轴的精确定位及实现刀具夹紧并提供足够的连接刚度。由于它不能实现与主轴端面和内锥面同时定位，所以标准的 7∶24 刀轴锥度连接，在主轴端面和刀柄法兰端面间有较大的间隙。在 ISO 标准规定的 7∶24 锥度配合中，主轴内锥孔的角度偏差为"－"，刀柄锥体的角度偏差为"＋"，以保证配合的前段接触。所以它的径向定位精度往往不够高，在配合的后段还会产生间隙。如典型的 AT4 级（ISO 1947、GB/T 11334）锥度规定角度的公差值为 $13\mu m$，这就意味着配合后段的最大径向间隙高达 13♯。这个径向间隙会导致刀尖的跳动和破坏结构的动平衡，还会形成以接触前端为支点的不利工况，当刀具所受的弯矩超过拉杆轴向拉力产生的摩擦力矩时，刀具会以前段接触区为支点摆动。在切削力作用下，刀具在主轴内锥孔的这种摆动，会加速主轴内锥孔前段的磨损，形成喇叭口，引起刀具轴向定位误差。7∶24 锥度连接的刚度对锥角的变化和轴向拉力的变化也很敏感。当拉力增大 4～8 倍时，连接的刚度可提高 20％～50％。但是，在频繁地换刀过程中，过大的拉力会加速主轴内锥孔的磨损，使主轴内锥孔膨胀，影响主轴前轴承的寿命。

② 在高速旋转时主轴端部锥孔的扩张量大于锥柄的扩张量。对于自动换刀（ATC）来说，每次自动换刀后，刀具的径向尺寸都可能发生变化，存在着重复定位精度不稳定的问题。由于刀柄锥部较长，也不利于快速换刀和减小主轴尺寸。

3.2.3　模块化刀柄刀具

当生产任务改变时，由于零件的尺寸不同，常常使量规长度改变，这就要求刀柄系统有灵活性。当刀具用于有不同的锥度或形状的刀具安装装置的机床时，当零件非常复杂，需要使用许多专用刀具时，模块化刀柄刀具可以显著地减少刀具库存量，可以做到车床和机械加工中心的各种工序仅需一个标准模块化刀具系统。

（1）接口特性

① 对中产生高精度（如图 3-11 所示）。

② 极小的跳动量和精确的中心高 压配合和扭矩负荷对称地分布在接口周围，没有负荷尖峰，这些都是具有极小的跳动量和精确中心高特性的原因。

③ 扭矩与弯曲力的传递（如图 3-12 所示）。

接口具有最佳的稳定性，有以下原因。

a. 无销和键等 多角形传递扭矩（T）时不像销子或键有部分损失。

b. 接口中无间隙 紧密的压配合保证了接口中没有间隙。它可向两个方向传递扭矩，而不改变中心高。这对车削工序特别重要，在车削中，间隙会引起中心高突然损失，因此引起撞击。

c. 负荷对称 扭矩负荷对称地分布在多角形上，无论旋转速度如何都无尖峰，因此接口是自对中的，这保证了接口的长寿命（如图 3-13 所示）。

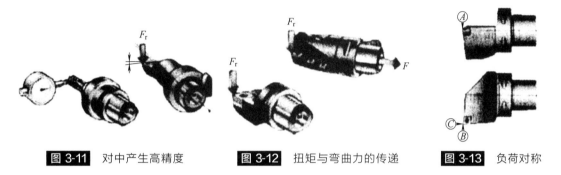

图 3-11 对中产生高精度 　　图 3-12 扭矩与弯曲力的传递 　　图 3-13 负荷对称

d. 双面接触/高夹紧力 由于压配合与高夹紧力相结合，使得接口得以"双面接触"。

（2）模块化刀柄的优点

① 将刀柄库存降低到最少（如图 3-14 所示） 通过将基本刀柄、接杆和加长杆（如需要）进行组合，可为不同机床创建许多不同的组件。当购买新机床时，主轴也是新的，需多次订购或购买新的基本刀柄。许多专用刀具或其他昂贵的刀柄，例如减振接杆，可以与新的基本刀柄一起使用。

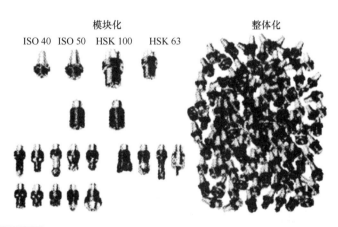

图 3-14 模块化刀具可以用很少的组件组装成非常多种类的刀具

② 可获得最大刚性的正确组合 机械加工中心经常需要使用加长的刀具，以使刀具能达到加工表面。使用模块化刀柄就可用长/短基本刀柄、加长杆和缩短杆的组合来创建组件，从而可获得正确的长度。最小长度非常重要，特别是需要采用大悬伸时。

许多时候，长度上的很小差别可导致工件可加工或不可加工。采用模块化刀具，可以使用能获得最佳生产效率的最佳切削参数。

如果使用整体式刀具，它们不是偏长就是偏短。在许多情况下，必须使用专用刀具，而专用刀具过于昂贵。模块化刀具仅几分钟便可组装完毕。

（3）模块化刀具的夹紧原理

中心螺栓夹紧可得到机械加工中心所需的良好稳定性。为了避免铣削或镗削工序中的振动，需使用刚性好的接口。弯曲力矩是关键，而产生大弯曲力矩的最主要因素是夹紧力。使用中心拉钉夹紧是最牢固和最便宜的夹紧方法。一般情况下，夹紧力是任何其他侧锁紧（前紧式）机构的两倍（如图3-15所示）。

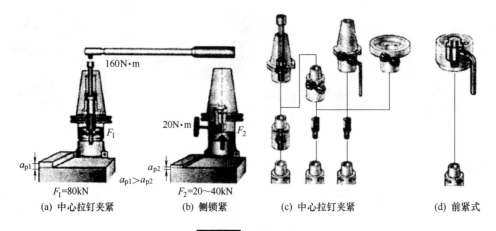

$F_1 = 80kN$　　$F_2 = 20 \sim 40kN$

(a) 中心拉钉夹紧　　(b) 侧锁紧　　(c) 中心拉钉夹紧　　(d) 前紧式

图 3-15 夹紧原理

3.2.4 HSK刀柄

HSK刀柄是一种新型的高速锥型刀柄，其接口采用锥面和端面两面同时定位的方式，刀柄为中空，锥体长度较短，有利于实现换刀轻型化及高速化。由于采用端面定位，完全消除了轴向定位误差，使高速、高精度加工成为可能。这种刀柄在高速加工中心上应用很广泛，被誉为是"21世纪的刀柄"。

（1）HSK刀柄的工作原理和性能特点

德国刀具协会与阿亨工业大学等开发的HSK双面定位型空心刀柄是一种典型的1：10短锥面刀具系统。HSK刀柄由锥面（径向）和法兰端面（轴向）共同实现与主轴的连接刚性，由锥面实现刀具与主轴之间的同轴度，锥柄的锥度为1：10，如图3-16所示。

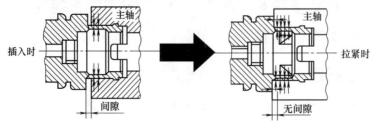

图 3-16 HSK刀柄与主轴的连接结构与工作原理

这种结构的优点主要有以下几点。

① 采用锥面、端面过定位的结合形式，能有效地提高结合刚度。

② 因锥部长度短和采用空心结构后质量较轻，故自动换刀动作快，可以缩短移动时间，加快刀具移动速度，有利于实现 ATC 的高速化。

③ 采用 1∶10 的锥度，与 7∶24 锥度相比锥部较短，楔形效果较好，故有较强的抗扭能力，且能抑制因振动产生的微量位移。

④ 有比较高的重复安装精度。

⑤ 刀柄与主轴间由扩张爪锁紧，转速越高，扩张爪的离心力（扩张力）越大，锁紧力越大，故这种刀柄具有良好的高速性能，即在高速转动产生的离心力作用下，刀柄能牢固锁紧。

这种结构也有以下弊端。

① 它与现在的主轴端面结构和刀柄不兼容。

② 由于过定位安装，必须严格控制锥面基准线与法兰端面的轴向位置精度，与之相应的主轴也必须控制这一轴向精度，使其制造工艺难度增大。

③ 柄部为空心状态，装夹刀具的结构必须设置在外部，增加了整个刀具的悬伸长度，影响刀具的刚性。

④ 从保养的角度来看，HSK 刀柄锥度较小，锥柄近于直柄，加之锥面、法兰端面要求同时接触，使刀柄的修复重磨很困难，经济性欠佳。

⑤ 成本较高，刀柄的价格是普通标准 7∶24 刀柄的 1.5～2 倍。

⑥ 锥度配合过盈量较小（是 KM 结构的 1/5～1/2），数据分析表明，按 DIN（德国标准）公差制造的 HSK 刀柄在 8000～20000r/min 运转时，由于主轴锥孔的离心扩张，会出现径向间隙。

⑦ 极限转速比 KM 刀柄低，且由于 HSK 的法兰端面也是定位面，一旦污染，会影响定位精度，所以采用 HSK 刀柄必须有附加清洁措施。

（2）HSK 刀柄主要类型及其特点

按 DIN 的规定，HSK 刀柄分为 6 种类型（如表 3-1 所示）：A、B 型为自动换刀刀柄，C、D 型为手动换刀刀柄，E、F 型为无键连接、对称结构，适用于超高速的刀柄。

▣ 表 3-1　HSK 各种类型的形状和特点

A 型

HSK	法兰直径 d_1/mm	锥面基准直径 d_2/mm	
32	32	24	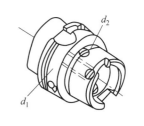
40	40	30	
50	50	38	
63	63	48	
80	80	60	
100	100	75	
125	125	95	
160	160	120	

——用途:用于加工中心;

——可通过轴心供切削液;

——锥端部有传递转矩的两不对称键槽;

——法兰部有 ATC 用的 V 形槽和用于角向定位的切口,法兰上两不对称键槽,用于刀柄在刀库上定位;

——锥部有两个对称的工艺孔,用于手工锁紧

B 型

HSK	法兰直径 d_1/mm	锥面基准直径 d_2/mm	
40	40	24	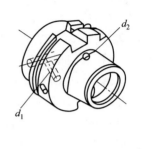
50	50	30	
63	63	38	
80	80	48	
100	100	60	
125	125	75	
160	160	95	

——用途:用于加工中心及车削中心;

——法兰部的尺寸加大而锥部的直径减小,使法兰轴向定位面积比 A 型大,并通过法兰供切削液;

——传递转矩的两对称键槽在法兰上,同时此键槽也用于刀柄在刀库上定位;

——法兰部有 ATC 用的 V 形槽和用于角向定位的切口;

——锥部表面仅有两个用于手工锁紧的对称工艺孔面无缺口

C 型

HSK	法兰直径 d_1/mm	锥面基准直径 d_2/mm	
32	32	24	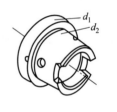
40	40	30	
50	50	38	
63	63	48	
80	80	60	
100	100	75	

——用途:用于没有 ATC 的机床;

——可通过轴心供切削液;

——锥端部有传递转矩的两不对称键槽;

——锥部有两个对称的工艺孔用于手工锁紧

D 型

HSK	法兰直径 d_1/mm	锥面基准直径 d_2/mm	
40	40	24	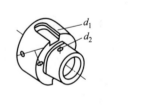
50	50	30	
63	63	38	
80	80	48	
100	100	60	

——用途:用于没有 ATC 的机床;

——法兰部的尺寸加大而锥部的直径减小,使法兰轴向定位面积比 C 型大,并通过法兰供切削液;

——传递转矩的两对称键槽在法兰上,可传递的转矩比 C 型大;

——锥部表面仅有两个用于手工锁紧的对称工艺孔而无缺口

E 型

HSK	法兰直径 d_1/mm	锥面基准直径 d_2/mm
25	25	19
32	32	24
40	40	30
50	50	38
63	63	48

——用途：用于高速加工中心及木工机床；

——可通过轴心供切削液；

——无任何槽和切口的对称设计，以适应高速动平衡的需要；

——靠摩擦力传递转矩

F 型

HSK	法兰直径 d_1/mm	锥面基准直径 d_2/mm
50	50	30
63	63	38
80	80	48

——用途：用于高速加工中心及木工机床；

——法兰部的尺寸加大而锥部的直径减少，使法兰轴向定位面积比 E 型大，并通过法兰供切削液；

——无任何槽和切口的对称设计，以适应高速动平衡的需要；

——靠摩擦力传递转矩

3.2.5　刀具的预调

（1）调刀与对刀仪

刀具预调是加工中心使用中一项重要的工艺准备工作。在加工中心加工中，为保证各工序所使用的刀具在刀柄上装夹好后的轴向和径向尺寸，同时为了提高调整精度并避免太多的停机时间损失，一般在机床外将刀具尺寸调整好，换刀时不再需要任何附加调整，即可保证加工出合格的工件尺寸。镗刀、孔加工刀具和铣刀的尺寸检测和预调一般都使用专用的调刀仪（又称对刀仪）。

对刀仪根据检测对象的不同，可分为数控车床对刀仪，数控镗铣床、加工中心用对刀仪及综合两种功能的综合对刀仪。对刀仪通常由以下几部分组成（图 3-17）。

① 刀柄定位机构　刀柄定位基准是测量的基准，故有很高的精度要求，一般和机床主轴定位基准的要求接近，定位机构包括一个回转精度很高，与刀柄锥面接触很好、带拉紧刀柄机构的对刀仪主轴。该主轴的轴向尺寸基准面与机床主轴相同，主轴能高精度回转便于找出刀具上刀齿的最高点，对刀仪主轴中心线对测量轴 Z、X 有很高的平行度和垂直度要求。

② 测头部分　有接触式测量和非接触式测量两种。接触式测量用百分表（或扭簧仪）直接测刀齿最高点，测量精度可达（0.002～0.01mm）左右，它比较直观，但容易损伤表头和切削刃部。非接触式测量用得较多的光学投影屏，其测量精度在 0.005mm 左右，虽然它不太直观，但可以综合检查刀具质量。

③ Z、X 轴尺寸测量机构　通过带测头部分两个坐标移动，测得 Z 和 X 轴尺寸，即为

刀具的轴向尺寸和半径尺寸。两轴使用的实测元件有许多种：机械式的有游标刻线尺、精密丝杠和刻线尺加读数头；电测量有光栅数显、感应同步器数显和磁尺数显等。图 3-18 为数显对刀仪。

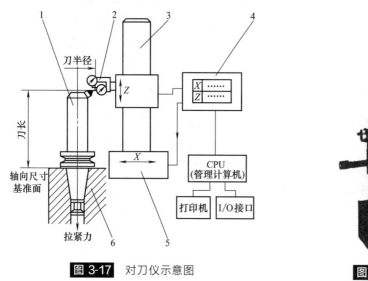

图 3-17　对刀仪示意图

1—被测刀具；2—测头；3—立柱；4—坐标显示器；

5—中滑板；6—刀杆定位套

图 3-18　数显对刀仪

④ 测量数据处理装置　在对刀仪上配置计算机及附属装置，可存储、输出、打印刀具预调数据，并与上一级管理计算机（刀具管理工作站、单元控制器）联网，形成供 FMC、FMS 用的有效刀具管理系统。

常见的对刀仪产品有：机械检测对刀仪、光学对刀仪和综合对刀仪。用光学对刀仪检测时，将刀尖对准光学屏幕上的十字线，可读出刀具半径 R 值（分辨率一般为 0.005mm），并从立柱游标读出刀具长度尺寸（分辨率一般为 0.02mm）。

（2）对刀仪的使用

对刀仪的使用应按其说明书的要求进行。应注意的是测量时应该用一个对刀心轴对对刀仪的 Z、X 轴进行定标和定零位。而这根对刀心轴应该在所使用的加工中心主轴上测量过其误差，这样测量出的刀具尺寸就能消除两个主轴之间的系统误差。

刀具的预调还应该注意以下问题。

① 静态测量和动态加工误差的影响。刀具的尺寸是在静态条件下测量的，而实际使用时是在回转条件下，又受到切削力和振动外力等影响，因此，加工出的尺寸不会和预调尺寸一致，必然有一个修正量。如果刀具质量比较稳定，加工情况比较正常，一般轴向尺寸和径向尺寸有 0.01～0.02mm 的修调量。这应根据机床和工具系统质量，由操作者凭经验修正。

② 质量的影响。刀具的质量和动态刚性直接影响加工尺寸。

③ 测量技术影响。使用对刀仪测量的技巧欠佳也可能造成 0.01mm 以上的误差。

④ 零位漂移影响。使用电测量系统应注意长期工作时电气系统的零漂，要定时检查。

⑤ 仪器精度的影响。普通对刀仪精度，轴向（Z 向）在 0.01～0.02mm，径向（X 向）在 0.005mm 左右，精度高的对刀仪也可以达到 0.002mm 左右。但它必须与高精度刀具系统相匹配。

第 2 篇

FANUC
系统加工中心实例

第 4 章
FANUC 系统加工中心入门实例

本章将介绍 8 个 FANUC 数控系统的入门加工实例，读者通过学习，将对 FANUC 数控加工技术有一定的了解，并能自行完成部分普通零件的程序编制。

4.1 实例 1——矩形板

零件图纸如图 4-1 所示。

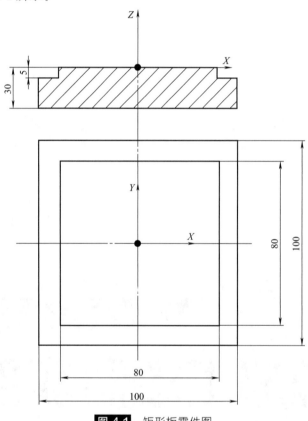

图 4-1 矩形板零件图

4.1.1 学习目标及要领

（1）学习目标

通过本例的学习使读者对数控加工程序的编制有一定的了解，能够读懂简单程序的编程思路。

（2）掌握要领

① 能够使用 G00、G01 插补指令。

② 能够使用刀具半径补偿功能（G41/G42）。

4.1.2　工、量、刀具清单

工、量、刀具清单如表 4-1 所示。

▣ 表 4-1　工、量、刀具清单

名　　称	规　　格	精　　度	数　　量
立铣刀	φ20 四刃立铣刀		1
面铣刀	φ80 面铣刀		1
偏心式寻边器	φ10	0.02mm	1
游标卡尺	0～150(带表)	0.02mm	各 1
千分尺	0～25,25～50,50～75	0.01mm	各 1
深度游标卡尺	0～200	0.02mm	1 把
平行垫块,拉杆,压板,螺钉	M16		若干
扳手	12″,10″		各 1 把
锉刀	平锉和什锦锉		1 套
毛刷	50mm		1 把
铜皮	0.2mm		若干
棉纱			若干

4.1.3　工艺分析及具体过程

此零件为外形规则、图形较简单的一般零件，我们可以通过刀具半径补偿功能来达到图纸的要求。

（1）加工准备

① 认真阅读零件图，检查坯料尺寸。

② 编制加工程序，输入程序并选择该程序。

③ 用平口钳装夹工件，伸出钳口 8mm 左右，用百分表找正。

④ 安装寻边器，确定工件零点为坯料上表面的中心，设定零点偏置。

⑤ 根据编程时刀具的使用情况编制刀具及切削参数表见表 4-2，对应刀具表依次装入刀库中，并设定各补偿。

（2）铣削平面

使用 φ80 面铣刀铣削平面，达到图纸尺寸和表面粗糙度要求。

（3）粗铣外形轮廓

▣ 表 4-2 刀具及切削参数表

工步号	工步内容	刀具号	刀具类型	切削用量			备注
				主轴转速 /r·min^{-1}	进给速度 /mm·min^{-1}	背吃刀量 /mm	
1	铣平面	T01	ϕ80 面铣刀	500	110	0.7	
2	粗铣外形轮廓	T02	ϕ20 四刃立铣刀	400	120	5	
3	精铣外形轮廓	T02	ϕ20 四刃立铣刀	600	110	5	

使用 T02 号 ϕ20 四刃立铣刀粗铣外形轮廓，D 值为 10.3。

（4）精铣外形轮廓

因零件精度要求不高，可以使用同一把刀具作为粗精加工，以减少换刀，提高加工效率。

（5）检验

去毛刺，按图纸尺寸检验加工的零件。

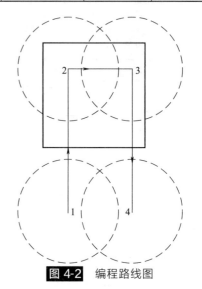

图 4-2 编程路线图

4.1.4 参考程序与注释

铣平面可以编制程序进行铣削，以减少人在加工过程中的参与，并可减小劳动强度，充分发挥数控机床的特点，以下先介绍一种最简单的铣平面程序，此方法适用于批量生产，并且毛坯材料均匀，编程路线参照图 4-2。

铣平面程序如下。

O0111;	铣平面程序可以用程序名的位数不同来区分不同用途的程序，但一般使用的程序范围在 O0001～O7999 之间
N10 G40 G69 G49;	机床加工初始化
N15 T01 M06;	自动换 01 号刀
N20 G90 G54 G00 X0 Y0 S500;	使用绝对编程方式和 G54 坐标系，并使用 G00 快速将刀具定位于 X0、Y0，以便能再次检查对刀点是否在中心处，往机床里赋值主轴转速
N30 G00 Z100.;	主轴 Z 轴定位
N40 G00 X-20. Y-130.;	X、Y 轴定位到加工初始点 1 点
N50 G00 Z5. M03;	Z 轴快速接近工件表面，并打开主轴（主轴的转速在 N20 行已进行赋值）
N60 G01 Z-1. F60 M08;	以 G01 进给切削方式 Z 方向下刀
N70 G01 X-20. Y20. F110;	进给切削到 2 点
N80 G01 X30. Y20.;	进给切削到 3 点
N90 G01 X30. Y-130.;	进给切削到 4 点
N100 G00 Z5. M09;	以 G00 方式快速抬刀，并关闭冷却液
N110 M30;	程序结束并返回到程序头

图 4-1 矩形板零件参考程序与注释如下。

O0001;	程序名，在 FANUC 中程序的命名范围为 O0000～O9999，但一般用户普通程序选择都是在 O0001～O7999 之间
N10 G40 G69 G49;	机床模态功能初始化，本行可取消在此程序前运行到机床里的模态指令，读者在运用过程中可根据自己前面所使用功能做相对的取消，不必在此行写太多的取消指令
N20 G90 G54 G0 X0 Y0 S400;	使用绝对编程方式，用 G54 坐标系，并把转速写入到机床中
N30 Z100.;	Z 方向定位，读者在机床运行到此行时需特别注意刀具离工件的距离，及时发现对刀操作错误
N35 T02 M06;	自动换 02 号刀
N40 X- 65. Y- 65. M03;	X，Y 轴定位并使主轴正转，转速在 N20 处已赋值
N50 Z5.;	接近工件表面
N60 G01 Z- 5. F80;	使用直线插补 Z 方向下刀，因工件深度不深，可以一刀到位，以减少切削加工时间
N70 G41 X- 40. D01 F120;	建立左刀补，刀补号为 01
N80 Y40.;	沿轮廓走刀
N90 X40.;	沿轮廓走刀
N100 Y- 40.;	沿轮廓走刀
N110 X- 65.;	此行为切削的最后一行，可以采取多走一段的方法避免退刀时在轮廓的节点处停刀而影响表面质量
N120 G0 Z5.;	抬刀
N130 G40	撤销刀补
N140 M01;	选择性停止，此指令可通过机床面板上的选择性停止开关来控制此指令的有效与无效，当有效时等同于 M00（机床进给停止，其他辅助功能不变如主轴、冷却液等），在这里因为粗加工结束，可以通过此指令的暂停来实现测量，并按测量值给相应的补偿值，以达到更好的控制精度
N145 T03 M06;	自动换 03 号刀
N150 X- 65. Y- 65. S600;	X，Y 重新定位，主轴转速提高
N160 G01 Z- 5. F80;	Z 轴切削下刀，在 Z 轴的下刀过程中应将速度降低，一般为轮廓的三分之一左右
N170 G41 X- 40. D01 F110;	建立刀具半径左补偿，补偿号为 01 号
N180 Y40.;	Y 正方向切削进给
N190 X40.;	X 正方向切削进给
N200 Y- 40.;	Y 负方向切削进给
N300 X- 65.;	X 负方向切削进给，在编程时尽量不要在轮廓处停留，以免影响表面质量，可以在退刀时走到轮廓的延长线上，然后再退刀
N310 G0 Z5.;	以 G00 方式快速抬刀
N320 Z100.;	快速提刀
N330 M30;	程序结束

4.2 实例 2——六方板

零件图纸如图 4-3 所示。

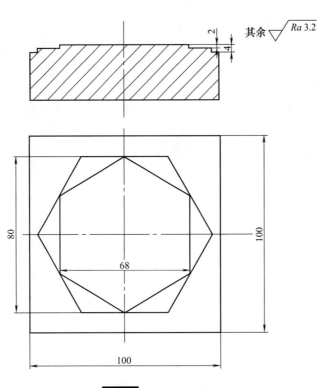

图 4-3 六方板零件图

4.2.1 学习目标及要领

（1）学习目标

更进一步地了解加工中心的程序编制方法，学习刀补的建立、撤销等的一些技巧。

（2）掌握要领

① 能够熟练使用 G00、G01 插补指令，能按实际加工的情况正确选择指令，例如在刀具定位及切削方式下各应采取哪个指令进行加工。

② 能编制多层轮廓零件的程序。

③ 能够熟练使用刀具半径补偿功能（G41/G42），并能根据实际的加工情况正确合理地安排进刀与撤刀路线。

④ 清楚刀具半径补偿里 D 值的实际应用意义。

4.2.2 工、量、刀具清单

工、量、刀具清单如表 4-3 所示。

⊡ **表 4-3　工、量、刀具清单**

名　　称	规　　格	精　　度	数　　量
键槽铣刀	ϕ12 键槽铣刀		1
面铣刀	ϕ80 面铣刀		1
偏心式寻边器	ϕ10	0.02mm	1
游标卡尺	0～150（带表）	0.02mm	各 1
千分尺	0～25,25～50,50～75	0.01mm	各 1
深度游标卡尺	0～200	0.02mm	1 把
平行垫块,拉杆,压板,螺钉	M16		若干
扳手	12″,10″		各 1 把
锉刀	平锉和什锦锉		1 套
毛刷	50mm		1 把
铜皮	0.2mm		若干
棉纱			若干

4.2.3　工艺分析及具体过程

图 4-3 为两层深度的六边形，需采用合理的方法去加工两层深度，在程序编制过程中要求能够灵活使用 G00 与 G01，否则将无法完成该工件的编程工作。因本程序为入门阶段，而且尺寸精度不高，为便于掌握，先采用同一把刀做粗精加工。

（1）加工准备

① 认真阅读零件图，检查坯料尺寸。

② 编制加工程序，输入程序并选择该程序。

③ 用平口钳装夹工件，伸出钳口 10mm 左右，用百分表找正。

④ 安装寻边器，确定工件零点为坯料上表面的中心，设定零点偏置。

（2）粗铣大的六方轮廓

使用 ϕ12 键槽铣刀粗铣大的六方轮廓，留 0.3mm 单边余量，粗铣时可采用增大刀补值来区分粗精加工（即刀具半径 10＋精加工余量＋0.3）

（3）粗铣小的六方轮廓

仍旧使用 ϕ12 键槽铣刀粗铣小的六方轮廓。

（4）精铣大的六方轮廓

使用同一把 ϕ12 键槽铣刀，将主轴转速适当变快，以提高表面质量。

（5）精铣小的六方轮廓

使用同一把 ϕ12 键槽铣刀，精铣小的六方轮廓。

（6）检验

去毛刺，按图纸尺寸检验加工的零件。

4.2.4　参考程序与注释

O0002;	程序名，在编制程序时可以将一些前置零省略不写，例如该程序名 O2 可代表 O0002，G1 代表 G01，G2 代表 G02 等
N10 G40 G69 G49;	机床模态功能初始化

N20 G90 G54 G0 X0 Y0 S400;	使用绝对编程方式，采用 G54 坐标系，以 G00 形式快速定位到 X0、Y0 便于操作者检查对刀点是否正确
N30 Z100. ;	Z 轴快速定位，程序代码可以分为模态指令（续效指令）和非模态指令。模态指令即在程序指定后一直有效，直到被同组代码取消，例如该行完整的应该为"G00 Z100."但因 G00 是模态指令，可以省略不写，以缩短程序长度
N40 X- 65. Y- 60. M03;	X、Y 定位，主轴按前面所赋值的转速打开
N50 Z5. ;	Z 轴接近工件表面
N60 G01 Z- 2. F80;	切削下刀
N70 G41 X- 34. D01 F160 M08;	建立刀具半径左补偿，补偿号为 01，打开冷却液
N80 Y19. 63;	Y 方向切削进给
N90 X0 Y39. 26;	X、Y 轴同时联动，即走斜线
N100 X34. Y19. 63;	
N110 Y- 19. 63;	
N120 X0 Y- 39. 26;	
N130 X- 34. Y- 19. 63;	
N140 Y65. ;	此段原为"Y0"即可，只因刀具在建立刀补时会偏出一数值，会造成在切削中的一个盲区，即欠切的现象，也为避免在走刀过程中停留而影响加工精度，所以一般都多走一段距离
N150 G0 Z5. ;	Z 轴以 G00 方式快速抬刀
N160 G40;	撤销刀具半径补偿
N170 X0;	X、Y 轴重新定位
N180 G01 Z- 4. F80;	Z 轴以切削方式下刀
N190 G41 Y40. D02;	建立刀具半径左补偿，补偿号为 02 号
N200 X23. 09;	
N210 X46. 19 Y0;	
N220 X23. 09 Y- 40. ;	
N230 X- 23. 09;	
N240 X- 46. 19 Y0;	
N250 X- 23. 09 Y40. ;	
N260 X65. ;	刀具多走出节点一段距离
N270 G0 Z5. ;	快速抬刀
N280 G40;	撤销刀具半径补偿
N290 X- 65. Y- 60. S750;	可以在程序后面直接加 SXXXX 来变换主轴的转速
N300 G01 Z- 2. F80;	切削下刀
N310 G41 X- 34. D03 F100 M08;	建立刀具半径左补偿，补偿号为 03，打开冷却液
N320 Y19. 63;	Y 方向切削进给
N330 X0 Y39. 26;	走斜线
N340 X34. Y19. 63;	
N350 Y- 19. 63;	
N360 X0 Y- 39. 26;	
N370 X- 34. Y- 19. 63;	

N380 Y65.;	刀具多走出一段距离	
N390 G0 Z5.;	快速抬刀	
N400 G40;	撤销刀具半径补偿	
N410 X0;	X、Y 轴重新定位	
N420 G01 Z- 4. F80;	切削方式下刀	
N430 G41Y40.D04;	建立刀具半径左补偿，补偿号为 04 号	
N440 X23.09;		
N450 X46.19 Y0;		
N460 X23.09 Y- 40.;		
N470 X- 23.09;		
N480 X- 46.19 Y0;		
N490 X- 23.09 Y40.;		
N500 X65.;	刀具多走出节点一段距离，以避免刀具在工件表面留停，影响精度	
N510 G0 Z5.;	快速抬刀	
N520 G40;	撤销刀具半径补偿	
N530 Z100.;	将 Z 轴拉高，便于装夹零件和测量	
N540 M30;	程序结束并返回到程序头	

小技巧：在编制多个轮廓时下刀切削完成后尽量抬到工件表面撤销刀补，然后再重新 XY 定位，建刀补（D×× 最好不要跟前面的一样）。这样可以在加工多个轮廓时一个程序达到多个加工精度。以上所提到的技巧在上面程序中均有运用。

4.3 实例 3——键槽板零件

零件图纸如图 4-4 所示。

4.3.1 学习目标及要领

（1）学习目标

通过本例的学习，能够对有内腔的零件进行合理的选刀，安排合理的刀具并能够使用刀库进行自动换刀，执行刀具长度补偿进行加工。

（2）掌握要领

① 能够合理选用刀具。

② 能够使用换刀指令。

③ 掌握刀具长度补偿的正确使用。

4.3.2 工、量、刀具清单

工、量、刀具清单如表 4-4 所示。

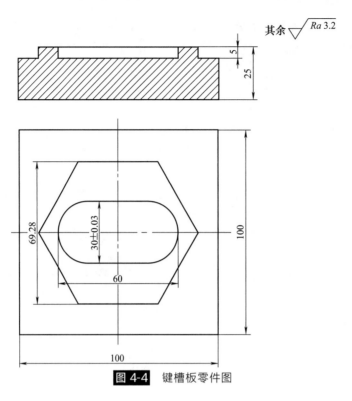

其余 $\sqrt{Ra\,3.2}$

图 4-4 键槽板零件图

▣ **表 4-4 工、量、刀具清单**

名 称	规 格	精 度	数 量
面铣刀	ϕ80 可转位式面铣刀		1
立铣刀	ϕ20 四刃立铣刀		1
键槽铣刀	ϕ16 键槽立铣刀		1
半径规	R22.5～29.5		1套
偏心式寻边器	ϕ10	0.02mm	1
游标卡尺	0～150 0～150（带表）	0.02mm	各1
千分尺	0～25,25～50,50～75	0.01mm	各1
深度游标卡尺	0～200	0.02mm	1把
垫块,拉杆,压板,螺钉	M16		若干
扳手	12″,10″		各1把
锉刀	平锉和什锦锉		1套
毛刷	50mm		1把
铜皮	0.2mm		若干
棉纱			若干

4.3.3 工艺分析及具体过程

在加工过程中使用刀库进行自动更换刀具，以提高加工效率。此零件图中间有一键槽，可使用 ϕ16 的键槽铣刀对工件的外形和键槽进行粗加工，在粗加工后留余量更换 ϕ20 的立铣刀再精加工，这样既可解决内腔的加工，又可以减少刀具的数量。

（1）加工准备

① 认真阅读零件图，检查坯料尺寸。

② 编制加工程序，输入程序并选择该程序。

③ 用平口钳装夹工件，伸出钳口 8mm 左右，用百分表找正。

④ 安装寻边器，确定工件零点为坯料上表面的中心，设定零点偏置。

⑤ 根据编程时刀具的使用情况需编制刀具及切削参数表见表 4-5，对应刀具表依次装入刀库中，并设定各刀具长度补偿。

▢ 表 4-5　刀具及切削参数表

工步号	工步内容	刀具号	刀具类型	切削用量			备注
				主轴转速 /r·min^{-1}	进给速度 /mm·min^{-1}	背吃刀量 /mm	
1	铣平面	T11	ϕ80 面铣刀	500	110	0.7	
2	铣外形轮廓	T01	ϕ20 四刃立铣刀	500	120	5	
3	铣键槽	T02	ϕ16 键槽铣刀	500	110	5	

（2）粗铣外形六方轮廓

使用 T02 号 ϕ16 键槽铣刀粗铣外形六方轮廓，留 0.3mm 单边余量。

（3）粗铣中间键槽

使用 T02 号 ϕ16 键槽铣刀挖中间键槽，留精加工余量。

（4）精铣外形六方轮廓

自动更换 T01 号 ϕ20 立铣刀精铣外形六方轮廓。

（5）精铣中间键槽

使用 T01 号 ϕ20 立铣刀精铣中间键槽。

（6）检验

去毛刺，按图纸尺寸检验加工的零件。

4.3.4　参考程序与注释

O003;	程序名
N10 G40 G69 G49;	机床模态指令初始化
N20 M06 T02;	M06 为换刀指令，T×× 为所换的刀具的刀具号
N30 G90 G54 G0 X0 Y0 S500;	使用绝对编程方式，采用 G54 坐标系，以 G00 方式快速定位到 X0、Y0 处，并往机床中赋主轴转速值
N40 G43 H01 Z100.;	执行刀具长度正补偿，补偿号 H01，并定位到 Z 轴 100 的位置上，在此位置操作者应特别注意，以免因刀具长度补偿使用不正确而造成机床撞机，可自己制作一长度为 100 的测量杆，当程序走到此位置时比试刀具与工件表面的距离
N50 X65. Y- 65.;	X、Y 定位
N60 Z5. M03;	接近工件表面，按原先机床赋值的转速将主轴打开
N70 G01 Z- 5. F80 M08;	下刀打开切削液
N80 G41 Y- 34.64 D01 F120;	建立刀具左补偿，补偿号 D01，以进给 F120 进行走刀
N90 X- 20.08;	走六方轮廓

N100 X- 40. Y0;	
N110 X- 20. 08 Y34. 64;	
N120 X20. 08;	
N130 X40. Y0;	
N140 X20. 08 Y- 34. 64;	
N150 X- 65. ;	多走一段距离，以避免轮廓表面停留，影响精度
N160 G0Z5. M09;	抬刀、关闭冷却液（冷却液尽量在主轴停止之前关闭，这样可使主轴旋转把刀具上的冷却液甩干）
N170 G40;	撤销刀具半径补偿，在撤的过程尽可能地按照抬刀再撤刀补的原则去编程，这样可避免撤刀补而产生过切
G0X0 Y0;	刀具重新定位 XY 轴
N230 G01 Z- 5. F60;	以切削方式下刀，一般在编程中对于 Z 轴的下刀都会将 F 进给速度降低，一般为轮廓的三分之一左右，操作者也可通过修调机床操作面板上的进给修调倍率来降低下刀速度
N240 G41 Y- 15. D02 F110;	执行刀具半径左补偿，补偿号为 02 号，在下完刀后可以把 F 进给值变回适合轮廓的走刀速度，如果编程者与操作者是统一的，一般应在编程将 F 值适度放大，如遇到空刀时可以将进给修调倍率调快，以减少加工时间，提高生产效率
N250 X15. ;	走刀
N260 G3 Y15. R15. ;	走逆圆弧，圆弧半径为 R15
N270 G1 X- 15. ;	
N280 G3 Y- 15. R15. ;	
N290 G1 X10. ;	离开节点多走一段
N300 G40 G01 X0 Y0 F150;	使用边走边撤刀补的方式走回 X0Y0 点，因中间有一部分是已经切削过的，在走刀时会遇到空刀，所以可以将进给速度变快
N310 G0 Z5. M09;	使用 G00 方式快速抬刀，并关闭冷却液
N180 G01 G30 Z0;	主轴到达第二参考点（通常为换刀点位置，在机床参数中设定）
N190 M06 T02;	执行换刀动作，换 T02 号刀具
G90 G54 G0 X65. Y- 65. ;	重新定位，在此程序中 G90、G54 虽可由上面程序模态下来，但一般为保守起见，都将会在此定位时加上，以避免特殊情况而造成定位的错误
N210 G43 H02 Z100. ;	执行刀具长度 02 号补偿，尽可能把刀具补偿号与所换刀具号对应，这样可避免记错而产生切深或撞刀的现象
N60 Z5. M03;	接近工件表面、主轴打开
N70 G01 Z- 5. F80 M08;	下刀打开切削液
N80 G41 Y- 34. 64 D03 F120;	建立刀具半径左补偿，补偿号为 03
N90 X- 20. 08;	
N100 X- 40. Y0;	
N110 X- 20. 08 Y34. 64;	

```
N120 X20.08;
N130 X40. Y0;
N140 X20.08 Y- 34.64;
N150 X- 65.;
N160 G0Z5.M09;                     抬刀、关闭冷却液（冷却液尽量在主轴停止之前关闭，
                                   这样可使主轴旋转把刀具上的冷却液甩干）

N170 G40 X0 Y0;                    撤销刀具半径补偿，在撤的过程尽可能地按照抬刀再撤
                                   刀补的原则去编程，这样可避免撤刀补而产生过切

N230 G01 Z- 5. F60;
N240 G41 Y- 15. D04 F110;
N250 X15.;
N260 G3 Y15. R15.;
N270 G1 X- 15.;
N280 G3 Y- 15. R15.;
N290 G1 X10.;
N300 G40 G01 X0 Y0 F150;           同样采用边走边撤的方式切削退回到 X0Y0 处，此种方
                                   式较适用于内腔的撤刀补，特点简单、实用

N310 G0 Z5. M09;
N320 G91 G30 Z0 Y0;                可在程序加工完成后加上此句，意为当零件加工完成后
                                   主轴自动升高到换刀点，工作台退回到 Y 方向的最大点
                                   （即 Y 轴零点）便于操作者检查测量
N330 M30;                          程序结束并返回
```

小技巧：在加工型腔零件时，首先要注意选刀，必须刀具半径≤最小半径。在撤刀补时还可以采取"G40 G01 X_Y_"的格式，边走刀边撤刀补，可切除在建刀补时形成的偏移量。

4.4 实例 4——圆弧键槽板零件

零件图纸如图 4-5 所示。

4.4.1 学习目标及要领

（1）学习目标

通过本例的学习，了解加工中心的程序编制特点，对有些偏离中心的轮廓进行程序编制。

（2）掌握要领

① 能够制订合理的进撤刀补程序。

② 能够根据图纸选择合适的刀具。

③ 能灵活使用 G90/G91 指令来简化程序。

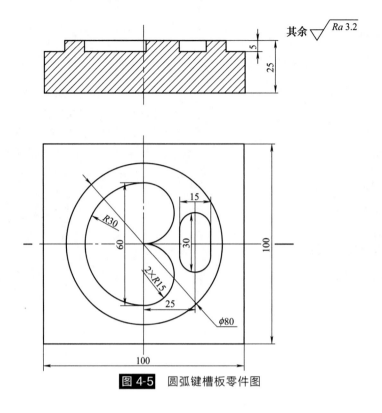

图 4-5 圆弧键槽板零件图

4.4.2 工、量、刀具清单

工、量、刀具清单如表 4-6 所示。

▣ **表 4-6 工、量、刀具清单**

名　称	规　格	精　度	数　量
可转位式面铣刀	$\phi 80$		1
立铣刀	$\phi 20$ 四刃立铣刀 $\phi 10$ 三刃立铣刀		各 1
键槽铣刀	$\phi 16$ 二刃键槽铣刀 $\phi 10$ 二刃键槽铣刀		各 1
半径规	$R15 \sim 22.5$		1 套
偏心式寻边器	$\phi 10$	0.02mm	1
游标卡尺	$0 \sim 150$ $0 \sim 150$（带表）	0.02mm	各 1
千分尺	$0 \sim 25, 25 \sim 50, 50 \sim 75$	0.01mm	各 1
深度游标卡尺	$0 \sim 200$	0.02mm	1 把
垫块,拉杆,压板,螺钉	M16		若干
扳手	$12''$,$10''$		各 1 把
锉刀	平锉和什锦锉		1 套
毛刷	50mm		1 把
铜皮	0.2mm		若干
棉纱			若干

4.4.3　工艺分析及具体过程

这个零件有一外形、一心形内腔和一键槽。外形和心形内腔尺寸都较大，可选择较大的刀具进行铣削，以减少后续的残留去除工作量。键槽需更换一小刀具进行粗加工，以避免由于刀具过大而引起的过切报废。在全部轮廓粗加工完成后可选用一把尺寸较小的刀具对各轮廓集中精铣。

（1）加工准备

① 认真阅读零件图，检查坯料尺寸。

② 编制加工程序，输入程序并选择该程序。

③ 用平口钳装夹工件，伸出钳口 8mm 左右，用百分表找正。

④ 安装寻边器，确定工件零点为坯料上表面的中心，设定零点偏置。

⑤ 根据编程时刀具的使用情况需编制刀具及切削参数表见表 4-7，对应刀具表依次装入刀库中，并设定各长度补偿。

（2）粗铣外圆轮廓

使用 T01 号 φ20 四刃立铣刀粗铣外圆轮廓，留精加工余量。

（3）粗铣心形内腔轮廓

使用机床的刀库自动更换 T02 号 φ16 二刃键槽铣刀，粗铣心形内腔轮廓。

（4）粗铣键槽

自动换 T03 号 φ10 二刃键槽铣刀粗铣键槽，留精加工余量。

（5）集中精铣各轮廓

调用 T4 号 φ10 三刃立铣刀，精铣各部轮廓。

（6）检验

去毛刺，按图纸尺寸检验加工的零件。

▫ **表 4-7　刀具及切削参数表**

工步号	工步内容	刀具号	刀具类型	切削用量			备注
				主轴转速 /r·min⁻¹	进给速度 /mm·min⁻¹	背吃刀量 /mm	
1	铣平面	T11	φ80 面铣刀	500	110	0.7	
2	铣 φ80 外形轮廓	T01	φ20 四刃立铣刀	400	120	5	
3	铣中间心形槽	T02	φ16 二刃键槽铣刀	560	110	5	
4	铣右侧键槽	T03	φ10 二刃键槽铣刀	800	90	5	
5	精铣全部轮廓	T04	φ10 三刃立铣刀	950	95	5	

4.4.4　参考程序与注释

O4；	程序名，程序指令的中间零件可以省略，例如本程序名 O4 即为 O0004
N10 G40 G69 G49；	
N20 M06 T01；	执行换刀动作，换 T01 号 φ20 四刃立铣刀
N30 G90 G54 G0 X0 Y0 S400；	使用绝对编程方式，采用 G54 坐标系，定位到 X0、Y0 校验 X、Y 对刀，主轴转速赋值

N40 G43 H01 Z100.;	执行刀具长度补偿，定位到 Z 轴 100 位置
N50 Y- 65.;	X、Y 轴定位
N60 Z3. M03;	接近工件表面，打开主轴
N70 G01 Z- 5. F80 M08;	Z 轴切削进给到"- 5"深度，打开冷却液，在有些机床上冷却液分好几种，一般 M08 为液冷，M07 为气冷或者油雾冷
N80 G41 Y- 40. D01 F120;	建立刀具半径左补偿，补偿号为 01 号
N90 G2 J40.;	走整圆
N100 X- 40. Y0 R40. F200;	在走圆时可以多走四分之一圆弧来切除建刀补时产生的偏移量，以免欠切
N110 G01 Y65. F150;	刀具沿着走刀方向延伸出一段距离
N120 G0 Z5. M09;	抬刀，关闭冷却液
N130 G40;	撤销刀补
N140 G91 G30 Z0;	返回到第二参考点（即换刀点）加工中心采用定距换刀形式，所以在换刀过程需要让主轴回到换刀点位置，但如果换刀程序 O9001 号程序设置合理，可以不写 N150 行的"G91 G30 Z0"
N150 M06 T02;	执行换刀动作，换 T02 号 φ16 二刃键槽铣刀
N160 G90 G0 X0 Y- 15. S560;	X、Y 轴重新定位，此时因切削内腔必须注意刀具与侧壁是否会产生碰切
N170 G43 H02 Z100.;	执行刀具长度正补偿，补偿号为 02 号
N180 Z3. M03;	Z 轴接近工件表面，打开主轴
N190 G01 Z- 5. M08;	Z 方向切削下刀，打开冷却液
N200 G41 Y- 30. D02 F110;	执行刀具半径左补偿，补偿号为 02 号，在建刀补时应该特别注意建立点，设置不好容易产生过切
N210 G3 X0 Y0 R15.;	走逆圆
N220 Y15. R15.;	G03 也为模态指令，可省略不写
N230 Y- 30. R30.;	
N240 G40 G01 Y- 15. F160;	边走边撤刀补
N250 G0 Z5. M09;	使用 G00 快速抬刀，关闭冷却液（免得换刀时冷却液喷到刀库里）
N260 G91 G30 Z0;	返回到换刀点
N270 M06 T03;	执行换刀动作，换 T03 号 φ10 二刃键槽铣刀
N280 G90 G0 X25. Y0 S800;	XY 重新快速定位，转速根据所换刀具重新赋值
N290 G43 H03 Z100.;	执行刀具长度正补偿，定位到 Z100 处
N300 Z3. M03;	接近工件表面，打开主轴
N310 G01 Z- 5. F50;	Z 轴切削进给
N320 G91 G41 X7.5 Y- 7.5 D03 F90;	使用增量编程方式，建刀补到键槽的右下角
N330 G02 X- 15. R7.5;	走顺圆
N340 G1 Y15.;	走直线，这里初学者应特别注意，一般初学者经常会走完上段圆弧后，这行就忘写走直线命令，机床会报警为"圆弧无半径"
N350 G2 X15. R7.5;	

N360 G1 Y- 15. ;	
N370 G90 G40 X25. Y0;	转换回绝对编程方式，边走边撤回到键槽的中心
N380 G0 Z5. M09;	快速抬刀，并闭冷却液
N390 G91 G30 Z0;	回到换刀点
N400 M06 T04;	执行换刀动作，换 T04 号 ϕ10 三刃立铣刀
N410 G90 G54 G0 X0 Y- 65. S950;	XY 轴重新定位，转速重新赋值
N420 G43 H04 Z100. ;	执行刀具长度正补偿，主轴定位到 100 处
N430 Z3. M03;	Z 轴接近工件表面
N440 G01 Z- 5. F150 M08;	切削方式下刀，因为粗加工已挖空大部分残料，故在下刀时速度可变快
N450 G41 Y- 40. D04 F100;	建刀具半径左补偿
N460 G2 J40. ;	走整圆
N470 X- 40. Y0 R40. F200;	多走四分之一圆弧
N480 G01 Y65. F150;	顺圆的走刀方向退出
N490 G0 Z5.	以 G00 方式快速抬刀
N500 G40;	撤销刀具半径补偿
N510 G90 G0 X0 Y- 15. ;	XY 轴重新定位
N520 G01 Z- 5. F150 M08;	Z 轴切削下刀
N530 G41 Y- 30. D05 F110;	执行刀具半径左补偿，补偿号为 05 号
N540 G3 X0 Y0 R15. ;	走逆圆
N550 Y15. R15. ;	
N560 Y- 30. R30. ;	
N570 G40 G01 Y- 15. F200;	边走边撤离开工件壁
N580 G0 Z5. ;	快速抬刀
N590 G90 G0 X25. Y0;	XY 轴重新定位
N600 G01 Z- 5. F50;	重新以 G01 直线插补方式下刀
N610 G91 G41 X7. 5 Y- 7. 5 D06 F90;	以 G91 增量方式建立刀具半径补偿，补偿号为 06 号
N620 G02 X- 15. R7. 5;	
N630 G1 Y15. ;	
N640 G2 X15. R7. 5;	
N650 G1 Y- 15. ;	
N660 G90 G40 X25. Y0;	变换回绝对编程方式，并边走边撤回键槽的中心
N670 G0 Z5. M09;	快速抬刀，关闭冷却液
N680 G91 G30 Z0 Y0;	可在程序加工完成后加上此句，意为当零件加工完成后主轴自动升高到换刀点，工作台退回到 Y 方向的最大点（即 Y 轴零点）便于操作者检查测量
N690 M30;	程序结束并返回程序头

　　小技巧：在编程中可灵活变更使用绝对编程（G90）与增量编程（G91），使程序尽可能减少换算，简化编程。例在程序段 N320 处使用增量编程，在 N370 处变更回绝对编程。

4.5 实例 5——旋转方板零件

零件图纸如图 4-6 所示。

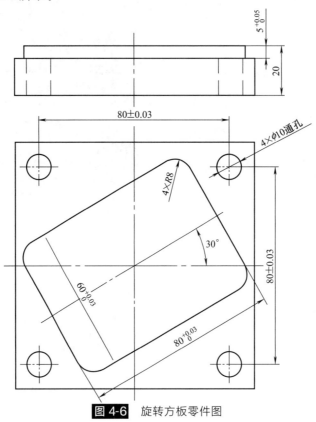

图 4-6 旋转方板零件图

4.5.1 学习目标及要领

（1）学习目标

通过本例的学习对带旋转角度零件的编程形成认识，并能够熟练使用 FANUC 系统里的简易倒（圆）角功能，以减少编程计算量。

（2）掌握要领

① 能够使用坐标系旋转指令（G68，G69）。

② 会使用简易倒（圆）角功能。

③ 了解固定循环功能的使用方法。

4.5.2 工、量、刀具清单

工、量、刀具清单如表 4-8 所示。

4.5.3 工艺分析及具体过程

此零件为一旋转的方板，正确的编程思路应该是使用旋转功能旋转图纸所需的角度，程序则按照放正的去编，如图 4-7 中的虚线。

▣ 表 4-8　工、量、刀具清单

名　　称	规　　格	精　　度	数　　量
可转位式面铣刀	$\phi 80$		1
立铣刀	$\phi 20$ 四刃立铣刀		1
中心钻	$\phi 2.5$ 中心钻		1
麻花钻	$\phi 10$ 麻花钻		1
半径规	$R7\sim14.5$		1 套
偏心式寻边器	$\phi 10$	0.02mm	1
游标卡尺	0～150 0～150(带表)	0.02mm	各 1
千分尺	0～25,25～50,50～75	0.01mm	各 1
深度游标卡尺	0～200	0.02mm	1 把
垫块,拉杆,压板,螺钉	M16		若干
扳手	12″,10″		各 1 把
锉刀	平锉和什锦锉		1 套
毛刷	50mm		1 把
铜皮	0.2mm		若干
棉纱			若干

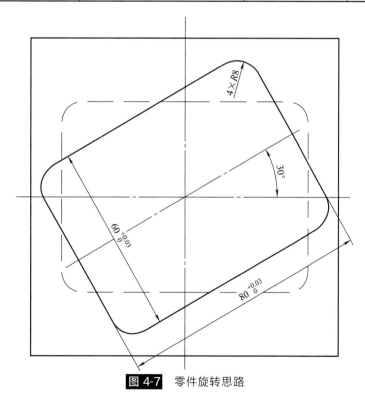

图 4-7　零件旋转思路

（1）加工准备

① 认真阅读零件图，检查坯料尺寸。

② 编制加工程序，输入程序并选择该程序。

③ 用平口钳装夹工件，伸出钳口 8mm 左右，用百分表找正。

④ 安装寻边器，确定工件零点为坯料上表面的中心，设定零点偏置。

⑤ 根据编程时刀具的使用情况需编制刀具及切削参数表见表 4-9，对应刀具表依次装入刀库中，并设定各长度补偿。

▫ 表 4-9 刀具及切削参数表

工步号	工步内容	刀具号	刀具类型	切削用量			备注
				主轴转速 /r·min⁻¹	进给速度 /mm·min⁻¹	背吃刀量 /mm	
1	铣平面	T11	ϕ80 面铣刀	500	110	0.7	
2	铣旋转外形轮廓	T01	ϕ20 四刃立铣刀	400	120	5	
3	钻中心孔	T02	ϕ2.5 中心钻	1300	60	1	
4	钻四个通孔	T03	ϕ10 麻花钻	600	80		

（2）粗铣外形旋转轮廓

使用 T01 号 ϕ20 立铣刀粗铣外形旋转轮廓，留精加工余量。

（3）使用中心钻点中心孔

仍旧使用 T02 号 ϕ2.5 中心钻点四个孔位。

（4）钻四个孔

自动换 T03 号 ϕ10 的麻花钻钻四个孔，达到图纸要求。

（5）检验

去毛刺，按图纸尺寸检验加工的零件。

4.5.4 参考程序与注释

O5;	程序名为 O0005
G40 G69 G49;	机床模态指令初始化
M06 T01;	换 T01ϕ20 四刃立铣刀
G90 G54 G0 X0 Y0 S400;	使用绝对编程方式，采用 G54 坐标系，快速定位到 X0Y0
G43 H01 Z100.;	执行 01 号刀具长度补偿
G68 X0 Y0 R30.;	打开旋转，旋转中心点为 X0、Y0，旋转角度为 30°
X- 65. Y- 65.;	X、Y 轴定位
Z3. M03;	快速接近工件表面
G01 Z- 5. F200;	Z 轴以切削方式下刀
G41 X- 40. D01 F120;	建立刀具半径左补偿，补偿号为 01
Y30. R8.;	此处采用简化编程方法
X40. R8.;	
Y- 30. R8.;	
X- 40. R8.;	
Y65.;	多走一段
G0 Z3;	快速离开工件表面
G40;	撤销刀具半径补偿
X- 65. Y- 65.;	X、Y 轴重新定位

```
G01 Z- 5. F200 S550;
```
Z 轴切削下刀，变换主轴转速值

```
G41 X- 40. D02 F120;
```
建立刀具半径左补偿，补偿号为 02 号

```
Y30. R8.;
```
精加工旋转方板

```
X40. R8.;
```

```
Y- 30. R8.;
```

```
X- 40. R8.;
```

```
Y65.;
```

```
G0 Z3. M09;
```
快速抬刀，关闭冷却液

```
G40 G69;
```
撤销刀具半径补偿，取消旋转功能

```
G91 G30 Z0;
```
返回到第二参考点

```
M06 T02;
```
换 T02 号 $\phi2.5$ 中心钻

```
G90 G0 X40. Y30. S1300;
```
刀具定位到孔的坐标位置，主轴重新赋值

```
G43 H02 Z100.;
```
执行 02 号刀具长度补偿

```
Z10. M03;
```
快速接近工件表面

```
G82 Z- 3. R1. P1000. F60;
```
使用 G82 固定循环指令来点中心孔，使用固定循环要灵活，不能只做名称的功能，应根据孔的加工环境选择较符合加工条件的固定循环

```
X- 40.;
```
点右上方孔，固定循环里的固定循环名称、坐标值等都可以进行模态，读者熟练掌握后可省略掉一些模态指令，以减少程序输入量

```
Y- 40.;
```
加工左下角孔

```
X40.;
```
加工右下角孔

```
G0 Z5. M09;
```
快速抬刀，关闭冷却液

```
G91 G30 Z0;
```
返回到换刀点

```
M06 T03;
```
换 T03 号 $\phi10$ 麻花钻

```
G90 G0 X40. Y30. S600;
```

```
G43 H03 Z100.;
```
执行 03 号刀具长度补偿

```
Z10. M03;
```
Z 轴接近工件表面，此点在固定循环中也称为初始点

```
G73 Z- 24. R1. Q4. F80 M08;
```
使用 G73 钻孔固定循环，在使用钻头钻孔时需要注意钻头的钻尖与钻孔有效深度的概念，在图中需要保证孔深大于 20，所以在编程时需将深度适度钻深

```
X- 40.;
```

```
Y- 40.;
```

```
X40.;
```

```
G0 Z5. M09;
```
固定循环的取消有两种方法：采用 G80（固定循环取消）指令取消；也可用 01 组 G 代码来实现取消，01 组有 G00、G01、G02、G03 几个 G 指令

```
G91 G30 Z0 Y0;
```
快速返回到换刀点和 Y 的零点

```
M30;
```
程序结束并返回到程序头

4.6 实例 6——异形板零件

零件图纸如图 4-8 所示。

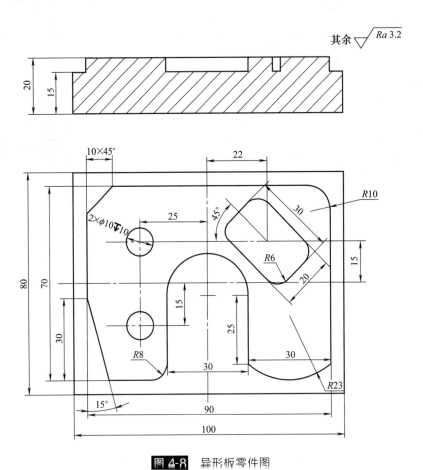

图 4-8 异形板零件图

4.6.1 学习目标及要领

（1）学习目标

本例综合了前面几个例子的知识要点，通过本例的学习要求对 G90/G91 编程方式能够根据实际图纸的特点进行灵活转换，会正常合理地制订建撤刀补路线，能够编制简单旋转加工（G68）的图形。

（2）掌握要领

① 能够使用坐标系旋转指令（G68，G69）。

② 能够根据图纸选择合适的刀具。

③ 掌握 G90/G91 的应用方法。

④ 能够使用简易倒角指令功能。

4.6.2　工、量、刀具清单

工、量、刀具清单如表 4-10 所示。

⊡ **表 4-10　工、量、刀具清单**

名　　称	规　　格	精　　度	数　　量
立铣刀	φ20 四刃立铣刀 φ12 三刃立铣刀		各 1
键槽铣刀	φ12 二刃键槽铣刀		1
中心钻	A2.5 中心钻		1
麻花钻	φ10 麻花钻		1
半径规	R1～6.5 R7～14.5		1 套
偏心式寻边器	φ10	0.02mm	1
游标卡尺	0～150 0～150（带表）	0.02mm	各 1
千分尺	0～25,25～50,50～75	0.01mm	各 1
深度游标卡尺	0～200	0.02mm	1 把
垫块,拉杆,压板,螺钉	M16		若干
扳手	12″,10″		各 1 把
锉刀	平锉和什锦锉		1 套
毛刷	50mm		1 把
铜皮	0.2mm		若干
棉纱			若干

4.6.3　工艺分析及具体过程

这个零件具有较强的综合性，里面既涉及旋转功能，又涉及 G90/G91 编程方式的灵活转变。本例的外形可使用较大的刀进行粗加工，里面旋转的长方形可定位到长方形的中心点，打开旋转功能，再使用 G91 增量方式进行编程。通过图纸分析旋转的长方形四个圆弧角都为 R6，无精度要求，可选择 φ12 铣刀走长方形的交点而自然形成 R 角，以简化编程。

（1）加工准备

① 认真阅读零件图，检查坯料尺寸。

② 编制加工程序，输入程序并选择该程序。

③ 用平口钳装夹工件，伸出钳口 10mm 左右，用百分表找正。

④ 安装寻边器，确定工件零点为坯料上表面的中心，设定零点偏置。

⑤ 根据编程时刀具的使用情况需编制刀具及切削参数表见表 4-11，对应刀具表依次装入刀库中，并设定各长度补偿。

（2）粗铣外形轮廓

使用 T01 号 φ20 四刃立铣刀粗铣外形轮廓，留精加工余量。

（3）粗铣旋转长方的内腔轮廓

使用 T02 号 φ12 二刃键槽铣刀粗铣内腔，留精加工余量。

⊡ **表 4-11 刀具及切削参数表**

工步号	工步内容	刀具号	刀具类型	切削用量			备注
				主轴转速 /r·min⁻¹	进给速度 /mm·min⁻¹	背吃刀量 /mm	
1	铣平面	T11	ϕ80 面铣刀	500	110	0.7	
2	铣旋转外形轮廓	T01	ϕ20 四刃立铣刀	400	120	5	
3	铣旋转方	T02	ϕ12 二刃键槽铣刀	800	120	5	
4	精铣各轮廓	T03	ϕ12 三刃立铣刀	1100	110	5	
5	钻两个中心孔	T04	A2.5 中心钻	1300	60		
6	钻 2 个深 10 的孔	T05	ϕ10 麻花钻	600	80		

（4）集中精铣所有外轮廓

使用刀库自动换取 T03 号 ϕ12 三刃立铣刀，精加工内外轮廓，达到图纸的尺寸和表面质量要求。

（5）钻中心孔

调用 T4 号 A2.5 中心钻，点两个孔的中心孔位。

（6）钻 2×ϕ10 孔，其深度为 10mm。

调用 T5 号 ϕ10 麻花钻，钻 2 个 ϕ10 的孔。

（7）检验

去毛刺，按图纸尺寸检验加工的零件。

4.6.4 参考程序与注释

O0006;	程序名为 O0006
G40 G69 G49;	机床模态信息初始化
M06 T01;	执行换刀动作，自动换取 T01（ϕ20 四刃立铣刀）
G90 G54 G0 X0 Y0 S400;	使用绝对编程方式，采用 G54 坐标系，以 G00 方式快速定位到 X0Y0 处，并往主轴中赋转速值
G43 H01 Z100.;	执行刀具长度正补偿，补偿号为 01 号
X- 65. Y- 65.;	XY 轴走位
Z3. M03;	Z 轴接近工件表面，打开主轴旋转
G01 Z- 5. F100;	以 G01 方式切削进给下刀
G41 X- 45. D01 F120;	执行刀具半径左补偿，补偿号为 01
Y35. C10.;	使用简易倒角功能
X45. R10.;	使用简单倒圆角功能
Y- 29.43;	
G2 X15. R23.;	走顺圆
G91 G01 Y25.;	使用增量编程方式，以减少节点计算
G03 X- 15. R15.;	走逆圆
G90 G01 Y- 35. R8.;	转换回绝对编程方式
X- 36.96;	
X- 45. Y- 5.;	
Y65. F200;	多走出节点一段距离

G0 Z5. M09;	快速抬刀，关闭冷却液
G91 G30 Z0	返回到第二参考点
M06 T02;	换 T02（ϕ12 二刃键槽铣刀）
G90 G0 X22. Y15. S800;	XY 轴重新定位
G43 H02 Z100.;	执行刀具长度正补偿，补偿号为 02 号
Z3. M03;	快速接近工件表面，打开主轴旋转
G01 Z- 5. F60;	以 G01 方式切削下刀
G68 X22. Y15. R- 45.;	打开旋转功能，旋转角度为 45°
G91 G41 X15. D02 F120;	使用增量编程方式，以减少计算，简化编程
Y- 10.;	
X- 30.;	
Y20.;	
X30.;	
Y- 13.;	
G90 G40 X22. Y15. F140;	转换回 G90 绝对编程方式，边走边撤回旋转长方形的中心处
G0 Z5. M09;	快速抬刀，关闭冷却液
G40 G69;	撤销刀具半径补偿，取消旋转功能
G91 G30 Z0;	返回到换刀点
M06 T03;	使用刀库自动更换到 T03 号 ϕ12 三刃立铣刀对整个内外轮廓进行集中精铣
G43 H03 Z100.;	执行刀具长度正补偿，补偿号为 03 号，并且快速定位到 Z100 处
X- 65. Y- 65. S1100;	XY 重新定位，主轴转速重新赋值
Z3. M03;	Z 轴快速接近工件表面，打开主轴旋转
G01 Z- 5. F100;	以切削方式下到图纸尺寸深度
G41 X- 45. D03 F110;	建立刀具半径左补偿，补偿号为 03 号
Y35. C10.;	
X45. R10.;	
Y- 29.43;	
G2 X15. R23.;	
G91 G01 Y25.;	使用增量编程方式
G03 X- 15. R15.;	
G90 G01 Y- 35. R8.;	转换回绝对编程方式
X- 36.96;	
X- 45. Y- 5.;	
Y65. F200;	
G0 Z5.;	快速抬刀
G40 G90 G0 X22. Y15.;	取消刀具半径补偿并且 XY 轴重新定位
G01 Z- 5. F100;	
G68 X22. Y15. R- 45.;	打开旋转
G91 G41 X15. D04 F120;	使用增量编程方式，以减少计算
Y- 10.;	

```
X- 30. ;
Y20. ;
X30. ;
Y- 13. ;
G90 G40 X22. Y15. F140;              转换回绝对编程方式边走边撤回到长方形的中心点
G0 Z5. M09;                          快速抬刀，关闭冷却液
G40 G69;                             取消刀具半径补偿，取消旋转
G91 G30 Z0;                          返回到换刀点
M06 T04;                             使用刀库换 T04 号 A2.5 的中心钻
G90 G0 X- 25. Y15. S1300;            XY 轴定位到左上角的孔位置处，并赋值主轴转速
G43 H04 Z100. ;                      执行刀具长度正补偿，补偿号为 04 号，定位到 Z100 处
Z10. M03;                            快速接近工件表面，打开主轴旋转
G82 Z- 2. R3. F60;                   使用 G82 固定循环功能点四个中心孔，在该程序中因为
                                     XY 值都从上面程序中模态下来，故可以省略不写
Y- 15. ;                             点左下角的孔
G0 Z30. M09;                         快速抬刀，关闭冷却液
G91 G30 Z0;                          返回到换刀点
M06 T05;                             使用刀库自动换 T05 号 φ10 麻花钻
G90 G0 X- 25. Y- 15. S600;           刀具重新定位到中心钻最后点孔的位置上，以减少刀具
                                     的反复移动浪费时间
G43 H05 Z100. ;                      执行刀具长度正补偿
Z10. M03                             快速接近工件表面
G73 Z- 10. R3. Q4. F80;              使用 G73 固定循环钻孔
Y15. ;                               左上角孔
G0 Z30. M09;                         快速抬刀，关闭冷却液
G91 G30 Z0 Y0;                       Z 轴到达换刀点，Y 轴移动到零点
M30;                                 程序结束并返回到程序头
```

小技巧：在使用旋转时需特别注意，一般可在 X、Y 轴定位前就打开旋转功能，设定旋转中心、旋转角度，并应在使用完后及时取消，否则程序将可能会出错。

4.7 实例 7——三圆旋转件零件

零件图纸如图 4-9 所示。

4.7.1 学习目标及要领

（1）学习目标

通过本例的学习，要求能够对形状及尺寸相同的零件使用子程序进行编程，以简化程序量。

（2）掌握要领

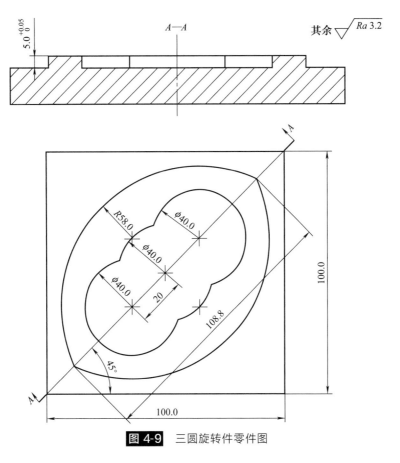

图 4-9　三圆旋转件零件图

① 能够使用坐标系旋转指令（G68，G69）。

② 能够根据图纸选择合适的刀具。

③ 能够使用 M98/M99 子程序调用。

4.7.2　工、量、刀具清单

工、量、刀具清单如表 4-12 所示。

▫ **表 4-12　工、量、刀具清单**

名　　称	规　　格	精　度	数　　量
可转位式面铣刀	ϕ80		1
键槽铣刀	ϕ16 键槽铣刀		1
立铣刀	ϕ20 四刃立铣刀		1
半径规			1 套
偏心式寻边器	ϕ10	0.02mm	1
游标卡尺	0～150 0～150（带表）	0.02mm	各 1
千分尺	0～25,25～50,50～75	0.01mm	各 1
深度千分尺	0～25	0.01mm	1
深度游标卡尺	0～200	0.02mm	1 把

续表

名　称	规　格	精　度	数　量
垫块,拉杆,压板,螺钉	M16		若干
扳手	12″,10″		各1把
锉刀	平锉和什锦锉		1套
毛刷	50mm		1把
铜皮	0.2mm		若干
棉纱			若干

4.7.3　工艺分析及具体过程

此零件外形有一旋转角度，在编程时仍可以在程序前加旋转指令，在程序中将图形放正去编程。内腔轮廓由三个外形尺寸一样的圆组成，可以使用增量编程的方式将一个外形圆编为子程序，然后通过主程序定位，调用子程序的思路来完成加工。本图中对于深度尺寸还有较高要求可通过在粗加工中留精加工余量，而在精加工中进行切除来保证。

（1）加工准备

① 认真阅读零件图，检查坯料尺寸。

② 编制加工程序，输入程序并选择该程序。

③ 用平口钳装夹工件，伸出钳口 12mm 左右，用百分表找正。

④ 安装寻边器，确定工件零点为坯料上表面的中心，设定零点偏置。

⑤ 根据编程时刀具的使用情况需编制刀具及切削参数表见表 4-13，对应刀具表依次装入刀库中，并设定各长度补偿。

▫ 表 4-13　刀具及切削参数表

工步号	工步内容	刀具号	刀具类型	切削用量			备注
				主轴转速 /r·min⁻¹	进给速度 /mm·min⁻¹	背吃刀量 /mm	
1	铣平面	T11	φ80 面铣刀	500	110	0.7	
2	粗铣各轮廓	T01	φ16 二刃立铣刀	560	110	5	
3	精加工各 部轮廓	T02	φ20 四刃立铣刀	600	80	5	

（2）粗铣外形轮廓

使用 T01 号 φ16 二刃立铣刀粗铣外形轮廓，并在加工前设定刀具半径精加工余量和刀具长度补偿的 Z 轴精加工余量。

（3）粗铣中间内腔圆轮廓

仍旧使用 T01 号 φ16 二刃立铣刀，同外形一样设定精加工余量。

（4）精铣外形轮廓及中间圆弧部分

自动换 T02 号 φ20 四刃立铣刀，集中精加工图纸的各部分轮廓。

（5）检验

去毛刺，按图纸尺寸检验加工的零件。

4.7.4　参考程序与注释

O7;	主程序
G40 G69 G49;	机床模态指令初始化
M06 T01;	使用刀库自动换取 01 号 ϕ16 二刃立铣刀
G90 G54 G0 X0 Y0 S560;	使用绝对编程方式，采用 G54 坐标系，以 G00 快速定位到对刀点，往机床里赋主轴转速值
G43 H01 Z100.;	执行刀具正补偿，补偿号为 01 号，在使用刀具长度补偿时一般可用 G43，因为长度补偿号里的数值为负时等同于 G44 的功能
X- 65. Y- 65.;	XY 轴定位
Z3. M03;	Z 轴快速接近工件表面，打开主轴旋转
G01 Z- 5. F100;	以切削进给方式下到图纸尺寸深度
G41 X- 38.5 Y- 38.5 D01 F110 M08;	执行刀具半径左补偿，补偿号为 01，打开冷却液
G02 X38.5 Y38.5 R58.;	走顺圆
X- 38.5 Y- 38.5 R58.;	走顺圆
G40 G01 X- 65. F140;	以 G01 方式边走刀边撤刀补
G0 Z5.;	快速抬刀离开工件表面
G90 G0 X- 14.2 Y- 14.2;	XY 轴定位到中间三个圆内腔的左边圆圆心处
M98 P71;	调用子程序，铣圆的内腔轮廓
G0 X0 Y0;	主程序定位
M98 P71;	调用 O71 号子程序
G0 X14.2 Y14.2;	主程序定位
M98 P71;	调用 O71 号子程序
G0 Z30. M09;	快速抬刀离开工件表面
G91 G30 Z0;	返回到换刀点
M06 T02;	使用刀库自动换取 T02 号 ϕ20 四刃立铣刀
G90 G54 G0 X- 65. Y- 65. S600;	XY 轴定位，主轴转速重新赋值
G43 H02 Z100.;	执行刀具长度正补偿，补偿号为 02 号，快速定位到 Z100 处
Z3. M03;	Z 轴接近工件表面
G01 Z- 5. F100;	以 G01 切削方式下刀
G41 X- 38.5 Y- 38.5 D03 F80 M08;	执行刀具半径左补偿，补偿号为 03
G02 X38.5 Y38.5 R58.;	精加工外形
X- 38.5 Y- 38.5 R58.;	
G40 G01 X- 65. F140;	边走刀边撤刀补
G0Z5.;	快速抬刀
G90 G0 X- 14.2 Y- 14.2;	XY 轴重新定位
M98 P72;	精铣中间圆
G0 X0 Y0;	主程序定位
M98 P72;	调用 O72 号子程序
G0 X14.2 Y14.2;	定位到圆心

M98 P72;	调用子程序
G0 Z30. M09;	快速抬刀，关闭冷却液
G91 G30 Z0 Y0;	Z 轴快速返回到换刀点，Y 轴退回到 Y 的零点
M30;	程序结束并光标返回到程序头
O71;	粗加工圆子程序
G90 G01 Z- 5. F60;	切削方式下刀
G91 G41 Y- 20D02 F120;	使用增量编程方式建立刀补，补偿号为 02 号
G3 J20.;	走整圆
G40 G01 Y20.;	加走边撤刀补
G90 G0 Z3.;	以绝对编程方式快速抬刀
M99;	子程序结束并返回到主程序
O72;	精加工圆子程序
G90 G01 Z- 5. F60;	切削方式下刀
G91 G41 Y- 20 D04 F120;	使用增量编程方式建立刀补，补偿号为 04 号
G3 J20.;	走整圆
G40 G01 Y20.;	加走边撤刀补
G90 G0Z3.;	以绝对编程方式快速抬刀
M99;	子程序结束并返回到主程序

> **小技巧**：在编程过程中针对相同尺寸相同形状的零件，尽量采用子程序调用的方法来完成。在子程序的运用中最关键的问题就是主程序与子程序之间的衔接，例如上面程序中主程序担当定位，子程序做切削进给动作一样。

4.8　实例 8——对称圆弧板零件

零件图纸如图 4-10 所示。

4.8.1　学习目标及要领

（1）学习目标

通过本例的学习，能够熟练掌握旋转指令加子程序结合的使用模式，对相类似的零件能够进行举一反三。对数铣加工中心的程序编制养成一个较好的编程习惯，比如下刀、抬刀等都需根据自己的个人习惯在脑中形成一个模块，这样可利于程序的正确规范，也有利于更快更好地把程序这部分加强巩固。

（2）掌握要领

① 能够熟练使用坐标系旋转指令（G68，G69）。

② 能够根据图纸选择合适的刀具。

③ 能够使用增量旋转方式。

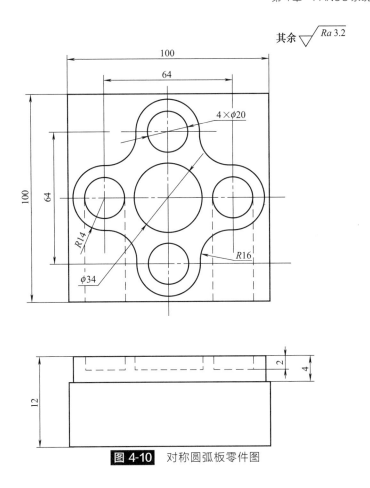

图 4-10　对称圆弧板零件图

4.8.2　工、量、刀具清单

工、量、刀具清单如表 4-14 所示。

▫ 表 4-14　工、量、刀具清单

名　称	规　格	精　度	数　量
可转位式面铣刀	$\phi 80$		1
键槽铣刀	$\phi 16$ 键槽铣刀		1
立铣刀	$\phi 20$ 四刃立铣刀		1
半径规			1 套
偏心式寻边器	$\phi 10$	0.02mm	1
游标卡尺	0～150 0～150（带表）	0.02mm	各 1
千分尺	0～25,25～50,50～75	0.01mm	各 1
垫块,拉杆,压板,螺钉	M16		若干
扳手	12″,10″		各 1 把
锉刀	平锉和什锦锉		1 套
毛刷	50mm		1 把
铜皮	0.2mm		若干
棉纱			若干

4.8.3 工艺分析及具体过程

本例零件外形较为简单，通过正常的编程方式就可完成，如需简化也可使用旋转指令加子程序的模式去做。中间圆及等尺寸的圆可使用同一把刀具对其进行精加工。四个圆尺寸位置都一致，可使用前面所提到的旋转指令加子程序的模式去做，以简化程序。

（1）加工准备

① 认真阅读零件图，检查坯料尺寸。

② 编制加工程序，输入程序并选择该程序。

③ 用平口钳装夹工件，伸出钳口8mm左右，用百分表找正。

④ 安装寻边器，确定工件零点为坯料上表面的中心，设定零点偏置。

⑤ 根据编程时刀具的使用情况需编制刀具及切削参数表见表4-15，对应刀具表依次装入刀库中，并设定各长度补偿。

⊡ 表4-15 刀具及切削参数表

工步号	工步内容	刀具号	刀具类型	切削用量			备注
				主轴转速 /r·min⁻¹	进给速度 /mm·min⁻¹	背吃刀量 /mm	
1	铣平面	T11	φ80 面铣刀	500	110	0.7	
2	粗铣各轮廓	T01	φ16 键槽铣刀	560	110	4	
3	精加工各部轮廓	T02	φ20 四刃立铣刀	600	80	2	

（2）粗铣外形轮廓

使用T01号φ16键槽铣刀粗铣外形轮廓，留精加工余量。

（3）粗铣中间圆

仍旧使用T01号φ16键槽铣刀粗铣中间圆，留精加工余量。

（4）粗铣四个φ34圆

还是使用φ16键槽铣刀粗铣四个φ34圆，留精加工余量。

（5）精加工各部轮廓

使用刀库自动换取φ20四刃立铣刀精加工各部轮廓，至尺寸要求。

（6）检验

去毛刺，按图纸尺寸检验加工的零件。

4.8.4 参考程序与注释

O0008;	主程序，程序名为O8
G40 G69 G49;	机床模态信息初始化
M06 T01;	换T01号φ16键槽铣刀
G90 G54 G0 X0 Y0 S560;	使用绝对编程方式，采用G54坐标系，以G00方式快速定位到对刀点
G43 Z100. H01;	执行刀具长度正补偿，补偿号为01，在一行中指令的前后顺序可以任意倒换，不会影响加工，因为机床在加工时读取是整行，而非单个指令

Y- 65. ;	XY 轴定位
Z3. M03;	Z 轴快速接近工件表面
G01 Z- 4. F100;	以切削方式下到图纸尺寸深度
G41 Y- 48. D01 F110 M08;	执行刀具半径左补偿, 补偿号为 01, 并打开冷却液
G02 X- 16. Y- 32. R16. ;	走外形轮廓
G03 X- 32. Y- 16. R16. ;	
G02 Y16. R16. ;	
G03 X- 16. Y32. R16. ;	
G02 X16. R16. ;	
G03 X32. Y16. R16. ;	
G02 Y- 16. R16. ;	
G03 X16. Y- 32. R16. ;	
G02 X- 16. Y- 32. R16. ;	
G01 X- 65. ;	以 G01 切削方式多走一段距离
G0 Z5. ;	Z 轴快速抬刀离开工件表面
G40;	取消刀具半径补偿
G90 G0 X0 Y0;	XY 轴重新定位
G01 Z- 2. F60;	以切削方式下刀
G41 Y- 17. D02 F110;	执行刀具半径左补偿, 补偿号为 02
G03 J17. ;	走整圆
G40 G01 X0 Y0 F140;	边走边撤回到圆的圆心处
G0 Z3. ;	快速抬刀离开工件表面
M98 P0040081;	调 4 次 O0081 粗铣圆的子程序
G90 G0 Z30. M09;	以绝对方式快速抬刀, 关闭冷却液
G40 G69;	撤销刀具半径补偿, 取消旋转功能
G91 G30 Z0;	返回换刀点
M06 T02;	自动换取 T02 号 ϕ20 四刃立铣刀对各部进行精加工
G90 G54 G0 X0 Y- 65. S600;	XY 轴重新定位, 转速重新赋值
G43 H02 Z100. ;	执行刀具长度正补偿, 补偿号为 02
Z3. M03;	快速接近工件表面, 打开主轴旋转
G01 Z- 4. F100;	以切削方式下刀
G41 Y- 48. D04 F80 M08;	执行刀具左补偿, 半径补偿号为 03
G02 X- 16. Y- 32. R16. ;	精加工外形轮廓
G03 X- 32. Y- 16. R16. ;	
G02 Y16. R16. ;	
G03 X- 16. Y32. R16. ;	
G02 X16. R16. ;	
G03 X32. Y16. R16. ;	
G02 Y- 16. R16. ;	
G03 X16. Y- 32. R16. ;	
G02 X- 16. Y- 32. R16. ;	
G01 X- 65. ;	离开节点
G0 Z5. ;	快速抬刀

099

G40;	撤销刀具半径补偿
G90 G0 X0 Y0;	XY 轴重新定位
G01 Z- 2. F60;	以切削方式进刀
G41 Y- 17. D05 F110;	执行刀具半径左补偿，半径补偿号为 05 号
G03 J17. ;	逆圆加工
G40 G01 X0 Y0 F140;	边走边撤回到圆心点
G0 Z3. ;	以 G00 方式快速抬刀
M98 P0040082;	调用 4 次 O0082 精加工圆的子程序
G90 G0 Z30. M09;	以绝对方式快速抬刀离开工件表面，关闭冷却液
G40 G69;	撤销刀具半径补偿，取消旋转功能
G91 G30 Z0 Y0;	Z 轴返回到换刀点，Y 轴退回零点
M30;	程序结束，光标返回到程序头
O0081;	粗加工子程序
G0 X32. Y0;	此步不能少，因在旋转过程中，此步为旋转的支点
G01 Z- 2. F60;	以切削方式下刀
G41 Y- 10. D03 F110;	执行刀具半径左补偿，半径补偿号为 03
G3 J10. ;	走整圆轮廓
G40 G01 X32. Y0 F140;	边走边撤回到圆心点
G90 G0 Z3. ;	以绝对编程方式快速抬刀，离开工件表面，此步应特别注意，如果没加 G90 则实际移动到 Z1 的位置，在有些情况下可能未抬升至工件表面而导致撞刀，故应特别注意
G91 G68 X0 Y0 R90. ;	使用增量旋转，每次递增 90°
M99;	子程序结束并返回到主程序
O0082;	精加工子程序
G0 X32. Y0;	此步不能少，因在旋转过程中，此步为旋转的支点
G01 Z- 2. F60;	
G41 Y- 10. D06 F110;	建立刀具半径补偿，补偿号为 06
G3 J10. ;	
G40 G01 X32. Y0 F140;	
G90 G0 Z3. ;	快速离开工件表面
G91 G68 X0 Y0 R90. ;	使用增量旋转，每次递增 90°
M99;	子程序结束并返回到主程序

在这里再介绍一种适宜于单件零件的平面铣削程序。

O0100;	铣平面程序名
M03 S500;	主轴旋转
G91 G01 Y120. F80 M08;	使用增量方式从刀具当前点切削 120mm，打开冷却液
X30;	横越一个距离
Y- 150. ;	走 Y 的负方向
G0 Z100. M09;	快速抬刀，关闭冷却液
M30;	程序结束

程序说明：此种方法在操作时应注意刀具当前点，操作步骤如下。①打到手轮挡，将主轴打开；②接近工件表面；③在工件的上表面轻轻试切一下；④在保持 Z 轴未动的情况下，

将 POS 里的相对坐标 Z 值归零；⑤Z 轴上抬；⑥将刀具移动到与程序对应的位置，上图程序则应将刀具移动到工件的左下角（刀具未在工件表面上方）；⑦看相对值，下到需要的深度；⑧选择程序，打到自动挡运行程序。

　　小技巧：在使用增量旋转过程中需特别注意细节，细读以上每一行程序。如不能很好地理解，读者可使用在主程序里变换旋转角度、子程序再调用的方法，虽程序稍有繁琐，但比此法更易学、易懂。

第5章
FANUC 系统加工中心提高实例

本章将通过 4 个稍微复杂一些的实例，来介绍基于 FANUC 系统的加工中心编程的各种方法与技巧，首先介绍排孔零件的加工。

5.1 实例 1——排孔

零件图纸如图 5-1 所示。

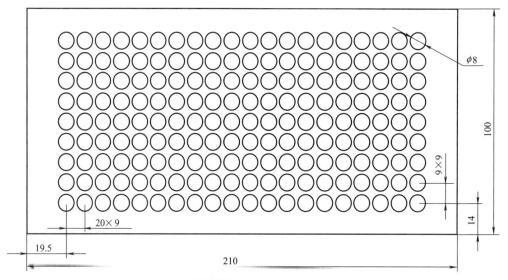

图 5-1 排孔板零件图

5.1.1 学习目标及要领

（1）学习目标

通过本例要求对宏程序有一个了解，能使用简单的宏程序进行编程。

（2）掌握要领

① 掌握简单的 A 类宏程序和 B 类宏程序。

② 能够对重复形状尺寸的零件，使用简单的编程方法快速编程。

5.1.2 工、量、刀具清单

工、量、刀具清单如表 5-1 所示。

▣ 表 5-1　工、量、刀具清单

名　称	规　格	精　度	数　量
中心钻	A2.5 中心孔		1
麻花钻	ϕ7.8mm 的钻头		1
机用铰刀	ϕ8H8	H8	1
偏心式寻边器	ϕ10	0.02mm	1
游标卡尺	0～150 0～150（带表）	0.02mm	各 1 把
垫块，拉杆， 压板，螺钉	M16		若干
扳手	12″,10″		各 1 把
锉刀	平锉和什锦锉		1 套
毛刷	50mm		1 把
铜皮	0.2mm		若干
棉纱			若干

5.1.3　工艺分析及具体过程

在加工这类零件图时，要注意编程的效率，这类零件图的特点是形状和间隔尺寸都有一定的关系，可以用宏程序的表达式表达清楚，让加工中心自己运算坐标数值。

零件加工工艺过程如下。

（1）加工准备

① 认真阅读零件图，检查坯料尺寸。

② 编制加工程序，输入程序并选择该程序。

③ 用平口钳装夹工件，伸出钳口 3mm 左右，用百分表找正上平面和各条边。

④ 安装寻边器，确定工件零点为坯料的左下角，设定零点偏置。

⑤ 根据编程时刀具的使用情况需编制刀具及切削参数表见表 5-2，对应刀具表依次装入刀库中，并设定各长度补偿。

▣ 表 5-2　刀具及切削参数表

工步号	工步内容	刀具号	刀具类型	切削用量			备　注
				主轴转速 /r·min⁻¹	进给速度 /mm·min⁻¹	背吃刀量 /mm	
1	钻中心孔	T01	A2.5 中心钻	1800	60		
2	钻孔	T02	ϕ7.8mm 的钻头	1100	80	5	
3	铰孔	T03	ϕ8H8 铰刀	300	50		

（2）点孔

使用 T1 号 A2.5 中心钻点孔。

（3）钻孔

调用 T2 号 ϕ7.8mm 的钻头。

（4）铰孔

调用 T3 号 φ8H8 铰刀。

5.1.4 参考程序与注释

程序设计方法说明：对于这种零件，除了使用宏程序外，还可以使用子程序调用的方法达到同样的编程效果。

主程序：

O0020;	
G15 G40 G49 G80;	机床加工初始化
M06 T1;	自动换取 T01 A2.5 中心钻
G54 G90 G0 X0 Y0 M03 S1800;	选择 G54 加工坐标系，使用绝对编程方式并定位刀具位置
G43 Z50 H1 M08;	执行刀具长度补偿并打开冷却液
G65 P21 X19.5 Y14 A9 B20 I9 J9 R2 Z-3 Q0 F60;	宏程序赋值
G0 G49 Z150 M09;	取消刀具补偿，关闭冷却液
M06 T2;	换 02 号 φ7.8mm 的钻头
G90 G43 Z50 H2 M03 M07 S1100;	建立 02 号刀具长度补偿
G65 P21 X19.5 Y14 A9 B20 I9 J9 R2 Z-22 Q2 F80;	宏程序参数赋值
G0 G49 Z150 M05 M09;	取消刀具补偿，关闭冷却液
M06 T03;	换 03 号 φ8H8 铰刀
G90 G43 Z50 H2 M03 M07 S300;	建立 03 号刀具长度补偿
G65 P21 X19.5 Y14 A9 B20 I9 J9 R2 Z-22 Q2 F50;	宏程序参数赋值
G0 Z30;	刀具快速上抬
G91 G30 Z0 Y0;	回到换刀点和 Y 轴的原点
M30;	程序结束

宏程序调用参数说明：

X (#24)，Y (#25) ——阵列左下角孔位置

A (#1) ——行数

B (#2) ——列数

I (#4) ——行间距

J (#5) ——列间距

R (#7) ——快速下刀高度

Z (#26) ——钻深

Q (#17) ——每次钻进量，Q=0，则一次钻进到指定深度

F (#9) ——钻进速度

%21 (单向进刀)

#10=1;	行变量
#11=1;	列变量
WHILE [#10 LE #1] DO1;	
#12=#25+ [#10-1]* #4;	Y 坐标
WHILE [#11 LE #2] DO2;	
#13=#24+ [#11-1]* #5;	X 坐标

```
G0 X# 13 Y# 12;              孔心定位
Z# 7;                        快速下刀
IF［# 17 EQ 0］GOTO 10;
# 14= # 7- # 17;             分次钻进
WHILE［# 14 GT # 26］DO3
G1 Z# 14 F# 9;
G0 Z［# 14+ 2］;
Z［# 14+ 1］;
# 14= # 14- # 17;
END3;
N10 G1 Z# 26 F# 9;           一次钻进/或补钻
G0 Z# 7;                     抬刀至快进点
# 11= # 11+ 1;               列加 1
END2;
# 10= # 10+ 1;               行加 1
END1;
M99;


% 21（双向进刀）
# 10= 1;                     行变量
# 12= # 25;                  孔心 Y 坐标
# 13= # 24;                  X 坐标
# 15= 1;                     方向
WHILE［# 10 LE # 1］DO1;
# 11= 1 ;                    列变量
WHILE［# 11 LE # 2］DO2;
G0 X# 13 Y# 12;              孔心定位
Z# 18;                       快速下刀
IF［# 17 EQ 0］GOTO 10;
# 14= # 18- # 17;            分次钻进
WHILE［# 14 GT # 26］DO3;
G1 Z# 14 F# 9;
G0 Z［# 14+ 2］;
Z［# 14+ 1］;
# 14= # 14- # 17;
END3;
N10 G1 Z# 26 F# 9;           一次钻进/或补钻
G0 Z# 18;                    抬刀至快进点
# 11= # 11+ 1;               列加 1
# 13= # 13+ # 5* # 15;
END2;
# 13= # 13- # 15* # 5;
# 10= # 10+ 1;               行加 1
```

```
# 15= - # 15;
# 12= # 12+ # 4;
END1;
M99;
```

5.2 实例 2——圆周孔

在平时的加工生产中，经常会遇到在一个圆盘类零件上打均布的一些孔。对于孔数较少的，可以分别把几个坐标点写在钻孔命令中。但往往孔数有几十个甚至更多，在这种情况下，如果还采用前一种方法，那么消耗在程序准备的时间太长，不符合现实的生产加工。

本例零件图纸如图 5-2 所示。

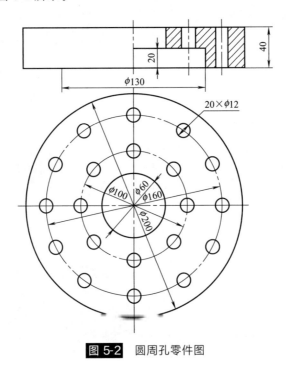

图 5-2 圆周孔零件图

5.2.1 学习目标及要领

（1）学习目标

能够使用宏程序或者其他编程方法解决盘孔类典型零件。

（2）掌握要领

① 掌握简单的 A 类宏程序和 B 类宏程序。

② 能够对重复形状尺寸的零件，使用简单的编程方法快速进行编程。

5.2.2 工、量、刀具清单

工、量、刀具清单如表 5-3 所示。

▣ 表 5-3　工、量、刀具清单

名　称	规　格	精　度	数　量
中心钻	A2.5 中心钻		1
麻花钻	ϕ11.8mm 的钻头		1
机用铰刀	ϕ12H8	H8	1
偏心式寻边器	ϕ10	0.02mm	1
游标卡尺	0～150 0～150（带表）	0.02mm	各 1
垫块，拉杆， 压板，螺钉	M16		若干
扳手	12″,10″		各 1 把
锉刀	平锉和什锦锉		1 套
毛刷	50mm		1 把
铜皮	0.2mm		若干
棉纱			若干

5.2.3　工艺分析及具体过程

针对这种圆周孔的加工，通常有以下几种方法。

① 各个坐标点相连。

② 运用数控系统自带的特殊循环加工，像三菱系统就具备棋盘孔、圆周孔等特殊循环，在加工中只需按照正确的格式就能完成加工需要。

③ 运用宏程序。

④ 运用其他程序指令变通运用，简化编程。如使用极坐标、旋转指令等。

零件加工工艺过程如下。

（1）加工准备

① 认真阅读零件图，检查坯料尺寸。

② 编制加工程序，输入程序并选择该程序。

③ 用平口钳装夹工件，伸出钳口 3mm 左右，用百分表找正上平面和各条边。

④ 安装寻边器，确定工件零点为坯料的左下角，设定零点偏置。

⑤ 根据编程时刀具的使用情况，需编制刀具及切削参数表见表 5-4，对应刀具表依次装入刀库中，并设定各长度补偿。

（2）点孔

使用 T1 号 A2.5 中心钻点孔。

（3）钻孔

调用 T2 号 ϕ11.8mm 的钻头。

（4）铰孔

调用 T3 号 ϕ12H8 铰刀。

5.2.4　参考程序与注释

程序设计方法说明：对于这种零件，除了使用宏程序外，还可以使用旋转指令加子程序或者结合极坐标功能达到同样的编程效果，下面先用极坐标方法对上图零件编制示例程序。

▣ **表 5-4　刀具及切削参数表**

工步号	工步内容	刀具号	刀具类型	切削用量			备　　注
				主轴转速 /r·min⁻¹	进给速度 /mm·min⁻¹	背吃刀量 /mm	
1	钻中心孔	T01	A2.5 中心钻	1800	60		
2	钻孔	T02	φ11.8mm 的钻头	800	80	5	
3	铰孔	T03	φ12H8 铰刀	240	50		

表头说明：主轴转速 /r·min⁻¹；进给速度 /mm·min⁻¹；背吃刀量 /mm。

（1）使用极坐标编程

O0040;	
G15 G40 G90 G49;	机床加工初始化
M06 T01;	换 T01 号刀具
G54 G0 G90 X0 Y0 Z100. S1800 M03;	选择 G54 机床坐标系，刀具定位
Z3.;	刀具接近工件表面
G16;	打开极坐标功能
G99 G82 X50. Y0 Z-2.5. R2. P1500 F60;	使用 G82 固定循环，在孔底暂停 1.5s，因孔数较多，而且无台阶面，故采用加工完一个孔后返回到 R 平面，以减短加工路线
G91 Y45. K8.;	采用增量方式，45°增量角度，加工个数为 8 个
G90 G0 Z3.;	以绝对方式抬刀离开工件表面 3mm
G82 X80. Y0 Z-2.5 R2. F80;	加工 φ160 圆周上的圆周孔
G91 Y30. K12.;	采用增量方式，30°增量角度，加工个数为 12 个
G15 G90 G0 Z30.;	取消极坐标，以绝对方式快速离开工件表面
M06 T02;	换 T02 号刀具
G43 H02 Z100.;	执行刀具长度补偿，补偿地址号 H02
G0 G90 X80. Y0 Z100. S800 M03;	刀具重新定位
Z3. M08;	接近工件表面，打开冷却液
G16;	打开极坐标功能
G81 X80. Y0 Z-43. R2. F80;	采用 G81 固定循环，钻孔到所需深度
G91 Y30. K12.;	采用增量方式，30°增量角度，加工个数为 12 个
G90 G0 Z3.;	刀具以绝对方式快速上抬
G81 X50. Y0 Z-24. R2. F80;	钻削仕 φ100 圆周上的圆周孔
G91 Y45. K8.;	采用增量方式，45°增量角度，加工个数为 8 个
G15 G90 G0 Z30.;	取消极坐标，以绝对方式快速离开工件表面
M06 T03;	换 T03 号刀具
G43 H03 Z100.;	执行刀具长度补偿，补偿地址号 H03
G0 G90 X50. Y0 Z100. S240 M03;	刀具重新定位
Z3.;	刀具接近工件表面
G16;	打开极坐标功能
G86 X50. Y0 Z-24. R2. P1500 F50;	使用 G86 固定循环执行铰孔动作。在编程中，编程者需注意，固定循环的功能并不是固定的，编程时可根据加工的需要，选择相应走刀动作的固定循环，比如 G86 虽然是镗孔的固定循环指令，但在铰孔时需要让铰刀在孔底主轴停转，然后刀具上拉，G86 正是这样的走刀动作，那么就拿来做铰孔

```
G91 Y45. K8. ;                          采用增量方式，45°增量角度，加工个数为 8 个

G90 G0 Z3. ;                            刀具以绝对方式快速上抬

G86 X80. YO Z- 43. R2. P1500 F80;       铰削另一圆周孔；在此行程序中读者可能对暂停时间 P 有
                                        疑问，因为平时一般教材上都没有用 P。这是因为一般都
                                        不需要使刀具在孔底执行暂停动作，所以都省去不写，固
                                        定循环的完整格式里面都包含有 P、K、Q 等地址符

G91 Y30. K12. ;                         采用增量方式，30°增量角度，加工个数为 12 个

G15 G90 G0 Z30. ;                       刀具上抬

G91 G30 Y0 ;                            工作台退到 Y 轴的零位上，以便于操作者检测

M30;                                    程序结束
```

（2）使用宏指令编程

主程序：

```
O0043;

G15 G40 G90 G49;                        机床加工初始化

M06 T01;                                换 T01 号中心钻

G54 G0 G90 X0 Y0 Z100. S1800 M03;

G43 H01 Z1001;

G65 P0045 X0 Y0 A0 B45 I50 K8 R2 Z- 3 Q0 F60;

G65 P0045 X0 Y0 A0 B30 I80K12 R2 Z- 3 Q0 F60;

G0 G49 Z120;

M06 T02;                                φ11.8mm 的钻头

G54 G0 G90 X0 Y0 Z100. S800 M03;

G43 Z50 H2;

G65 P0045 X0 Y0 A0 B45 I50 K8 R2 Z- 22 Q2 F60;

G65 P0045 X0 Y0 A0 B30 I80 K12 R2 Z- 42 Q2 F60;

G0 G49 Z120;

M06 T03;                                换 T03 号 φ12H8 铰刀

G54 G0 G90 X0 Y0 Z100. S240 M03;

G43 H03 Z100;

G65 P0045 X0 Y0 A0 B45 I50 K8 R2 Z- 3 Q0 F50;

G65 P0045 X0 Y0 A0 B30 I80K12 R2 Z- 3 Q0 F50;

G0 G49 Z120;

G91 G30 Y0;

M30;
```

宏程序调用参数说明：

```
X (# 24), Y (# 25) ——阵列中心位置

A (# 1) ——起始角度

B (# 2) ——角度增量（孔间夹角）

I (# 4) ——分布圆半径

K (# 6) ——孔数

R (# 7) ——快速下刀高度

Z (# 26) ——钻深
```

Q（# 17）——每次钻进量，Q= 0，则一次钻进到指定深度

F（# 9）——钻进速度

```
O0045;
# 10= 1;                             孔计数变量
WHILE［# 10 LE # 6］DO1;
# 11= # 24+ # 4* COS［# 1］;           X
# 12= # 25+ # 4* SIN［# 1］;           Y
G90 G0 X# 11 Y# 12;                  定位
Z# 7;                               快速下刀
IF［# 17 EQ 0］GOTO 10;
# 14= # 7- # 17;                     分次钻进
WHILE［# 14 GT # 26］DO2;
G1 Z# 14 F# 9;
G0 Z［# 14+ 2］;
Z［# 14+ 1］;
# 14= # 14- # 17;
END2;
N10 G1 Z# 26 F# 9;                   一次钻进/或补钻
G0 Z# 7;                            抬刀至快进点
# 10= # 10+ 1;                       孔数加 1
# 1= # 1+ # 2;                       孔分布角加角度增量
END1;
M99;
```

5.3 实例 3——半球

零件图纸如图 5-3 所示。

5.3.1 学习目标及要领

（1）学习目标

能够熟练使用宏程序编程，对宏程序的建模有一定的思维能力。

（2）掌握要领

① 掌握简单的 A 类宏程序和 B 类宏程序。

② 能够对宏程序的一些典型零件进行编程。

5.3.2 工、量、刀具清单

工、量、刀具清单如表 5-5 所示。

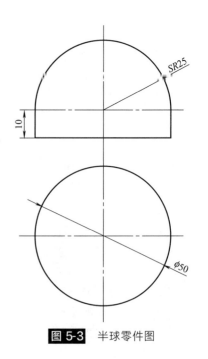

图 5-3　半球零件图

⊡ 表 5-5 工、量、刀具清单

名　　称	规　　格	精　　度	数　　量
键槽铣刀	φ12 键槽立铣刀		1
半径规	R22.5～29.5		1 套
偏心式寻边器	φ10	0.02mm	1
游标卡尺	0～150 0～150(带表)	0.02mm	各 1
垫块,拉杆, 压板,螺钉	M16		若干
扳手	12″,10″		各 1 把
锉刀	平锉和什锦锉		1 套
毛刷	50mm		1 把
铜皮	0.2mm		若干
棉纱			若干

5.3.3 工艺分析及具体过程

此零件加工的内容为半球体,依据图形可以得知要加工的这一回转面为直角三角形,因此采用勾股定理建立模型,详见建模图 5-4 编制宏程序,选择合适的刀具进行加工。

参数设定说明

♯1	25	球体的半径
♯2	0	球体 Z 方向起始值
♯3		球体 X 方向值

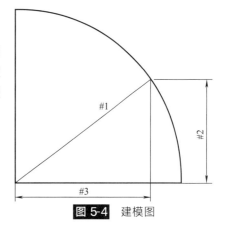

图 5-4　建模图

零件加工工艺过程如下。

① 加工准备。

a. 认真阅读零件图,检查坯料尺寸。

b. 编制加工程序,输入程序并选择该程序。

c. 用三爪装夹工件,把需加工部位伸出,用百分表找正。

d. 安装寻边器,确定工件零点(应注意此工件的编程原点在球心,故在对刀时应将工件表面距球心的距离偏置进去)。

e. 根据编程时刀具的使用情况需编制刀具及切削参数表见表 5-6,对应刀具表依次装入刀库中,并设定各刀具长度补偿。

② 将材料铣削成 φ50 高 35 的圆柱。

③ 使用 φ12 键槽立铣刀铣削圆球。

④ 去毛刺,按图纸尺寸检验加工的零件。

□ 表 5-6　刀具及切削参数表

工步号	工步内容	刀具号	刀具类型	切削用量			备　注
				主轴转速 /r·min⁻¹	进给速度 /mm·min⁻¹	背吃刀量 /mm	
1	铣球头	T01	φ12 键槽立铣刀	1000	100	1	

5.3.4　参考程序与注释

程序设计方法说明：此零件加工时，编程原点在球心位置。采用自上而下加工的方法。参考程序与注释如下。

```
O0001;
G15 G40 G49 G80;                         机床加工初始化
M06 T1;                                  自动换取 T01 φ12 键槽立铣刀
G54 G90 G0 X0 Y0 M03 S1000;              选择 G54 加工坐标系，使用绝对编程方式并定
                                         位刀具位置
G43 Z50 H1 M08;                          执行刀具长度补偿并打开冷却液
G0 Z10.;                                 刀具接近工件表面
#1= 25;                                  球体半径
#2= 25;                                  球体 Z 方向起始值
N10 #3= SQRT [[#1*#1] - [#2*#2]];        计算 X 方向值
G42G1X [#3] F100D01;                     X 方向加右刀补
Z [#2];                                  Z 方向进给
G2I [-#3] F150;                          顺时针铣削
#2= #2-1;    给#2赋值#2= #2-1,            Z 方向高度每循环一次递减一个值
IF [#2LE0] GOTO10;                        #2 小于等于 0 时跳至 N10，并循环，直至满
                                         足条件
G40 G01 X0 Y0;                            取消刀补
G0 Z30.;                                 刀具上拉
M30;                                     程序结束
```

小提示：加工半球同样可以采用球头铣刀进行编程，如果要求球的表面质量较高可将宏程序式"#2＝#2－1"中的"1"变为更小。

5.4　实例 4——椭圆板

零件图纸如图 5-5 所示。

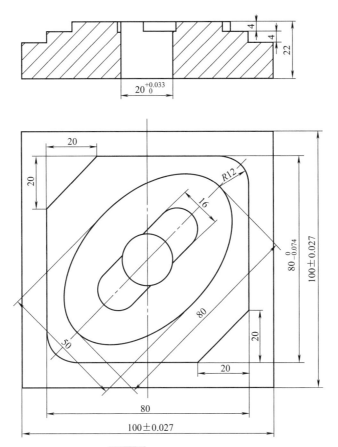

图 5-5　椭圆板零件图

5.4.1　学习目标及要领

（1）学习目标

能加工较复杂的综合类零件，能熟练地保证精镗孔及内外轮廓的精度，并能使用宏程序加工椭圆等典型零件。

（2）掌握要领

① 能够使用坐标系旋转指令（G68，G69），简化编程量。

② 能够使用角度倒角、拐角圆弧简化编程。

③ 掌握镗削加工过程中的注意事项。

④ 能够通过刀具半径补偿功能的运用，划分零配件加工的粗精加工，以满足精度要求。

5.4.2　工、量、刀具清单

工、量、刀具清单如表 5-7 所示。

5.4.3　工艺分析及具体过程

零件加工工艺过程如下。

（1）加工准备

① 认真阅读零件图，检查坯料尺寸。

▣ 表 5-7　工、量、刀具清单

名　　称	规　格	精　度	数　量
立铣刀	$\phi 20$ $\phi 10$ $\phi 12$		各 2
镗刀	$\phi 18\sim\phi 25$		1 套
钻头	$\phi 19$ 的钻头		1
中心钻	A2.5		1
杠杆百分表及表座	$0\sim0.8$	0.01mm	1 个
偏心式寻边器	$\phi 10$	0.02mm	1
内径百分表	$18\sim35$	0.01mm	1 套
外径千分表	$0\sim10$mm	0.01mm	1 套
游标卡尺	$0\sim150$ $0\sim150$(带表)	0.02mm	各 1
千分尺	$0\sim25,25\sim50,$ $50\sim75$	0.01mm	各 1
粗糙度样板	$N0\sim N1$	12 级	1 副
半径规	$R7\sim14.5$		1 套
深度游标卡尺	$0\sim200$	0.02mm	1 把
垫块,拉杆,压板,螺钉	M16		若干
扳手,锉刀	$12''$,$10''$		各 1 把

② 编制加工程序，输入程序并选择该程序。

③ 用平口钳装夹工件，伸出钳口 15mm 左右，用百分表找正。

④ 安装寻边器，确定工件零点为坯料上表面的中心，设定零点偏置。

⑤ 根据编程时刀具的使用情况需编制刀具及切削参数表见表 5-8，对应刀具表依次装入刀库中，并设定各长度补偿。

▣ 表 5-8　刀具及切削参数表

工步号	工步内容	刀具号	刀具类型	切削用量			备注
				主轴转速 /r·min^{-1}	进给速度 /mm·min^{-1}	背吃刀量 /mm	
1	粗铣外轮廓	T01	$\phi 20$ 三刃立铣刀	800	80	4.8	
2	半精铣、精铣外轮廓	T02	$\phi 10$ 四刃立铣刀	1200	50	5	
3	钻中心孔	T03	A2.5 中心钻	1500	60	2.5	
4	钻 孔	T04	$\phi 19$ 钻头	600	80	19	
5	镗孔	T05	镗刀	400	40	1	
6	粗铣键槽	T06	$\phi 12$ 粗立铣刀	600	120	4	
7	半精铣、精铣键腰形槽	T07	$\phi 12$ 精立铣刀	1000	50	4	

（2）粗铣外轮廓

① 使用 T1 号 $\phi 20$ 的立铣刀粗铣外轮廓，留 0.3mm 单边余量。

② 铣椭圆轮廓。

③ 实测工件尺寸，调整刀具参数，精铣外轮廓至要求尺寸。

（3）精铣外轮廓

① 使用 T2 号 φ10 的立铣刀精铣外轮廓至尺寸要求。

② 铣椭圆轮廓至尺寸要求。

（4）加工孔

① 调用 T3 号 A2.5 的中心钻，设定刀具参数，选择程序，打中心孔。

② 换 T4 号刀具 φ19 的钻头，设定刀具参数，钻通孔。

③ 调用 T5 号镗刀，粗镗孔，留 0.4mm 单边余量。

④ 调整镗刀，半精镗孔，留 0.1mm 单边余量。

⑤ 使用已经调整好的内径百分表测量孔的尺寸，根据余量调整镗刀，精镗孔至要求尺寸。

（5）铣键槽

① 换 T06 号 φ12 粗立铣刀，粗铣键槽，留 0.3mm 单边余量。

② 换 T07 号 φ12 精立铣刀，半精铣键腰形槽，留 0.1mm 单边余量。

③ 测量腰形尺寸，调整刀具参数，精铣键槽至要求尺寸。

5.4.4　参考程序与注释

程序设计方法说明：粗铣、半精铣和精铣时使用同一加工程序，只需要调整刀具参数分 3 次调用相同的程序进行加工即可。精加工时换精加工的刀具加工。

铣削外形和椭圆轮廓主程序

O0001;	主程序
G90 G40 G49 G80;	加工初始化
M06 T01;	换 01 号刀具
G54 G0 X65.Y0;	选用 G54 加工坐标系，刀具定位
G43 H01 Z100.S800 M03;	执行刀具长度补偿，主轴旋转
G01 Z- 4.F100;	刀具下刀
M98 P11;	调用 O11 号子程序
G01 Z- 8.F100;	下第二层深度
M98 P11;	调用 O11 号子程序
G68 X0 Y0 R45.;	执行旋转功能
G00 G42 X50.Y0 D01;	执行刀具补偿功能，建立右刀补
G01 Z- 4.F60;	下刀
M98 P12;	调用 O12 号子程序
G0 Z30.;	刀具快速上拉
G69;	取消旋转指令
M06 T02;	换 02 号刀具
G43 H02 Z100.S1200 M03;	执行刀具长度补偿，补偿地址号为 02 号，主轴旋转
G0 X65.Y0;	刀具定位
G01 Z- 8.F100;	刀具下刀
M98 P11;	调用 O11 号子程序，执行精加工
G68 X0 Y0 R45.;	执行旋转指令

G00 G42 X50. Y0 D02;	执行刀具补偿功能，建立右刀补，刀补地址号为 D02
G01 Z- 4. F60;	下刀
M98 P12;	调用 O12 号子程序
G0 Z30.;	刀具快速上抬
G69;	取消旋转功能
M06 T03;	执行换刀命令，换 03 号刀具
G43 H03100. S1500 M03;	执行刀具长度，打开主轴
G82 X0 Y0 Z- 4. R5. P2500 F60;	使用 G82 固定循环加工中心孔，在孔底暂停 2.5s
G0 Z100.;	刀具快速上抬
M06 T04;	执行换刀命令
G43 H04 Z100. S600 M03;	执行刀具长度补偿，并打开主轴功能
G83 X0 Y0 Z- 28. R5. Q4. P1000 F80;	因加工的孔较深，故采用 G83 固定循环，以改善加工环境
G0 Z100.;	刀具快速上抬
M06 T05;	执行换刀命令，换 05 号刀具
G43 H05 Z100.;	执行刀具长度补偿，补偿号为 05 号
G0 Z5. M03 S400;	刀具接近工件表面，并打开主轴
G76 X0 Y0 Z- 23. R5. Q0. 1 F40;	使用 G76 精镗孔固定循环加工
G0 Z100.;	刀具快速上抬
M06 T06;	换 06 号刀
G43 H06 Z100.;	执行 06 号刀具长度补偿
Z30. S600 M03;	Z 轴定位，打开主轴
Z3.;	刀具接近工件表面
G68 X0 Y0 R45.;	打开旋转命令，旋转角度为 45°
M98 P13;	调用 O13 号子程序
G69;	取消旋转功能
G0 Z100.;	刀具上抬
G91 G30 Z0 Y0;	刀具返回 Z 轴换刀点，Y 轴的参考点
M30;	程序结束
O11;	铣外轮廓子程序
G00 X60. Y- 50.;	刀具定位
G42 G42 X41. Y- 45. D01 F200;	建立刀具右补偿
G01 Y41. F60;	
X- 21.;	
X- 41. Y21.;	
Y- 41.;	
X21.;	
G01 X41. Y- 20.;	
Y28.;	
G03 X28. Y40. R12.;	
G01 X- 20.;	
G01 X- 40. Y20.;	

```
G01 Y- 28. ;
G03 X- 28. Y- 40. R12. ;
G01 X20. ;
G01 X40. Y- 20. ;
G00 Z5. ;                                      刀具离开工件表面
G40 X60. Y0;                                    取消刀具补偿
M99;                                            子程序结束并返回到主程序


O12;                                            铣椭圆轮廓子程序
N5 # 101= 0;                                    # 101 赋初值, 刀具处于起始位置
N10 IF [# 101GT360] GOTO30;                     条件跳转语句, 直至椭圆加工完为止
N15 G1 X [40˚ COS (# 101) Y [25˚ SIN (# 101) ] F30;  刀具移动到 XY 值
N20 # 101= # 101+ 0. 1;                         变量条件增量
GOTO10;
M99;                                            子程序结束并返回到主程序


O13;                                            铣键槽子程序
G00 X0 Y0;                                      刀具定位
G01 Z- 4. F80;                                  下刀
G01 G41 X17. Y8. D1 F60;                        建立刀补
G01 X- 17. ;
G03 X- 17. Y- 8. R8. ;
G01 X17. ;
G03 X17. Y8. R8. ;
G00 Z5. ;                                       刀具离开工件表面
G00 G40 X0 Y0;                                  撤销刀补
M99;                                            子程序结束并返回主程序
```

第 6 章
FANUC 系统加工中心经典实例

本章将通过 4 个典型实例，来介绍基于 FANUC 系统的加工中心编程的各种方法与技巧，首先介绍型腔槽板的加工。

6.1 实例1——型腔槽板

零件图纸如图 6-1 所示。

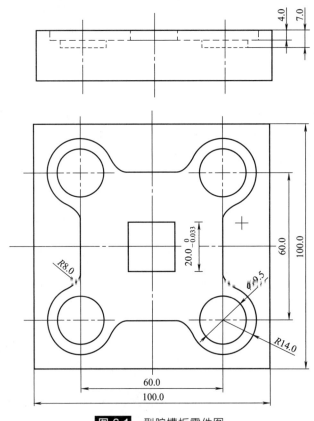

图 6-1 型腔槽板零件图

6.1.1 学习目标及要领

通过本例学习解决某些难以下刀建刀补或者根本无法建刀补的零件，要求掌握空中建刀补的方法。

6.1.2　工、量、刀具清单

工、量、刀具清单如表 6-1 所示。

▣ 表 6-1　工、量、刀具清单

名　　称	规　　格	精　　度	数　　量
立铣刀	$\phi12$ 的精四刃立铣刀 $\phi10$ 精三刃立铣刀		各 1
键槽铣刀	$\phi12$ 粗键槽立铣刀 $\phi10$ 粗键槽立铣刀		1
半径规	$R1\sim6.5$ $R7\sim14.5$		1 套
偏心式寻边器	$\phi10$	0.02mm	1
游标卡尺	$0\sim150$ $0\sim150$（带表）	0.02mm	各 1
千分尺	$0\sim25,25\sim50$, $50\sim75$	0.01mm	各 1
深度游标卡尺	$0\sim200$	0.02mm	1 把
垫块,拉杆,压板,螺钉	M16		若干
扳手,锉刀	$12''$,$10''$		各 1 把

6.1.3　工艺分析及具体过程

在加工这个零件之前需要对零件图纸进行工艺分析，选择合适的刀具以便在加工中使用；选择合理的切削用量，以能够在保证精度的前提下，尽量提高生产效益。在数控机床，特别是加工中心中，常会把以上几个需确定的加工因素用规定的图文形式记录下来，以作为机床操作者的数值依据。

（1）加工准备

① 认真阅读零件图，检查坯料尺寸。

② 编制加工程序，输入程序并选择该程序。

③ 用平口钳装夹工件，伸出钳口 5mm 左右，用百分表找正。

④ 安装寻边器，确定工件零点为坯料上表面的中心，设定零点偏置。

⑤ 根据编程时刀具的使用情况需编制刀具及切削参数表见表 6-2，对应刀具表依次装入刀库中，并设定各长度补偿。

（2）粗铣铣削内腔轮廓

① 使用 T01 号 $\phi12$ 粗键槽铣刀粗铣内腔轮廓，留 0.3mm 单边余量，粗铣时可采用增大刀补值来区分粗精加工（即刀具半径 10＋精加工余量＋0.3）

② 因为键槽铣刀中间部位也能参与切削，结合了钻头和立铣刀的功能，所以在加工一些封闭的内槽时，通常选用它。

（3）粗铣铣削四个内凹圆

仍旧使用 T01 号 $\phi12$ 粗键槽铣刀粗铣四个内凹圆，刀具半径补偿的方法和内腔轮廓相同。

▣ 表 6-2　刀具及切削参数表

工步号	工步内容	刀具号	刀具类型	切削用量			备注
				主轴转速 /r·min⁻¹	进给速度 /mm·min⁻¹	背吃刀量 /mm	
1	粗铣铣削内腔轮廓	T01	φ12 粗键槽立铣刀	800	180	4	
2	粗铣铣削四个内凹圆	T01	φ12 粗键槽立铣刀	750	160	3	
3	精铣内腔轮廓和四个内凹圆	T02	φ12 的精四刃立铣刀	1200	150	4 和 7	
4	粗加工 20×20 的正方	T03	φ10 粗键槽立铣刀	850	120	4	
5	精加工 20×20 的正方	T04	φ10 精三刃立铣刀	1350	100	4	

（4）精铣内腔轮廓和四个内凹圆

自动换 T02 号 φ12 的精四刃立铣刀并设定刀具参数，选择程序，打到自动挡运行程序。对于内腔的精加工一般选择刃数较多的立铣刀，这样可使整个加工过程比较平稳，有利于保证精度和粗糙度。

（5）粗加工 20×20 的正方

调用 T3 号 φ10 粗键槽立铣刀，设定刀具参数，选择程序，打到自动挡运行粗加工程序。

（6）精加工 20×20 的正方

调用 T4 号 φ10 精三刃立铣刀，设定刀具参数，选择程序，打到自动挡运行粗加工程序。

（7）检验

去毛刺，按图纸尺寸检验加工的零件。

6.1.4　参考程序与注释

程序设计方法说明：这个程序先把几个需要在粗精加工中两次使用的轮廓程序作为子程序，再通过主程序的调用来实现区分粗精加工。

```
O0001;                          程序名为 O0001
G40 G90 G49 G15;                机床加工初始化
M06 T01;                        换 T01 号 φ12 粗键槽铣刀
G43 H01 Z100.;                  执行刀具长度补偿
G54 G0 X0 Y0 Z100. S800 M03;    使用 G54 机床坐标系，刀具定位，主轴打开
Z3;                             接近工件表面
G41 X22. D01;                   建立左刀补，并把刀补建在离工件表面还有一段空间的地方，
                                然后再切削到工件表面处，以保证良好的粗糙度。因为这个
                                零件图的特殊性，建刀补没有充足的空间，所以在这个程序
                                里面使用了空中建刀补的方法
G01 Z- 4. F100;                 下刀（在加工前必须要复查是否在 G01 状态，否则有可能出
                                现撞机事故）
M98 P2;                         调用 O0002 号程序
G68 X0 Y0 R90.;                 使用旋转指令旋转 90°
M98 P2;                         调用 O0002 号程序
G68 X0 Y0 R180.;                使用旋转指令旋转 180°
```

M98 P2;	调用 O0002 号程序
G68 X0 Y0 R270.;	使用旋转指令旋转 270°
M98 P2;	再次调用 O0002 号程序
G1 Z2.F500;	刀具上抬
G0 Z10.;	快速离开工件表面
G40;	撤销刀具补偿
G0 X30.Y30.S750;	刀具重新定位在第一象限圆的上方
M98 P4;	调用 O0004 号程序
G0X- 30.Y30.;	刀具重新定位在第二象限圆的上方
M98 P4;	调用 O0004 号程序
G0Y- 30.X- 30.;	刀具重新定位在第三象限圆的上方
M98 P4;	调用 O0004 号程序
G0X30.Y- 30.;	刀具重新定位在第四象限圆的上方
M98 P4;	调用 O0004 号程序
G0 Z30.;	
M06 T02;	执行换刀命令，自动换取精加工 T02 号 ϕ12 的四刃立铣刀
G43 H02 Z100.;	
G54 G0 X0 Y0 Z100.S1200 M03;	使用 G54 机床坐标系，刀具定位，主轴打开
Z3;	接近工件表面
G41 X22.D01;	建立左刀补，并把刀补建在离工件表面还有一段空间的地方，然后再切削到工件表面处，以保证良好的粗糙度。因为这个零件图的特殊性，建刀补没有充足的空间，所以在这个程序里面使用了空中建刀补的方法
G01 Z- 4.F100;	下刀（在加工前必须要复查是否在 G01 状态，否则有可能出现撞机事故）
M98 P2;	调用 O0002 号程序
G68 X0 Y0 R90.;	使用旋转指令旋转 90°
M98 P2;	调用 O0002 号程序
G68 X0 Y0 R180.;	使用旋转指令旋转 180°
M98 P2;	调用 O0002 号程序
G68 X0 Y0 R270.;	使用旋转指令旋转 270°
M98 P2;	再次调用 O0002 号程序
G1 Z2.F500;	刀具上抬
G0 Z10.;	快速离开工件表面
G40;	撤销刀具补偿
G0 X30.Y30.S670;	刀具重新定位在第一象限圆的上方
M98 P4;	调用 O0004 号内圆子程序
G0X- 30.Y30.;	刀具重新定位在第二象限圆的上方
M98 P4;	调用 O0004 号内圆子程序
G0Y- 30.X- 30.;	刀具重新定位在第三象限圆的上方
M98 P4;	调用 O0004 号内圆子程序
G0X30.Y- 30.;	刀具重新定位在第四象限圆的上方
M98 P4;	调用 O0004 号内圆子程序

```
G0 Z30. ;                                刀具快速离开工件表面
M06 T03;                                  换 T03 号 φ10 键槽立铣刀
G43 H03 Z100. ;                           执行刀具长度补偿
G90 G54 G0 X- 30. Y- 45. Z100. S850 M03;
M98 P5;                                   调用 O0005 号内方子程序，粗加工内方
M06 T04;                                  换 T04 号 φ10 三刃立铣刀
G43 H04 Z100. ;                           执行刀具长度补偿
G90 G40 G54 G0 X- 30. Y- 45. Z100. S1350 M03;
M98 P05;                                  调用 O0005 号内方子程序，精加工内方
G91 G30 Z0 Y0;                            刀具回 Z 轴换刀点，返加 Y 轴的原点上，以方便测量
M30;                                      程序结束


O0002;                                    内腔子程序
X30. Y0 F200;
Y9. 5;
G02 X35. 1 Y17. R8. ;
G03 X17. Y35. 1 R- 14. ;
G02 X9. 5 Y30. R8. ;
G01 X0;
G69;                                      取消旋转
M99;                                      子程序结束并返回到主程序


O0004;                                    内圆子程序
G0 Z0. ;                                  接近工件表面
G01 Z- 7. F100;                           切削下刀
G42 G91 Y- 9. 75 D02 F200;                以 G91 增量方式切削建立右刀补，刀补地址为 D02
G02 J9. 75;                               走整圆指令
X- 9. 75 Y9. 75 R9. 75;                   多走一段圆弧，以避免欠切的情况产生
G01 X9. 75;                               走回圆弧的圆心
G00 11. ;                                 惜回绝对方式，刀具上抬 ?mm
G40;                                      撤销刀具半径补偿
M99;                                      子程序结束并返回到主程序


O0005;                                    加工 20×20 内方子程序
Z3. ;                                     接近工件表面
G41 X- 18. Y- 18. D03;                    建立左刀补，刀补地址为 D03
G01 Z- 4. F100;                           刀具切削下刀
X- 10. ;
Y10. ;
X10. ;
Y- 10. ;
X- 18. ;                                  刀具切削比需要的坐标值多一些
Z3. F600;                                 刀具快速上抬
```

| G0 Z30.; | 刀具快速离开工件表面 |
| M99 | 子程序结束并返回到主程序 |

6.2 实例 2——十字凸板

零件图纸如图 6-2 所示。

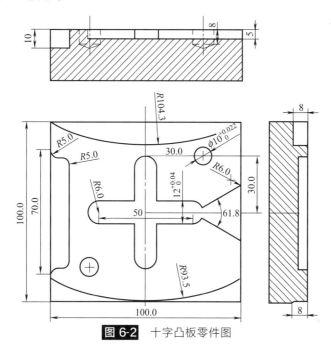

图 6-2 十字凸板零件图

6.2.1 学习目标及要领

（1）学习目标

通过本例学习拓宽编程思路，使程序能够最简化、最短化、最合理化。

（2）注意要领

① 使用寻边器确定工件零点时应采用碰双边法。

② 铣削外轮廓时，铣刀应尽量沿轮廓切向进刀和退刀。

③ 因立铣刀中间无切削刃，不能参与切削，故在铣削内十字槽时采用键槽刀，再用斜向下刀法，彻底改善下刀环境。

6.2.2 工、量、刀具清单

工、量、刀具清单如表 6-3 所示

▣ 表 6-3　工、量、刀具清单

名　　称	规　　格	精　　度	数　　量
立铣刀	φ20 四刃立铣刀 φ8 三刃立铣刀		各 1

续表

名　　称	规　　格	精　　度	数　　量
键槽铣刀	ϕ6 键槽铣刀		1
钻头	ϕ9.8mm 钻头		1
中心钻	A2.5		1
铰刀	ϕ10H8 机用		1
半径规	R1～6.5 R7～14.5		1 套
偏心式寻边器	ϕ10	0.02mm	1
内径百分表	18～35	0.01mm	1 套
外径千分表	0～10mm	0.01mm	1 套
游标卡尺	0～150 0～150(带表)	0.02mm	各 1
千分尺	0～25,25～50, 50～75	0.01mm	各 1
倒角钻	40×90°		1
深度游标卡尺	0～200	0.02mm	1 把
垫块,拉杆,压板,螺钉	M16		若干
扳手,锉刀	12″,10″		各 1 把

6.2.3　工艺分析及具体过程

此图为一个简单的平面轮廓图形，需加工 $2\times\phi10^{+0.022}_{\ \ 0}$，外轮廓及中间的十字槽。在加工中间十字槽时，需用到立铣刀。但选用立铣刀加工时，因为立铣刀自身的结构缺点，铣刀中间不能参与大深度的切削，所以在平常的内腔铣削时会通过各种方法来避免直接下刀。在实际的生产加工中通常有以下几种方法。

① 用键槽铣刀代替立铣刀，键槽铣刀把钻头和立铣刀的功能结合在了一起，它在下刀时不需要先预钻孔，可以直接缓慢下刀。

② 先用钻头打好钻眼，然后立铣刀在钻孔处下刀，再进行侧面铣削。

③ 采用斜向下刀或者螺旋下刀。此种方法会运用在后面的参考程序中。在编程时会发现图中有几个坐标点需要计算获得，见图 6-3。

零件加工工艺过程如下。

（1）加工准备

① 认真阅读零件图，并检查坯料的尺寸。

② 编制加工程序，输入程序并选择该程序。

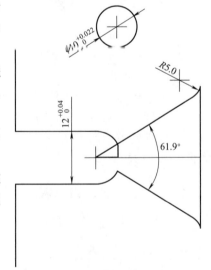

图 6-3 通过三角函数和三角形相形相似比算得各点

③ 用平口钳装夹工件，伸出钳口 16mm 左右。

④ 安装寻边器，确定工件零点为坯料上表面的中心，设定零点偏置。

⑤ 根据编程时刀具的使用情况编制刀具及切削参数表。见表 6-4，对应刀具表依次装入刀库中，并设定各长度补偿。

（2）铣外轮廓

使用 T1 号刀具铣外轮廓的两圆弧，分别粗精铣到所需要的尺寸。

▣ 表 6-4　刀具及切削参数表

工步号	工步内容	刀具号	刀具类型	切削用量			备注
				主轴转速 /r·min^{-1}	进给速度 /mm·min^{-1}	背吃刀量 /mm	
1	铣外轮廓	T01	ϕ20 三刃立铣刀	450	170	6	
2	铣左侧轮廓粗铣中间十字槽	T02	ϕ8 三刃立铣刀	800	80	5	
3	精铣十字槽及右边形状	T03	ϕ6 键槽铣刀	1200	60	5	
4	钻 $2\times\phi10^{+0.022}_{0}$ 中心孔	T04	A2.5 中心钻	1300	40		
5	钻 $2\times\phi10$ 孔	T05	ϕ9.8 的钻头	550	60	9.8	
6	铰 $2\times\phi10$ 孔	T06	ϕ10H8 铰刀	150	30	0.2	

（3）加工左边外形及粗铣中间槽

调用 T2 号刀具铣左侧轮廓，分别达到图纸要求。并粗加工中间槽，加工中间槽时，采用斜向下刀法。

（4）精加工中间槽及右边轮廓

调用 T3 号 ϕ6 的键槽铣刀，设定刀具参数，选择程序，打到自动挡运行程序，精加工到图纸尺寸。在加工右边轮廓圆角时，为了减少计算量，可以用 FANUC 的自动倒圆角功能。

（5）加工 $2\times\phi10^{+0.022}_{0}$ 的孔

① 换 T04 号 A2.5 中心钻，分别在孔位上引位。

② 换 T05 号 ϕ9.8 的钻头，钻孔到所需深度，在钻孔时需要考虑钻头钻尖的长度，一般为 2～5。

③ 换 T06 号 ϕ10H8 铰刀，铰削两孔。

6.2.4　参考程序与注释

程序设计方法说明：此程序并未编写精加工程序，只编制了一个轮廓的形状。在实际的加工操作中，可以运行一遍后，用量具按照图纸测量，再通过刀补去达到尺寸要求，有些已经达到图纸要求的可在操作时用程序跳越的功能跳过，如铰孔就可在二次加工时跳过。

```
O0001;                              参考程序
G80 G17 G49 G40 G15;                机床初始位
G91 G30 Z0;                         回到换刀点
M06 T01;                            执行换刀指令，换 01 号（φ20 三刃立铣刀）
```

G43 H01 Z100;	虽然 1 号刀是基准刀，但刀具长度补偿也可以加在后面，没用时设为 0，有偏置的情况就可以在长度地址里面输入
G90 G54 G0 X70.Y0 Z100.S450 M03;	刀具快速定位到 X70 Y0 的地方以方便建立刀补，主轴正转。采用绝对方式编程，使用 G54 坐标系
Z3.;	接近工件表面
G01 Z-8.F150;	下刀深度为 8mm
G41 X50.D01 F170;	建立左刀补，刀补号为 D01
Y-35.;	刀具移动到圆弧起点处
G02 X-50.R98.3;	执行 G02 顺时针插补
G01 Y50.;	
G03 X50.R104.7;	
G1 Y0;	刀具路线多走一段，一是可以去除少切情况，二是可以加工出较尖锐的棱角
G0 Z30.;	刀具上抬
G40;	取消刀补，注意：此行不能跟刀具上抬指令同行，否则会出现过切现象
M06 T02;	换 02 号（φ8 三刃立铣刀）
G43 H02 Z100.;	执行 2 号刀具长度补偿
G0 X-65.Y-55.Z100.S800 M03;	刀具定位到工件的左下角
Z3.;	刀具接近工件表面
G01 Z-10.F130;	刀具下刀切削，在操作中对于深度较大切削，可采用修改下刀的 z 值，逐层下刀
G41 X-50.D02 F80;	建立左刀补，刀补号为 D02
Y-35.;	加工左侧外形
G02 X-45.Y-30.R5.;	
G03 X-40.Y-25.R5.;	
G01 Y25.;	
G03 X-45.Y30.R5.;	
G02 X-50.Y35.R5.;	
G01 Y60.;	走刀路线拉长
G0 Z30.;	刀具上抬
G40;	取消刀补
X25.Y0;	快速移动到十字槽的中心处
Z3.;	接近工件表面
G01 Z0 F140;	以切削的状态到达 z 向的零位
X-25.Z-5.F100;	X 和 Z 同时进给，到达槽底
X25.;	因为上一步走的是一条斜线，所以刀具路线要再次往回走，以铣平斜面
X0 F500;	刀具快速地移动到 X0 位，因为这刀没有切削量，所以可以加大进给率，以达到 G00 的同等效应
Y25.F100;	切削到 Y 的坐标值上，这一步切记把进给率做到刀具能承受的值
Y-25.;	切削到 Y 的负方向值

Z5. F1000;	刀具上抬
G0 Z30.;	以 G00 快速上接，离开工件表面附近
M06 T03;	自动换 T03 号（φ6 键槽铣刀）
G43 H03 Z100;	刀具长度补偿地址为 H03 号
G90 G54 G0 X0 Y0 Z50. S1200 M03;	刀具移动到 X0, Y0 工件中心处
Z3.;	接近工件表面
G01 Z- 5. F130;	刀具下刀切削
G41 X- 25. Y6. D03 F60;	刀具移动到槽的左侧圆弧与直线的切点上建立左刀补
G3 Y- 6. R6.;	
G01 X- 6.;	
Y- 25.;	
G03 X6. R6.;	
G01 Y- 6.;	
X25.;	
G03 X30. 2 Y- 3. 1 R6.;	
G01 X50. Y- 15. R5.;	交点倒圆角
Y- 25.;	刀具顺着走刀方向再走一段
Y25.;	
X50. Y15. R5.;	交点倒圆角
G01 X30. 2 Y3. 1;	
G03 X25. Y6. R6.;	
G01 X6.;	
Y25.;	
G3 X- 6. R6.;	
G1 Y6.;	
X- 25.;	
G0 Z30.;	刀具上抬
G40;	取消刀补
M06 T04;	执行换刀命令，换 T04 号（A2.5 中心钻）
G90 G54 G0 X30. Y30. Z30. S1300 M03;	移动到孔位
Z8.;	接近工件表面
G82 Z- 3. R3. P1500 F40;	用 G82 命令打中心孔，在孔底暂停 1.5s
X- 30. Y- 30.;	打另一孔位
G0 Z30.;	刀具快速上抬
M06 T05;	换 T05 号（φ9.8 的钻头）
G43 H05 Z100.;	执行刀具长度补偿，长度补偿地址为 H05
S550 M03 Z8.;	打开主轴，接近工件表面
G81 Z- 12. R3. F60;	执行 G81 钻孔命令，因换刀前 XY 坐标都不曾动过，所以可以一直模态下来
X30. Y30.;	钻另一孔位
G0 Z30.;	刀具上抬
M06 T06;	换 T06 号（φ10H8 铰刀）
G43 H06 Z100.;	执行刀具长度补偿，长度补偿地址为 H06

127

```
S150 M03 Z5.;                   主轴打开，刀具接近工件表面
G85 Z- 8.F30 R3.;               使用 G85 固定循环铰孔
X- 30.Y- 30.;                   铰另一孔
G0 Z30.;                        刀具上抬
M30;                            程序结束
```

6.3 实例 3——泵体端盖底板

零件图纸如图 6-4 所示。

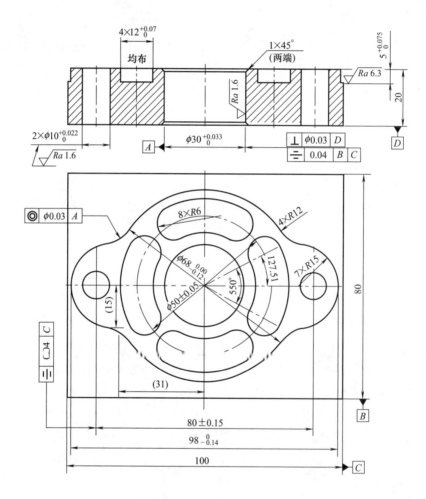

图 6-4 泵体端盖底板零件图

6.3.1 学习目标及要领

通过本例学习要求能够完成平面类较复杂零件的编程加工，及编程过程中的大量编程技巧。

6.3.2　工、量、刀具清单

工、量、刀具清单如表 6-5 所示。

⊡ **表 6-5　工、量、刀具清单**

名　　　称	规　　格	精　　度	数　　量
立铣刀	ϕ20 三刃立铣刀 ϕ20 四刃立铣刀 ϕ10 精三刃立铣刀		各 1
键槽铣刀	ϕ10 粗键槽铣刀		1
钻头	ϕ9.7mm 钻头 ϕ15 的钻头 ϕ28 的钻头 90°倒角钻头		各 1
中心钻	A2.5		1
铰刀	ϕ10H8 机用		1
镗刀	ϕ25～38		1 套
半径规	R1～6.5 R7～14.5		1 套
偏心式寻边器	ϕ10	0.02mm	1
内径百分表	18～35	0.01mm	1 套
外径千分表	0～10mm	0.01mm	1 套
游标卡尺	0～150 0～150(带表)	0.02mm	各 1
千分尺	0～25,25～50, 50～75	0.01mm	各 1
倒角钻	40×90°		1
深度游标卡尺	0～200	0.02mm	1 把
垫块,拉杆,压板,螺钉	M16		若干
扳手,锉刀	12″,10″		各 1 把

6.3.3　工艺分析及具体过程

分析时，主要从两个方面考虑：理论上的加工工艺必须达到图样的要求，同时又能充分发挥出机床的功能。

从图 6-4 中可以看出尺寸上要求比较高的有 $\phi30^{+0.033}_{0}$ 和 $2\times\phi10^{+0.022}_{0}$ 三个通孔。为了满足尺寸要求，在制订工艺过程中需特别注意。

零件加工工艺过程如下。

（1）加工准备

① 认真阅读零件图，检查坯料尺寸。

② 编制加工程序，输入程序并选择该程序。

③ 用平口钳装夹工件，伸出钳口 8mm 左右，用百分表找正。

④ 安装寻边器，确定工件零点为坯料上表面的中心，设定零点偏置。

⑤ 根据编程时刀具的使用情况需编制刀具及切削参数表（见表 6-6），对应刀具表依次

装入刀库中，并设定各长度补偿。

（2）铣外轮廓

① 使用 T1 号刀具粗铣外轮廓，留 0.3mm 单边余量，粗铣时可采用增大刀补值来区分粗精加工（即刀具半径 10＋精加工余量＋0.3）。

② 换 T2ϕ20mm 精四刃立铣刀，设定刀具参数，半精铣外轮廓，留 0.1 单边余量。

③ 实测工件尺寸，调整刀具参数，精铣外轮廓至要求尺寸。

（3）加工 2×$\phi 10^{+0.022}_{0}$ 孔

① 调用 T3 号刀具 A2.5 中心钻，由于钻头具有较长的横刃，定位性不好，因此采用中心钻先钻出两个 $\phi 10^{+0.022}_{0}$ 的中心孔。切削用量：$n＝1500$r/min，$F＝60$mm/min（在打中心孔时因整个加工目的就是为后面的钻头打引导孔，所以转速必须选择较高，否则可能会失去定心的作用）。

② 调用 T4 号 ϕ9.7mm 钻头，钻 2×ϕ10 孔（钻孔必须加注充分的冷却液，否则钻头易烧坏，冷却液必须在加工前浇注，避免刀具过热突然冷却）。

③ 换 T5 号刀具 ϕ10H8 铰刀并对刀，设定刀具参数，铰 2×ϕ10 至要求尺寸。

（4）加工 $\phi 30^{+0.033}_{0}$ 孔和倒角

① 调用 T6 号 ϕ15 的钻头并对刀，设定刀具参数，选择程序，打到自动挡运行程序钻通孔（因为钻头越大，横刃越厚，则钻削的阻力将增大，从而钻削时对于机床的功率会要求更高，加工时产生的振动也会比较大。所以对于较大孔径的钻削可以采用大钻头套小钻头的方法来有效避免这个问题）。

② 换 T7 刀具 ϕ28 的钻头并对刀，设定刀具参数，钻通孔。

③ 调用 T8 镗刀，粗镗孔，留 0.4mm 单边余量。

④ 调整镗刀，半精镗孔，留 0.1 单边余量。

⑤ 使用已经调整好的内径百分表测量孔的尺寸，根据余量调整镗刀，精镗孔至要求尺寸。

⑥ 换 T9 号 90°倒角钻，倒角 1×45°至尺寸要求。

（5）铣腰形槽

① 换 T10 号 ϕ10 粗立铣刀，粗铣腰形槽，留 0.3mm 单边余量。

② 换 T11 号 ϕ10 精立铣刀，半精铣腰形槽，留 0.1mm 单边余量。

③ 测量腰形尺寸，调整刀具参数，精铣腰形槽至要求尺寸。

▣ 表 6-6　刀具及切削参数表

工步号	工步内容	刀具号	刀具类型	切削用量			备注
				主轴转速 /r·min^{-1}	进给速度 /mm·min^{-1}	背吃刀量 /mm	
1	粗铣外轮廓	T01	ϕ20 三刃立铣刀	800	80	4.8	
2	半精铣、精铣外轮廓	T02	ϕ20 四刃立铣刀	1000	60	5	
3	钻 2×$\phi 10^{+0.022}_{0}$ 中心钻	T03	A2.5 中心钻	1500	60	2.5	
4	钻 2×ϕ10 孔	T04	ϕ9.7mm 钻头	600	80	9.7	
5	铰 2×ϕ10 孔	T05	ϕ10H8 铰刀	400	40	0.3	
6	加工 $\phi 30^{+0.033}_{0}$ 孔	T06	ϕ15 的钻头	500	60	15	

工步号	工步内容	刀具号	刀具类型	切削用量			备注
				主轴转速 /r·min⁻¹	进给速度 /mm·min⁻¹	背吃刀量 /mm	
7	钻 $\phi 28$ 的通孔	T07	$\phi 28$ 的钻头	450	70	28	
8	加工 $\phi 30^{+0.033}_{0}$ 孔	T08	镗刀	250	50	2	
9	倒角 $1 \times 45°$	T09	90°倒角钻	300	25	1	
10	粗铣腰形槽	T10	$\phi 10$ 粗键槽铣刀	600	125	4.8	
11	半精铣、精铣腰形槽	T11	$\phi 10$ 精立铣刀	900	100	4.9/5	

6.3.4　参考程序与注释

程序设计方法说明：有时候零件的粗精加工程序可只做粗加工的，而精加工的程序可通过机床上的复制或者做完粗加工后改一下刀补。此法也适用于既需打中心孔，又需钻孔、镗孔的零件，孔的位置间关系不变，那么只需修改固定循环方式、Z 向深度、切削用量等就可以得到加工程序。但此法一般来说只适用于单件小批量，如果批量大就必须得考虑连在一起。在需测量处可以用 M01 选择性停止，加工稳定后就可把选择性停止在机床上的控制按钮"可选停"关闭，加工此处时就当无此暂停指令。在铣腰形槽时用了一个增量旋转，这种方法能非常有效地减少程序的长度，但读者在学习使用时请注意程序中的细节，然后再自行编制。

（1）铣削外形

O0001;	外轮廓主程序
G49 G69 G40;	初始化各加工状态
T01 M06;	$\phi 20$ 三刃立铣刀
G43 H01 Z100.;	执行 11 号刀具长度补偿
G90 G54 G0 X80. Y0 Z10. S800 M03;	三轴联动快速移动到工件外侧，主轴正转
Z3. M08;	接近工件表面 3mm，冷却液打开
G01 Z-5. F150;	下刀至深度 5
G41 X55. Y0 D01 F80;	建立刀具半径补偿，补偿号为 D01
M98 P02;	调用 O0002 号子程序
G68 X0 Y0 R180.;	旋转 180°，起镜像的作用
M98 P02;	再次调用 O0002 号子程序
G69;	取消旋转
G01 X70. Y0;	离开工件表面
G0 Z100.;	Z 轴往上抬
G40 M09;	取消刀具半径补偿，冷却液停止
M05;	主轴停止
M01;	选择性停止，测量
G91 G30 Z0;	回换刀点
M06 T02;	换 2 号 $\phi 20$ 四刃立铣刀，精加工
G49 G69 G40;	加工初始化
G43 H02 Z100.;	执行刀具长度补偿，并快速移动到 Z100 位置

```
G90 G54 G0 X80. Y0 Z10. S1000 M03;
Z3. ;
G01 Z- 5. F150;
G41 X55. Y0 D02 F60;                  建立刀具半径补偿，补偿号为 D02
M98 P02;
G68 X0 Y0 R180. ;
M98 P02;
G69;
G01 X70. Y0;
G40;
G0 Z30. ;
G91 G30 Z0 Y0;                        Z 轴往上抬，工件移到外侧，以便测量
M30;                                  主轴，冷却液，进给停止，程序结束


O0002;                                外轮廓子程序
G01 X49. Y0;
G2 X35. 89 Y- 14. 88 R15. ;
G03 X27. 64 Y- 19. 8 R12. ;
G02 X- 27. 64 R34. ;
G03 X- 35. 89 Y- 14. 88 R12. ;
G02 X- 49. Y0 R15. ;
M99;                                  子程序结束，并返回到主程序
```

（2）加工 $2 \times \phi 10^{+0.022}_{0}$

```
O0003;                                加工 2×φ10⁺⁰·⁰²² 孔程序
G40 G49 G69;
T03 M06;                              A2. 5 中心钻
G43 H03 Z100. ;
G90 G54 G0 X40. Y0 Z10. S1500 M03;
Z3. ;
G82Z- 4. R5. P2000 F60;               在孔底暂停 2s，起充分的定心
X- 40. ;                              加工另外一个孔位
G80;
G91 G30 Z0;
M06 T04;                              φ9. 7mm 钻头
G43 H04 Z100;
G90 G54 G0 X40. Y0 Z10. S600 M03;
Z3;
M08;                                  打开冷却液
G73 Z- 25. R3. Q4 F80;                因孔较深，所以采用 G73
X- 40. ;
G80;
G0 Z100;
M01;                                  选择性停止
```

```
G91 G30 Z0;
M06 T05;                                 ϕ10H8 铰刀
G43 H05 Z100.;
G90 G54 G0 X40.Y0 Z10.S400 M03;
Z3.;
G82 Z-25.R3.P1000 F40;
X-40.;
G80;
G0 Z100.;
M09;                                     在主轴停止旋转前关闭冷却液, 可以让主轴起到甩干
                                         作用
G91 G30 Z0 Y0;                           返回 Z 向换刀点, 工件退到机床的 Y 向零件点上, 以便
                                         测量, 检查
M30;                                     程序结束
```

（3）加工 $ϕ30^{+0.033}_{0}$ 孔和倒角

```
O0004;                                   加工 ϕ30⁺⁰·⁰³³ 孔和倒角
G40 G49 G69;                             加工初始化
G91 G30 Z0;
M06 T06;                                 ϕ15 的钻头
G43 H06 Z100;
G90 G54 G0 X0 Y0 Z10.S500 M03;
M08;                                     打开冷却液
G73 Z-27.R2.Q3.F60;                      执行钻孔
G91 G30 Z0;
M06 T07;                                 ϕ28 的钻头
G40 G49 G69;
G43 H07 Z100.;
G90 G54 G0 X0 Y0 Z10.S450 M03;
G73 Z-30.R2.Q5.F70;                      因孔中间已被打空, 加工环境大为改善, 故 Q 值应增大,
                                         以提高生产率
G91 G30 Z0;
M06 T08;                                 镗刀
G43 H08 Z100.;
G90 G54 G0 X0 Y0 Z10.S250 M03;
G85 Z-27.R3.F50;                         粗镗采用 G85
G0Z 100;
Y80.;                                    工作台 Y 方向退回, 以便测量
M09;                                     关闭冷却液
M05;                                     停止主轴
M01;
G90 G54 G0 X0 Y0 Z10.S400 M03;
G76 Z-30.R3.Q0.2 F40;                    执行精镗孔命令
G0 Z100.;
```

```
G91 G30 Z0;
M06 T09;                                    换 09 号倒角刀
G90 G54 G0 X0 Y0 Z10. S300 M03;
Z3. ;
G01 Z2. F150;                               接近加工表面
Z- 1. F25;
G04 P2000;                                  延迟 2s, 以提高表面精度
G0 Z100. ;
G91 Z0 Y0;
M30;                                        程序结束
```

（4）铣腰形槽

```
O0005;                                      腰形槽主程序
G40 G49 G80 G69;
M06 T10;                                    φ10 键槽铣刀
G43 H11 Z100. ;
G90 G54 X0 Y0 Z10. S600 M03;
M98 P0040006;                               调用 O6 号程序 4 次
G0 Z30. ;
G69 G40;                                    取消旋转, 取消刀具半径补偿
G91 G30 Z0;
M06 T11;                                    φ10 精立铣刀
G43 H11 Z100. ;                             Z 向的精加工也可以通过改变偏置值来保证
G90 G54 X0 Y0 Z10. S900 M03;
M98 P0040007;                               调用 O7 号子程序 4 次
G0 Z30. ;
G69 G40;
G0 Z100. ;
G91 G30 Z0 Y0;
M30;                                        程序结束
```

（5）腰形槽粗加工子程序

```
O0006;
G90 G00 X25 Y0;
G01 Z- 5. F30;
G01 G41 X16. 853 Y- 8. 773 D10 F60;         建立 D10 号刀补
G03 X16. 853 Y8. 773 R19. ;
G02 X27. 497 Y14. 314 R6. ;
Y- 14. 314 R31. ;
G02 X16. 853 Y- 8. 773 R6. ;
G00 Z1. ;
G40;
G91 G68 X0. Y0. R90. ;                      以角度增量的方式旋转
G90;                                        转换回 G90 绝对状态
M99;                                        子程序结束, 并返回主程序
```

（6）腰形槽精加工子程序

```
O0007;
G90 G00 X25 Y0;
G01 Z- 5. F30;
G01 G41 X16. 853 Y- 8. 773 D11 F60;        建立 D11 号精加工刀补
G03 X16. 853 Y8. 773 R19. ;
G02 X27. 497 Y14. 314 R6. ;
Y- 14. 314 R31. ;
G02 X16. 853 Y- 8. 773 R6. ;
G00Z1. ;
G40;
G91 G68 X0. Y0. R90. ;                      以角度增量的方式旋转
G90;                                        转换回 G90 绝对状态
M99;                                        子程序结束，并返回主程序
```

6.4　实例 4——组合零件的加工

如图 6-5～图 6-7 所示为所加工零件的装配图和零件图。

6.4.1　学习目标及要领

（1）学习目标

通过本实例的学习，掌握组合零件的编程加工方法、刀具轨迹路线及进刀与退刀路线的设计。

（2）学习要领

充分考虑和利用数控机床的特点，发挥其优势，合理安排工艺路线，协调数控铣削工序与其他工序之间的关系，确定数控加工工序的内容和步骤，并为程序编制准备必要的条件。掌握宏程序编写方法，可用变量执行相应操作，实际变量值可由宏程序指令赋给变量。

6.4.2　加工方案确定

（1）工艺分析

此工件为配合件。根据图样要求，可先加工件 1，完工后再配件 2；图样中可以看到轮廓的周边曲线圆弧和表面粗糙度值要求都较高，零件的装夹采用平口钳。将工件坐标系建立在工件上表面零件的对称中心处。$\phi 30^{+0.021}_{0}$ mm 孔需要进行镗削加工。$SR35$ mm 圆球面可以使用变量编程方式完成。

（2）工艺方案（表 6-7、表 6-8）

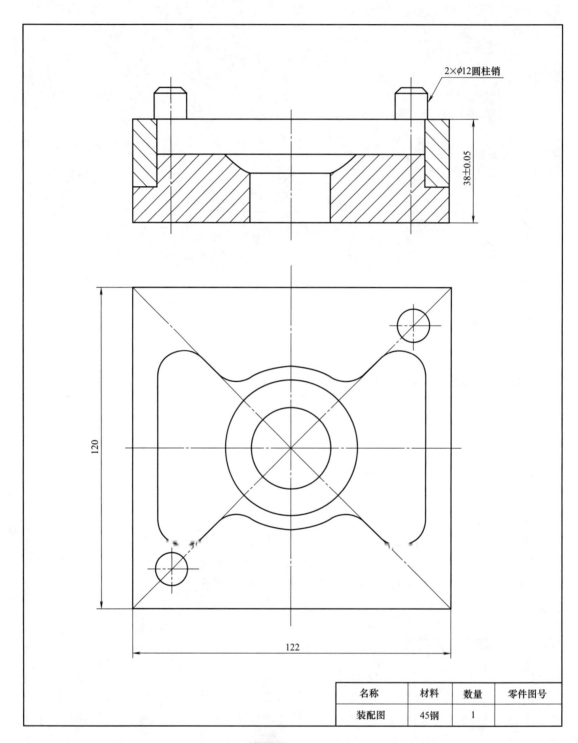

图 6-5 装配图

名称	材料	数量	零件图号
装配图	45钢	1	

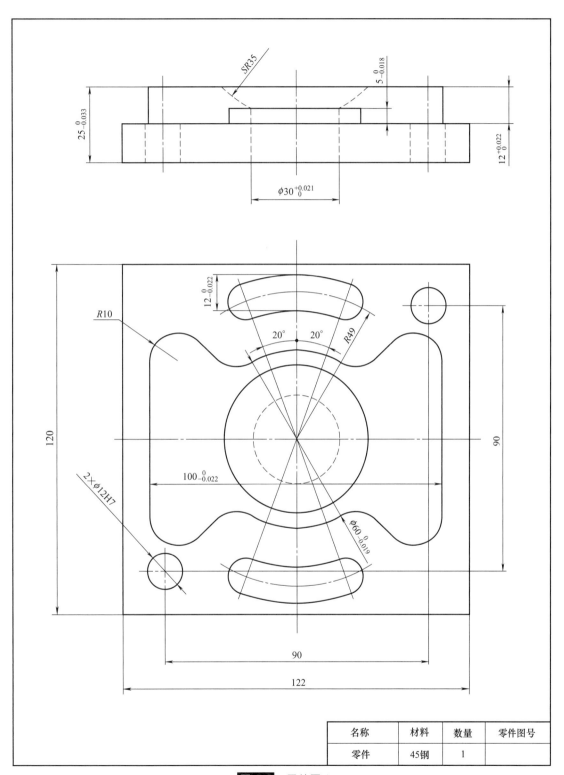

图 6-6　零件图 1

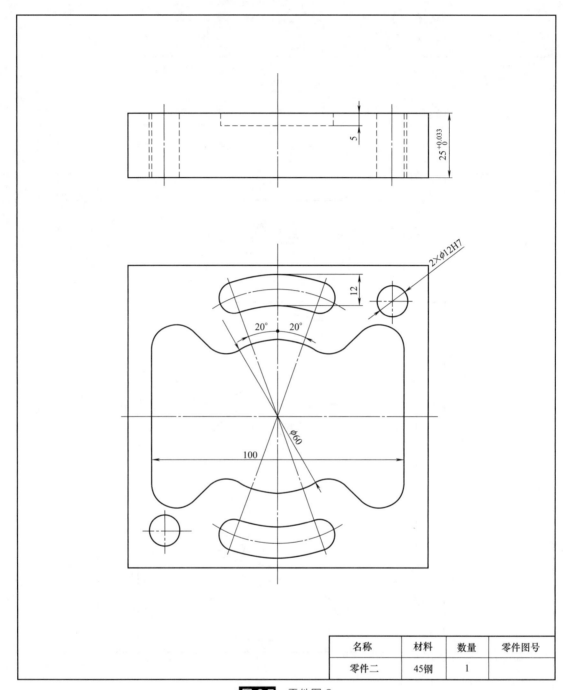

名称	材料	数量	零件图号
零件二	45钢	1	

图 6-7　零件图 2

▫ 表 6-7　加工件 1

序号	加工内容	刀具号	刀具名称	刀具长度补偿号	主轴转速 /r·min^{-1}	进给速度 /mm·min^{-1}
1	通过垫铁组合，保证工件上表面伸出平口钳的距离大于 12mm，并找正，X、Y 向原点设为工件中心，Z 向尺寸为工件表面					

序号	加工内容	刀具号	刀具名称	刀具长度补偿号	主轴转速 /r·min⁻¹	进给速度 /mm·min⁻¹
2	铣顶面,保证高度尺寸 $25_{-0.033}^{0}$ mm	T01	ϕ80mm 可转位面铣刀	H01/D01	600	200
3	铣两个腰形顶面	T01	ϕ80mm 可转位面铣刀	H11/D11	600	200
4	铣外轮廓周边	T02	ϕ10mm 立铣刀	H02/D02	1500	100
5	铣两个腰形凸台周边	T02	ϕ10mm 立铣刀	H12/D12	1500	100
6	钻孔 ϕ11.8mm	T04	ϕ11.8mm 钻头	H04	1000	100
7	扩孔 ϕ11.95mm	T02	ϕ10mm 立铣刀	H22/D22	1500	100
8	扩孔 ϕ29.5mm	T03	ϕ16mm 立铣刀	H03/D03	1200	100
9	镗 $\phi30_{0}^{+0.021}$ mm 孔	T06	ϕ30mm 精镗刀	H06	500	50
10	铣凹圆球面	T03	ϕ16mm 立铣刀	H13/D13	1200	200
11	铰 ϕ12H7 孔	T05	ϕ12H7 铰刀	H05	300	50

▣ 表 6-8　加工件 2

序号	加工内容	刀具号	刀具名称	刀具长度补偿号	主轴转速 /r·min⁻¹	进给速度 /mm·min⁻¹
1	通过垫铁组合,保证工件上表面伸出平口钳的距离大于 5mm,并找正,X、Y 向原点设为工件中心,Z 向尺寸为工件表面					
2	铣顶面,保证高度尺寸 $25_{0}^{+0.033}$ mm	T01	ϕ80mm 可转位面铣刀	H01/D01	600	200
3	铣两个腰形凹台周边	T02	ϕ10mm 立铣刀	H02/D02	1500	100
4	粗铣内轮廓,落料	T02	ϕ10mm 立铣刀	H12/D12	1000	100
5	钻孔 ϕ11.8mm	T04	ϕ11.8mm 钻头	H04	1000	100
6	精铣内轮廓	T02	ϕ10mm 立铣刀	H22/D22	1500	100
7	铰 ϕ12H7 孔	T05	ϕ12H7 铰刀	H05	300	50

6.4.3　程序编写

（1）工件 1 程序

① 工件 1 加工主程序

```
% ;
O001;
G00 G17 G40 G49 G80 G90 G54 Z300;
T01 M06;                          换 1 号刀（铣顶面）
X- 30 Y- 110;
M03 S600;
G43 Z10 H01;                      加 H01 长度补偿
M08;
G01 Z0 F100;
```

```
G01 Y65 F200;
X30;
Y- 110;
M09;
C49 G00 Z200 M05;                                    取消长度补偿，主轴停止
G00 G17 G40 G49 G80 G90 G54 Z300;
X- 120 Y- 76;
M03 S600;
G43 Z10 H11;                                         加 H11 长度补偿（铣两个腰形顶面）
M08;
G01 Z0 F100;
G01 X120 F200;
Y76;
X- 120;
M09;
G49 G00 Z200 M05;                                    取消长度补偿，主轴停止
G91 G28 Z0;
T02 M06;                                             换 2 号刀（铣外轮廓周边）
G00 G17 G40 G49 G80 G90 G54 Z300;
M03 S1500;
G43 Z10 H02;                                         加入 H02 长度补偿
M08;
X- 70 Y- 70;
G01 Z0 F100;
G41 X- 50 Y- 60 D02 F100;                            加入 D02 半径补偿
Y. 25. 858;
G02 X- 32. 929 Y32. 929 R10;
G01 X- 27. 386 Y27. 386;
G03 X- 15. 236 Y25. 843 R10;
G02 X15. 236 R30;
G03 X27. 386 Y27. 386 R10;
G1 X32. 929 Y32. 929;
G02 X50 Y25. 858 R10;
G01 Y- 25. 858;
G02 X32. 929 Y- 32. 929 R10;
G01 X27. 386 Y- 27. 386;
G03 X15. 236 Y- 25. 843 R10;
G02 X- 15. 236 R30;
G03 X- 27. 386 Y- 27. 386 R10;
G01 X- 32. 929 Y- 32. 929;
G02 X- 50 Y- 25. 858 R10;
G01 Y70;
G49 G00 Z200 M09;                                    长度补偿取消
```

```
G40 X0 Y0 M05;                                  半径补偿取消
G00 G17 G40 G49 G80 G90 G54 Z300;               开始铣两个腰形凸台周边
M03 S1500;
G43 Z10 H12;                                    加入 H12 长度补偿
M08;
M98 P9104;                                      调入子程序
G68 X0 Y0 P180;
M98 P9104;
G69;
G49 G00 Z200 M09;                               长度补偿取消
M05;
G91 G28 Z0;
T04 M06;                                        换 4 号刀（钻孔 φ11.8mm）
G00 G17 G40 G49 G80 G90 G54 Z300;
X0 Y0;
M03 S1000;
G43 Z10 H04;                                    加入 H04 长度补偿
G83 X0 Y0 Z- 30 R2 Q0. 5 P200 F100;
X- 45 Y- 45;
X45 Y45;
G80;
G49 G00 Z200 M09;                               长度补偿取消
M05;
G91 G28 Z0;
T02 M06;                                        换 2 号刀（扩孔）
G00 G17 G40 G49 G80 G90 G54 Z300;
X- 45 Y- 45;
M03 S1500;
G43 Z10 H22;                                    加入 H22 号长度补偿
M98 P9107;
X45 Y45;
M98 P9107;
G49 G00 Z200 M09;                               取消长度补偿
M05;
G91 G28 Z0;
T03 M06;                                        换 3 号刀（扩孔）
G00 G17 G40 G49 G80 G90 G54 Z300;
X0 Y0;
M03 S1200;
G43 Z10 H03;                                    加入 H03 号长度补偿
M08;
G01 Z0 F100;
G41 X- 5 Y10 D03 F100;                          加入 D03 号半径补偿
```

```
G03 X- 15 Y0 R10;
G03 I15;
G03 X- 5 Y- 10 R10;
G40 G01 X0 Y0;                          取消半径补偿
G49 G00 Z200 M09;                       取消长度补偿
G91 G28 Z0;
T06 M06;                                换 6 号刀（镗孔）
G00 G17 G40 G49 G80 G90 G54 Z300;
X0 Y0;
M03 S500;
G43 Z10 H06;                            加入 H06 号长度补偿
G85 X0 Y0 Z- 26 R5 P1 F50;
G80;
G49 G00 Z200 M09;                       取消长度补偿
M05;
G91 G28 Z0;
T03 M06;                                换 3 号刀（铣凹圆球面）
G00 G17 G40 G49 G80 G90 G54 Z300;
X0 Y0;
M03 S1200;
G43 Z10 H13;                            加入 H13 号长度补偿
G1 Z0 F200;
# 100= 0;
WHILE [# 100LE7] D01;
# 101= 24. 6228+ # 100;
# 102= SQRT (35* 35- # 101* # 101) ;
G01 Z [- # 100] F200;
G41 X [- # 102] Y0 D13;                 加入 D13 号半径补偿
G03 I [# 102];
G40 G01 X0 Y0;                          取消半径补偿
# 100= # 100+ 0.03;
END1;
G49 G00 Z200 M09;                       取消长度补偿
M05;
G91 G28 Z0;
T05 M06;                                换 5 号刀（铰 φ12H7孔）
G00 G17 G40 G49 G80 G90 G54 Z300;
X0 Y0;
M03 S300;
G43 Z10 H05;                            加入 H05 号长度补偿
G82 X- 45 Y- 45 Z- 30 R5 P1 F50;
X45 Y45;
G80;
```

```
G49 G00 Z200 M09;                         取消长度补偿
M05;
M30;
% ;
```

② 工件 1 子程序 O9104（铣腰形凸台周边子程序）

```
% ;
O9104;
X- 70 Y- 70;
G01 Z0 F100;
G42 X- 70 Y- 55 D12 F100;
X0;
G03 X18. 811 Y- 51. 683 R55;
G03 X14. 707 Y- 40. 407 R6;
G02 X- 14. 707 R43;
G03 X- 18. 811 Y- 51. 683 R6;
G03 X0 Y- 55 R55;
G01 X70;
G00 Z20;
G40 X0 Y0;
M99;
% ;
```

③ 工件 1 子程序 O9107（扩孔子程序）

```
% ;
O9107;
G01 Z0 F100;
G91 G41 X- 0. 5 Y5. 5 D22 F100;
G03 X- 5. 5 Y- 5. 5 R5. 5;
G03 I6;
G03 X5. 5 Y- 5. 5 R5. 5;
G40 G01 X0. 5 Y5. 5;
G90 G00 Z10;
M99;
% ;
```

(2) 工件 2 程序

① 工件 2 主程序

```
% ;
O001;
G00 G17 G40 G49 G80 G90 G54 Z300;
T01 M06;                                  换 1 号刀（铣顶面）
X- 30 Y- 110;
M03 S600;
```

```
G43 Z10 H01;                          加 H01 长度补偿
M08;
G01 Z0 F100;
G01 Y65 F200;
X30;
Y- 110;
M09;
C49 G00 Z200 M05;                     取消长度补偿，主轴停止
G91 G28 Z0;
T02 M02;                              换 2 号刀（铣两个腰形凹台周边）
G00 G17 G40 G49 G80 G90 G54 Z300;
M03 S1500;
G43 Z10 H02;                          加入 H02 号长度补偿
M06;
M98 P9112;
G68 X0 Y0 P180;
M09 P9112;
G69;
G49 G00 Z200 M09;                     取消长度补偿
M05;
G00 G17 G40 G49 G80 G90 G54 Z300;
M03 S1500;
G43 Z10 H12;                          加入 H12 长度补偿
M08;
X0 Y0;
G01 Z0 F100;
G42 X- 35 Y- 15 D12 F100;             加入 D12 半径补偿
G02 X- 50 Y0 R15;
G01 Y25. 858;
G01 X- 32. 929 Y32. 929 R10;
G01 X- 27. 386 Y27. 386;
G03 X- 15. 236 Y25. 843 R10;
G02 X15. 236 R30;
G03 X27. 386 Y27. 386 R10;
G01 X32. 929 Y32. 929;
G02 X50 Y25. 858 R10;
G01 Y- 25. 858;
G02 X32. 929 Y- 32. 929 R10;
G01 X27. 386 Y- 27. 386;
G03 X15. 236 Y- 25. 843 R10;
G02 X- 15. 236 R30;
G03 X- 27. 386 Y- 27. 386 R10;
G01 X- 32. 929 Y- 32. 929;
```

```
G02 X- 50 Y- 25. 858 R10;
G01 Y0;
G02 X- 35 Y15 R15;
G49 G00 Z200 M09;                           取消长度补偿
G40 X0 Y0 M05;                              取消半径补偿, 主轴停止
G91 G28 Z0;
T04 M06;                                    换 4 号刀（钻孔）
G00 G17 G40 G49 G80 G90 G54 Z300;
X0 Y0;
M03 S1000;
G43 Z10 H04;                                加入 H04 号长度补偿
G83 X- 45 Y- 45 Z- 30 R2 Q0. 5 P200 F100;
X45 Y45;
G80;
G49 G00 Z200 M09;                           取消长度补偿, 主轴停止
M05;
G00 G17 G40 G49 G80 G90 G54 Z300;
M03 S1500;
G43 Z10 H22;                                加入 H22 半径补偿
M08;
X0 Y0;
G01 Z0 F100;
G42 X- 35 Y- 15 D22 F100;                   加入 D22 半径补偿
G02 X- 50 Y0 R15;
G01 Y25. 858;
G02 X- 32. 929 Y32. 929 R10;
G01 X- 27. 386 Y27. 386;
G03 X- 15. 236 Y25. 843 R10;
G02 X15. 236 R30;
G03 X27. 386 Y27. 386 R10;
G01 X32. 929 Y32. 929;
G02 X50 Y25. 858 R10;
G01 Y- 25. 858;
G02 X32. 929 Y- 32. 929 R10;
G01 X27. 386 Y- 27. 386;
G03 X15. 236 Y- 25. 843 R10;
G02 X- 15. 236 R30;
G03 X- 27. 386 Y- 27. 386 R10;
G01 X- 32. 929 Y- 32. 929;
G02 X- 50 Y- 25. 858 R10;
G01 Y0;
G02 X- 35 Y15 R15;
G49 G00 Z200 M09;                           取消长度补偿
```

```
G40 X0 Y0 M05;                              取消半径补偿
G91 G28 Z0;
T05 M06;                                    换 5 号刀（铰 φ12H7 孔）
G00 G17 G40 G49 G80 G90 G54 Z300;
X0 Y0;
M03 S300;
G43 Z10 H05;                                加入 H05 号长度补偿
G82 X- 45 Y- 45 Z- 30 R5 P1 F50;
X45 Y45;
G80;
G49 G00 Z200 M09;                           取消长度补偿
M05;
M30;
% ;
```

② 工件 2 子程序（铣腰形凸台周边子程序）

```
% ;
O9112;
X0 Y- 49;
G01 Z0 F100;
G41 X0 Y- 55 D02 F100;
G03 X18. 811 Y- 51. 683 R55;
G03 X14. 707 Y- 40. 407 R6;
G02 X- 14. 707 R43;
G03 X- 18. 811 Y- 51. 683 R6;
G03 X18. 811 Y- 51. 683 R55;
G00 Z20;
G40 X0 Y0;
M99;
% ;
```

第 3 篇

SIEMENS
系统加工中心实例

第7章
SIEMENS 系统加工中心入门实例

本章将介绍 12 个 SIEMENS 系统数控加工的入门实例，包括凸台、凸模、槽类、孔系等常用零件。

7.1 矩形凸台零件的编程加工

零件图纸如图 7-1 所示。

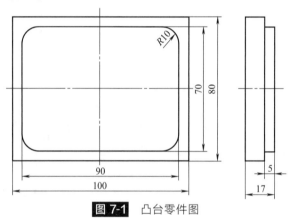

图 7-1 凸台零件图

7.1.1 学习目标及要领

（1）学习目标

① 掌握工件坐标系的建立。

② 刀补的建立和取消方法。

③ 轮廓铣削刀具的使用。

（2）学习要领

工件坐标系一般建立在工件上表面的中心，以利于坐标点的计算。建立和取消刀补应采用切向切入和切出的方法。

加工中心加工顺序的安排应考虑以下几点。

① 上道工序的加工不能影响下道工序的定位和夹紧。

② 先内后外的原则。

③ 尽可能减少重复定位装夹和换刀的次数。

④ 先安排对工件刚性破坏较小的工序，即遵循先粗后精、先面后孔、先主后次及基面先行的原则。

7.1.2　工、量、刀具清单

工、量、刀具清单如表 7-1 所示。

▣ **表 7-1　工、量、刀具清单**

名　称	规　格	精　度	数　量
立铣刀	$\phi16$ 精三刃立铣刀		1
面铣刀	$\phi100$ 八齿端面铣刀		1
半径规	$R7\sim14.5$		1 套
偏心式寻边器	$\phi10$	0.02mm	1
游标卡尺	$0\sim150,0\sim150$(带表)	0.02mm	各 1
千分尺	$0\sim25,25\sim50,50\sim75$	0.01mm	各 1
深度游标卡尺	$0\sim200$	0.02mm	1 把
垫块,拉杆,压板,螺钉	M16		若干
扳手,锉刀	$12''$,$10''$		各 1 把
刀柄、夹头	刀具相关刀柄,钻夹头,弹簧夹		若干
其他	常用加工中心机床辅具		若干

7.1.3　工艺分析与加工设置

（1）分析零件工艺性能

该零件外形尺寸 $100mm\times80mm\times17mm$，是形状规整的长方体 ZL4 铸铝小零件。

加工内容：尺寸 5 上平面、下台阶面、$90mm\times70mm$ 凸台轮廓为加工面，凸台轮廓的 4 个角均为 $R10$ 圆弧过渡，光滑连接，其余表面不加工。

加工精度：尺寸精度、形位公差均为自由公差，尺寸 5 上平面、$90mm\times70mm$ 凸台轮廓、4 个 $R10$ 圆弧的表面粗糙度均为 $Ra3.2\mu m$，尺寸 5 下台阶面表面粗糙度为 $Ra6.3\mu m$。

（2）选用毛坯或明确来料状况

车间现有 $100mm\times80mm\times20mm$ 锻铝板料，性能优于零件材料 ZL4 铸铝，价钱也高于锻铝，考虑到加工数量比较少（5 件），决定用锻铝板代替，不再提供铝铸件。锻铝板 6 个面的形状精度和位置精度都比较高，且下表面已加工至 $Ra3.2\mu m$。

（3）选用数控机床

加工由"直线＋圆弧"构成的平面类凸廓零件，凸廓要光滑过渡，需由两轴联动数控铣床插补成形，加工所需刀具不多，选用车间现有三轴联动 XH714 加工中心完全能达到加工要求。

（4）确定装夹方案

定位基准的选择：从来料情况知道，锻铝板的形状精度比较高，也就是说尺寸 100 的两长侧面平行且与上下表面垂直、上下表面平行且下表面在上道工序已加工就绪，因此定位基准选下表面＋1 长侧面＋1 短侧面。要对下表面限制三个自由度，1 长侧面简化为一条线要求限制二个自由度，1 短侧面简化为一点要求限制一个自由度，工件处于完全定位状态。

夹具的选择：生产批量不多（5 件），零件小、外形规整、盘形凸廓到毛坯边缘没有精度要求。选用通用夹具——机用平口虎钳装夹工件。垫平工件底面、工件上表面高出钳口 5mm 以上，防止刀具与虎钳干涉，也便于对刀测量。下表面限制一个平移和两个回转共三个自由度，虎钳钳口夹尺寸 100 两长侧面，固定侧 1 长侧面简化为一条线限制一个平移和一个回转自由度，1 短侧面用一块挡板与虎钳侧面挡平齐，简化为一点限制一个自由度，共限制六个自由度，工件处于完全定位状态，合理可行。

（5）确定加工方案及加工顺序

根据零件形状及加工精度要求，一次装夹完成所有加工内容。尺寸 5 上平面要求粗糙度为 $Ra3.2\mu m$，铣削一次能达到加工要求；凸台轮廓要求表面粗糙度为 $Ra3.2\mu m$，分粗、精加工两次完成。

先用端铣刀加工工件上表面，然后用立铣刀加工工件的凸廓。

（6）选择刀具

铣尺寸 5 上平面选用标准 8 齿 $\phi100$ 刀片可转位端铣刀，如图 7-2 所示。铣刀覆盖整个工件加工表面，不留接刀痕迹。由于加工铝件，选用 YG6 硬质合金刀片。

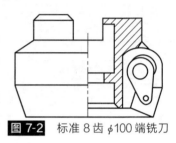

图 7-2 标准 8 齿 $\phi100$ 端铣刀

粗、精铣凸廓时，由于是加工外轮廓，应尽量选用大直径刀，以提高加工效率。考虑现有条件，选用 3 齿 $\phi16$ 高速钢立铣刀，如图 7-3 所示。

图 7-3 3 齿 $\phi16$ 立铣刀

（7）确定切削用量

铣铝件，为了防止铝屑粘刀应加冷却液。

① 铣削顶面　8 齿 $\phi100$ 端铣刀铣削顶面，侧吃刀量 a_e 等于零件宽度 80，即 $a_e=80$。加工余量=毛坯尺寸(20)−工序尺寸(17)=3，即背吃刀量 $a_p=3$，查表取切削速度 $v_c=120m/min$，则主轴转速 n（编程时主轴转速用 S 表示）：

$$n=1000v_c/(\pi D)=1000\times120/(3.14\times100)r/min\approx380r/min$$

式中　v_c——表示切削速度；

D——表示刀具直径。

查表取每齿进给量 $f_z=0.08mm/r$，则进给速度 v_f（编程时用 F 表示，下同）

$$v_f=0.08\times8\times380mm/min\approx240mm/min$$

② 铣削轮廓　3 齿 $\phi16$ 立铣刀，材料为高速钢。铣削凸台轮廓和台阶面时分粗、精铣削。

粗铣：背吃刀量 4.8，留 0.2 精铣余量，侧吃刀量的范围为 4.8～11.01，四角处最大 11.01，也留 0.2 的精铣余量。

精铣：侧吃刀量 0.2，背吃刀量 0.2。

a. 粗铣取 $v_c=30m/min$，则主轴转速 n

$$n=1000v_c/(\pi D)=1000\times30/(3.14\times16)r/min\approx600r/min$$

取每齿进给量 $f_z=0.1mm/r$，则进给速度 v_f

$$v_f=0.1\times3\times600mm/min=180mm/min$$

b. 精铣取 $v_c=40m/min$，则主轴转速 n

$$n=1000v_c/(\pi D)=1000\times40/(3.14\times16)r/min\approx800r/min$$

取每齿进给量 $f_z = 0.05\text{mm/r}$，则进给速度 v_f

$$v_f = 0.05 \times 3 \times 800\text{mm/min} = 120\text{mm/min}$$

7.1.4　程序清单与注释

（1）建立工件坐标系

如图 7-4 所示，在 XY 平面，把工件坐标系的原点 O 建立在工件正中心。Z 轴的原点 O 在工件上表面。这样确定工件坐标系原点 O 的位置是因为本工件对称，不仅有利于编程坐标计算，而且工件坐标系的原点在机床坐标系中的位置数据比较容易测得，即容易对刀。当然，工件坐标系的原点也可以建立在工件的四个角上，不过这样不利于毛坯对称分配。

（2）确定编程方案及刀具路径

一把刀具编一个程序。$\phi100$ 端铣刀铣平面从高空未知点定位到 10 点下刀到要求高度，不用刀补，直线铣削至 12 点后抬刀，如图 7-4 所示。点 10、12 到工件毛坯边缘的距离（60）＝刀具半径（50）＋安全距离（10），从 10 点到 12 点方向走刀，铣屑往内侧飞，不会伤人。

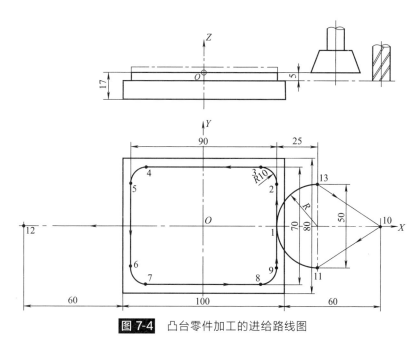

图 7-4　凸台零件加工的进给路线图

立铣刀加工工件凸廓的进给路线从高空未知点定位到 10 点下刀到要求高度，然后直线铣削建立刀具半径偏置至 11 点后沿 1-2-3-4-5-6-7-8-9-1-13 点路线铣削，13-10 点取消刀具半径偏置，最后在 10 点抬刀。10 到 11 点的距离应大于刀具半径偏置值，让刀具半径偏置完全建立。11 点、13 点距工件毛坯边缘的距离大于刀具半径，使用 G00 建立/取消刀补节省时间。点 10-11-1-13-10 的扇形路线是为建立/取消刀补和加工出光滑过滤轮廓面而制定的工艺路径。工艺圆弧 11-1-13 半径应大于刀具半径偏置值，否则程序报警，工艺圆弧 11-1-13 设成半圆，是为了计算基点坐标方便。

凸台轮廓无内圆弧，刀具半径和刀具半径偏置值不受限制，粗、精铣通过改变不同的刀具半径偏置值来完成。

（3）计算编程尺寸

编程时所需的基点坐标计算如下。

基点序号	X 坐标值	Y 坐标值	基点序号	X 坐标值	Y 坐标值
1	45	0	8	35	−35
2	45	25	9	45	−25
3	35	35	10	110	0
4	−35	35	11	70	−25
5	−45	25	12	−110	0
6	−45	−25	13	70	25
7	−35	−35			

参考程序如下。

SK1001. MPF		ϕ100 端铣刀铣平面主程序
N10	G90 G00 G54 X110 Y0 F240	建立工件坐标系，在点 10 上方定位
N20	T1 D1 S380 M03	主轴正转
N30	Z−3	下刀点 10
N40	G01 X−110 Y0	直线走刀至 12 点
N50	G00 Z100	抬刀
N60	M02	程序结束

SK1002. MPF		立铣刀粗、精铣轮廓主程序
N10	G90 G00 G55 X110 Y0 F180	建立工件坐标系，主轴正转，在点 10 上方定位（精加工时 F 为 120、S 为 80）
N20	T1 D1 S600 M03	
N30	Z−4.8	下刀（精铣轮廓理论 $Z−5$，要实测计算）
N40	G42 G01 X70 Y−25	建立刀补（粗加工 D01 偏置值 8.2，精加工理论值 8，需实测计算）
N50	G02 X45 Y0 CR=25	1 点
N60	G01 X45 Y25	2 点
N70	G03 X35 Y35 CR=10	3 点
N80	G01 X−35 Y35	4 点
N90	G03 X−45 Y25 CR=10	5 点
N100	G01 X−45 Y−25	6 点
N110	G03 X−35 Y−35 CR=10	7 点
N120	G01 X35 Y−35	8 点
N130	G03 X45 Y−25 CR=10	9 点
N140	G01 X45 Y0	1 点
N150	G02 X70 Y25 CR=25	13 点
N160	G00 G40 X110 Y0	10 点，撤销刀补
N170	G00 Z100	抬刀
N180	M02	程序结束

7.2 圆形凸台零件的编程加工

使用 SIEMENS 系统的加工中心，对如图 7-5 所示的圆形凸台零件进行编程加工。

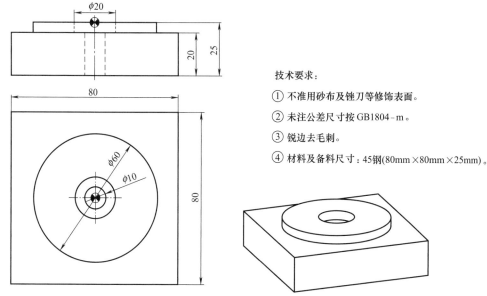

技术要求：

① 不准用砂布及锉刀等修饰表面。

② 未注公差尺寸按 GB1804-m。

③ 锐边去毛刺。

④ 材料及备料尺寸：45钢(80mm×80mm×25mm)。

图 7-5 圆形凸台零件图

7.2.1 学习目标及要领

（1）学习目标

通过本实例的学习，可以进一步熟悉凸台零件的加工方法及进刀与退刀路线的设计。

（2）学习要领

① 刀具圆弧半径补偿指令的使用方法。

② 整圆的加工进退刀路线和编程指令特点。

7.2.2 工艺分析

（1）加工工序

① 夹紧：用平口钳夹紧工件，等高垫铁支承并高出钳口 20mm，找正、对刀、设定 G54。

② 用 φ20mm 立铣刀粗铣零件的周边轮廓，单边留 0.2mm 余量。

③ 用 φ20mm 立铣刀精铣零件的周边轮廓至图纸尺寸。

④ 用 φ3mm 中心钻加工定位孔。

⑤ 用 φ9.8mm 麻花钻加工中心孔。

⑥ 用 φ10mm 立铣刀粗、精加工 φ20mm 圆孔。

⑦ 用 φ10mm 铰刀加工 φ10mm 中心孔。

（2）加工工序卡

加工工序卡见表 7-2。

▣ **表 7-2 加工工序卡**

工步	工步内容	刀号	刀具类型	切削用量			备注
				主轴转速 /r·min⁻¹	进给速度 /mm·min⁻¹	背吃刀量 /mm	
1	装夹对刀						手动
2	粗铣轮廓	T01	φ20mm 立铣刀	800	120	5	自动
3	精铣轮廓	T01	φ20mm 立铣刀	1000	80	0.2	自动
4	钻中心孔	T02	φ3mm 中心钻	1000	60	3	自动
5	钻孔加工	T03	φ9.8mm 麻花钻	600	60	8	自动
6	粗加工内孔	T05	φ10mm 立铣刀	1000	120	3	自动
7	精加工内孔	T05	φ10mm 立铣刀	1000	80	3	自动
8	铰孔	T04	φ10H7 铰刀	200	40	0.1	自动
9	去毛刺						手动
10	检查						手动

7.2.3 工、量、刀具清单

工、量、刀具清单见表 7-3。

▣ **表 7-3 工、量、刀具清单**

名 称	规 格	精 度	数 量
平口钳	200mm		1
等高垫铁			1 对
胶皮锤			1 把
百分表	（带表座）		1 套
光电寻边器	φ10mm	0.002mm	1 个
R 规	R1~6.5mm R7~14.5mm		1 套
游标卡尺	0~150mm 0~150mm(带表)	0.02mm	各 1
深度卡尺	200mm	0.02mm	1 把
立铣刀	φ20mm		1 支
立铣刀	φ10mm		1 支
中心钻	φ3mm		1 支
麻花钻	φ9.8mm		1 支
机用铰刀	φ10mm	H7	1 支

7.2.4 参考程序与注释

XMZ002.MPF;	主程序名为 XMZ002.MPF
G90 G17 G71 G94 G40 G54;	
G74 Z0;	回参考点
T1 M06;	
G00 X-100 Y100 Z100 M03 S800 F120;	
G41 G01 X-30 Y30D1 M08;	建立刀具半径补偿
L001 P1;	轮廓加工

```
G00 Z100;
X- 100 Y100 Z100 M03 S1000 F80;
G41 G01 X- 30 Y30 D2;
L001 P1;                              轮廓加工
G00 Z100;
G74 Z0;
T2 M06;                              中心钻钻孔
G43 G00 Z50 H02;
G00 Z10 M03 S1000 F60;
X0 Y0;
CYCLE81 (10, 0, 2, , 3);             返回平面坐标 Z10mm, 安全间隙 2mm, 钻孔深度 3mm
G00 Z100;
G74 Z0;
T3 M06;                              换麻花钻
G43 G00 Z50 H03;
G00 Z10;
X0 Y0;
CYCLE81 (10, 0, 2, , 25);            返回平面坐标 Z10mm, 安全间隙 2mm, 钻孔深度 25mm
G00 Z100;
G74 Z0;
T5 M06;
G00 Z10 M03 S1000 F120;
G00 X0 Y0;
G01 Z- 3;
X- 4.8 Y0;
G02 I4.8;
G01 Z- 5;
G02 I4.8;
M03 S1000 F80;
G01 Z- 3;
G01 X- 5 Y0;
G02 I5;
G01 Z- 5;
G02 I5;
T4 M06 M03 S200 F40 ;
G43 G00 Z50 H04;
G00 Z10;
X0 Y0;
CYCLE81 (10, 0, 2, , 25, , 40, 80);  返回平面坐标 Z10mm, 安全间隙 2mm, 铰孔深度
                                     25mm, 进给速度 40mm/min, 退刀速度 80mm/min
G49 G00 Z100;
G74 Z0;
M09;                                 切削液停
M05;
```

```
M02;

L001.SPF;                                   子程序名 L001.SPF（轮廓加工）
G01 X- 30;                                  直线进刀
G02 I30;                                    加工整圆
RET;                                        返回主程序
```

7.3 凸模零件的编程加工

使用 SIEMENS 系统的加工中心，对如图 7-6 所示的凸模零件进行编程加工。

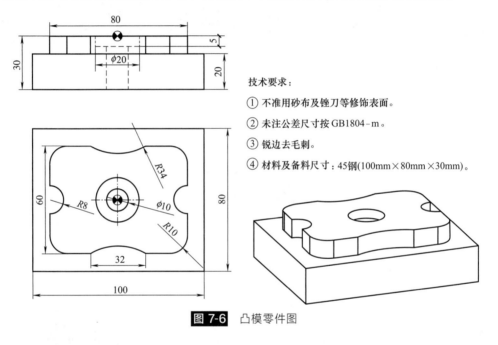

技术要求：

① 不准用砂布及锉刀等修饰表面。

② 未注公差尺寸按 GB1804-m。

③ 锐边去毛刺。

④ 材料及备料尺寸：45钢(100mm×80mm×30mm)。

图 7-6　凸模零件图

7.3.1 学习目标及要领

（1）学习目标

熟悉带有凸台轮廓和孔的复合零件加工方法；凸台轮廓加工及进刀与退刀路线设计；加工中心的换刀程序及注意事项；基点坐标的计算等。

（2）学习要领

利用数控系统的后台编辑功能，可在机床自动运行加工工件的同时输入程序，能够显著地提高效率，实际上这也是现代并行工作模式的一种体现。背景编辑功能的灵活运用，能极大地节约程序的输入时间。

7.3.2 工艺分析

（1）加工工序

① 夹紧：用平口钳夹紧工件，等高垫铁支承并高出钳口 20mm，找正、对刀、设

定 G54。

　　② 用 ϕ14mm 立铣刀粗铣零件的轮廓，单边留 0.2mm 余量。

　　③ 用 ϕ14mm 立铣刀精铣零件的轮廓至图纸尺寸。

　　④ 用 ϕ3mm 中心钻加工定位孔。

　　⑤ 用 ϕ9.8mm 麻花钻加工中心孔。

　　⑥ 用 ϕ10mm 立铣刀粗、精加工 ϕ20mm 圆孔。

　　⑦ 用 ϕ10mm 铰刀加工 ϕ10mm 中心孔。

（2）加工工序卡

加工工序卡见表 7-4。

▣ 表 7-4　加工工序卡

工步	工步内容	刀号	刀具类型	切削用量			备注
				主轴转速 /r·min^{-1}	进给速度 /mm·min^{-1}	背吃刀量 /mm	
1	装夹对刀						手动
2	粗铣零件轮廓	T01	ϕ14mm 立铣刀	800	120	5	自动
3	精铣零件轮廓	T01	ϕ14mm 立铣刀	1000	80	0.2	自动
4	钻中心孔	T02	ϕ3mm 中心钻	1000	60	3	自动
5	钻孔加工	T03	ϕ9.8mm 麻花钻	600	60	8	自动
6	粗加工内孔	T05	ϕ10mm 立铣刀	1000	120	3	自动
7	精加工内孔	T05	ϕ10mm 立铣刀	1000	80	3	自动
8	铰孔	T04	ϕ10H7 铰刀	200	40	0.1	自动
9	去毛刺						手动
10	检查						手动

7.3.3　工、量、刀具清单

　　工、量、刀具清单见表 7-5。

▣ 表 7-5　工、量、刀具清单

名　　称	规　　格	精　　度	数　　量
平口钳	200mm		1
等高垫铁			1 对
胶皮锤			1 把
百分表	（带表座）		1 套
光电寻边器	ϕ10mm	0.002mm	1 个
R 规	$R1\sim6.5$mm　$R7\sim14.5$mm		1 套
游标卡尺	$0\sim150$mm　$0\sim150$mm（带表）	0.02mm	各 1
深度卡尺	200mm	0.02mm	1 把
立铣刀	ϕ14mm		1 支
立铣刀	ϕ10mm		1 支
中心钻	ϕ3mm		1 支
麻花钻	ϕ9.8mm		1 支
机用铰刀	ϕ10mm	H7	1 支

7.3.4　参考程序与注释

```
XMZ005.MPF;                              主程序名为 XMZ005.MPF
G90 G17 G71 G94 G40 G54;                 机床初始化
G74 Z0;                                  回参考点
T1 M06;                                  选立铣刀
G00 X- 100 Y100 Z100 M03 S800 F120;
G41 G01 X- 50 Y40 D2 M08;                建立刀具半径补偿
Z- 3;                                    下刀
Y- 40;
X50;
Y40;
X- 50;
Z5;
X100 Y100;
G41 G01 X- 45 Y- 5 D1;
Z- 3;
L001 P1;                                 轮廓加工
G00 Z100;
X- 100 Y100 Z100 M03 S1000 F80;
G41 G01 X- 45 Y- 5 D1;
L001 P1;                                 轮廓加工
G00 Z100;
G74 Z0;
T2 M06;                                  中心钻钻孔
G43 G00 Z50 H02;
G00 Z10 M03 S1000 F60;
X0 Y0;
CYCLE81 (10, 0, 2, , 3);                 返回平面坐标 Z10mm, 安全间隙 2mm, 钻孔深
                                         度 Jmm
G00 Z100;
G74 Z0;
T3 M06;
G43 G00 Z50 H03;
G00 Z10;
X0 Y0;
CYCLE81 (10, 0, 2, , 25);                返回平面坐标 Z10mm, 安全间隙 2mm, 钻孔深
                                         度 25mm
G00 Z100;
G74 Z0;
T5 M06;                                  换 φ10mm 立铣刀
G00 Z10 M03 S1000 F120;
G00 X0 Y0;
```

```
G01 Z- 3;
X- 4. 8 Y0;
G02 I4. 8;                                     切整圆
Z- 5;
G02 I4. 8;
M03 S1000 F80;
G01 Z- 3;
X- 5 Y0;
G02 I5;
G01 Z- 5;
G02 I5;
T4 M06 M03 S200 F40 ;                          换麻花钻
G43 G00 Z50 H04;
G00 Z10;
X0 Y0;
CYCLE81 (10, 0, 2, , 25, , 40, 80);           返回平面坐标 Z10mm, 安全间隙 2mm, 铰孔深度
                                               25mm, 进给速度 40mm/min, 退刀速度 80mm/min
G49 G00 Z100;
G74 Z0;
M09;
M05;
M02;


L001. SPF;                                     子程序名 L001. SPF (外轮廓)
G01 X- 40 Y30;
Y8;
G02 X- 40 Y- 8 CR= 8;
G01 Y- 20;
G03 X30 Y- 30 CR= 10;
G01 X- 16;
G02 X16 Y- 30 CR= 34;
G01 X30;
G03 X40 Y20 CR= 10;
G01 Y- 8;
G02 X40 Y8 CR= 8;
G01 Y20;
G03 X30 Y30 CR= 10;
G01 X16
G02 X- 16 Y30 CR= 34;
G01 X- 30;
G03 X40 Y20 CR= 10;
RET;                                           返回主程序
```

7.4　封闭环槽零件的编程加工

该零件图纸如图 7-7 所示。

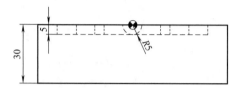

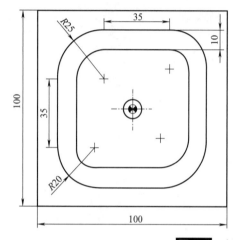

技术要求：

① 不准用砂布及锉刀等修饰表面。

② 未注公差尺寸按 GB1804-m。

③ 锐边去毛刺。

④ 材料及备料尺寸：45钢(100mm ×100mm× 30mm)。

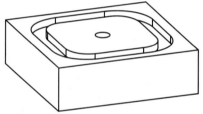

图 7-7　封闭环槽零件图

7.4.1　学习目标及要领

（1）学习目标

通过本实例的学习，了解封闭环槽零件的加工方法及进刀与退刀路线的设计，进一步理解 G01、G02、G03、G00 等基本编程指令的使用以及钻孔指令的使用。

（2）学习要领

机械加工工艺是复杂多样的。对于任意一个具体的工件，往往可用多种加工方法来实现。由于影响加工性能的因素非常多，不能泛泛地评估哪一种加工方法最好，只能在一个特定的环境中，按图纸的要求，来评定某一种方案的优劣。优化的加工工艺能够实现高的切削效率，节省资源，降低生产成本。

7.4.2　工艺分析

（1）加工工序

① 夹紧：用平口钳夹紧工件，等高垫铁支承并高出钳口 20mm，找正、对刀、设定 G54。

② 用 φ10mm 键槽铣刀加工零件的曲线槽。

③ 用 φ3mm 中心钻加工定位孔。

④ 用 ϕ10mm 的球头刀加工球面孔。

（2）加工工序卡

加工工序卡见表 7-6。

▣ 表 7-6　加工工序卡

工步	工步内容	刀号	刀具类型	切削用量			备注
				主轴转速 /r·min^{-1}	进给速度 /mm·min^{-1}	背吃刀量 /mm	
1	装夹对刀						手动
2	加工零件曲线槽	T01	ϕ10mm 立铣刀	800	80	5	自动
3	钻中心孔	T02	ϕ3mm 中心钻	1000	60	3	自动
4	加工球面孔	T03	ϕ10mm 球头刀	600	60	5	自动
5	去毛刺						手动
6	检查						手动

7.4.3　工、量、刀具清单

工、量、刀具清单见表 7-7。

▣ 表 7-7　工、量、刀具清单

名　称	规　格	精　度	数　量
平口钳	200mm		1
等高垫铁			1 对
胶皮锤			1 把
百分表	（带表座）		1 套
光电寻边器	ϕ10mm	0.002mm	1 个
游标卡尺	0～150mm　0～150mm（带表）	0.02mm	各 1
深度卡尺	200mm	0.02mm	1 把
键槽铣刀	ϕ10mm		1 支
中心钻	ϕ3mm		1 支
球头刀	ϕ10mm		1 支

7.4.4　参考程序与注释

```
XMZ009.MPF;                          主程序名为 XMZ009.MPF
G90 G17 G71 G94 G40 G54;             机床初始化
G74 Z0;                              回参考点
T1 M06;                              φ8mm 立铣刀
G00 X- 100 Y100 Z100 M03 S800 F80;
Z10;
G01 X- 15 Y35 M08;
Z- 5;                                下刀
X20;
G02 X35 Y20 CR= 15;
G01 Y- 35;
G02 X15 Y- 35 CR= 20;
```

```
G01 X- 15;

G02 X- 20 Y- 25 CR= 15;

G01 Y15;

G02 X- 15 Y35 CR= 20;

G00 Z100;

G74 Z0;

T2 M06;                               换中心钻

G43 G00 Z50 H02;                      刀具长度补偿

G00 Z10 M03 S1000 F60;

X0 Y0;

CYCLE81 (10, 0, 2, , 3);              返回平面坐标Z10mm, 安全间隙 2mm, 钻孔深度 3mm

G00 Z100;

G74 Z0;

T3 M06 M03 S600 F60 ;                 换φ10mm 球头刀

G43 G00 Z50 H03;

G00 Z10;

G01 Z0;                               铣中心球坑

G49 G00 Z100;

G74 Z0;

M09;

M05;

M02;
```

7.5　对称直槽零件的编程加工

该零件图纸如图 7-8 所示。

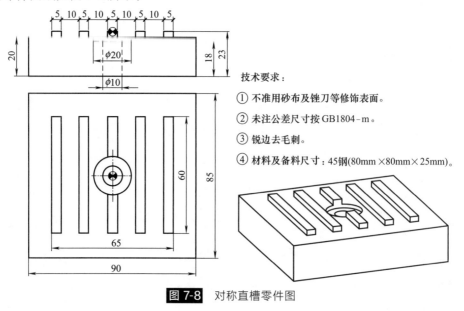

技术要求：

① 不准用砂布及锉刀等修饰表面。

② 未注公差尺寸按 GB1804-m。

③ 锐边去毛刺。

④ 材料及备料尺寸：45钢(80mm×80mm×25mm)。

图7-8　对称直槽零件图

7.5.1　学习目标及要领

（1）学习目标

通过本实例的学习，熟悉对称直槽零件的加工方法及进刀与退刀路线的设计，尤其是对于重复性结构，采用子程序等方法可以简化编程过程。

（2）学习要领

程序的编制是数控加工中极为重要的问题，理想的加工程序不仅应保证加工出符合图纸要求的合格工件，同时应能使机床的功能得到合理的应用和充分的发挥，保证机床安全可靠、高效地工作。基点的正确计算，是保证加工工件与图纸一致性的前提。而加工路线的正确选择，可以确保一定的加工精度和表面粗糙度。

7.5.2　工艺分析

（1）加工工序

① 夹紧：用平口钳夹紧工件，等高垫铁支承并高出钳口 20mm，找正、对刀、设定 G54。

② 用 ϕ8mm 立铣刀粗铣零件的等距槽，单边留 0.2mm 余量。

③ 用 ϕ8mm 立铣刀精铣零件的等距槽至图纸尺寸。

④ 用 ϕ3mm 中心钻加工定位孔。

⑤ 用 ϕ9.8mm 麻花钻加工中心孔。

⑥ 用 ϕ10mm 立铣刀粗、精加工 ϕ20mm 圆孔。

⑦ 用 ϕ10mm 铰刀加工 ϕ10mm 中心孔。

（2）加工工序卡

加工工序卡见表 7-8。

▫ 表 7-8　加工工序卡

工步	工步内容	刀号	刀具类型	切削用量			备注
				主轴转速 /r·min^{-1}	进给速度 /mm·min^{-1}	背吃刀量 /mm	
1	装夹对刀						手动
2	粗铣等距槽	T01	ϕ8mm 立铣刀	800	120	5	自动
3	精铣等距槽	T01	ϕ8mm 立铣刀	1000	80	0.2	自动
4	钻中心孔	T02	ϕ3mm 中心钻	1000	60	3	自动
5	钻孔加工	T03	ϕ9.8mm 麻花钻	600	60	8	自动
6	粗加工内孔	T05	ϕ10mm 立铣刀	1000	120	3	自动
7	精加工内孔	T05	ϕ10mm 立铣刀	1000	80	3	自动
8	铰孔	T04	ϕ10H7 铰刀	200	40	0.1	自动
9	去毛刺						手动
10	检查						手动

7.5.3　工、量、刀具清单

工、量、刀具清单见表 7-9。

⊡ **表 7-9　工、量、刀具清单**

名　　称	规　　格	精　　度	数　　量
平口钳	200mm		1
等高垫铁			1 对
胶皮锤			1 把
百分表	（带表座）		1 套
光电寻边器	ϕ10mm	0.002mm	1 个
R 规	$R1\sim6.5$mm　$R7\sim14.5$mm		1 套
游标卡尺	$0\sim150$mm　$0\sim150$mm(带表)	0.02mm	各 1
深度卡尺	200mm	0.02mm	1 把
立铣刀	ϕ8mm		1 支
立铣刀	ϕ10mm		1 支
中心钻	ϕ3mm		1 支
麻花钻	ϕ9.8mm		1 支
机用铰刀	ϕ10mm	H7	1 支

7.5.4　参考程序与注释

XMZ003.MPF;	主程序名为 XMZ003.MPF
G90 G17 G71 G94 G40 G54;	机床初始化
G74 Z0;	回参考点
T1 M06;	选 ϕ8mm 立铣刀
G00 X- 100 Y100 Z100 M03 S800 F120;	
G41 G01 X- 32.5 Y30 D2 M08;	建立刀具半径补偿
X- 60 Y42.5;	
Z- 3;	
G01 X45	
Y- 42.5	
X- 45;	
Y42.5;	
X32.5;	
Y- 50;	
G00 Z5;	
X100 Y100;	
G41 G01 X- 32.5 Y30 D1;	
Z- 3;	
L001 P5;	调用轮廓加工子程序
G00 Z100;	
X- 100 Y100 Z100 M03 S1000 F80;	
G41 G01 X- 32.5 Y30 D2;	
L001 P5;	调用轮廓加工子程序
G00 Z100;	
G74 Z0;	
T2 M06;	中心钻钻孔

```
G43 G00 Z50 H02；
G00 Z10 M03 S1000 F60；
X0 Y0；
CYCLE81（10，0，2，，3）；            返回平面坐标Z10mm，安全间隙 2mm，钻孔深度 3mm
G00 Z100；
G74 Z0；
T3 M06；
G43 G00 Z50 H03；
G00 Z10；
X0 Y0；
CYCLE81（10，0，2，，25）；          返回平面坐标Z10mm，安全间隙 2mm，钻孔深度 25mm
G00 Z100；
G74 Z0；
T5 M06；                            换 φ10mm 立铣刀
G43 G00 Z50 H05；
G00 Z10 M03 S1000 F120；
G00 X0 Y0；
G01 Z- 3；                          加工内孔
X- 4.8 Y0；
G02 I4.8；
Z- 5；
G02 I4.8；
M03 S1000 F80；
G01 Z- 3；
X- 5 Y0；
G02 I5；
G01 Z- 5；
G02 I5；
T4 M06 M03 S200 F40 ；
G43 G00 Z50 H04；
G00 Z10；
X0 Y0；
CYCLE81（10，0，2，，25，，40，80）；  返回平面坐标Z10mm，安全间隙 2mm，铰孔深度 25mm，
                                    进给速度 40mm/min，退刀速度 80mm/min
G49 G00 Z100；
G74 Z0；
M09；
M05；
M02；


L001.SPF；                          子程序名 L001.SPF
G01 Y- 30；
X= IC（5）；
```

```
Y30;
X= IC (- 5) ;
Z2;
X= IC (17.5) ;
RET;                    返回主程序
```

7.6　对称弧槽零件的编程加工

该零件图纸如图 7-9 所示。

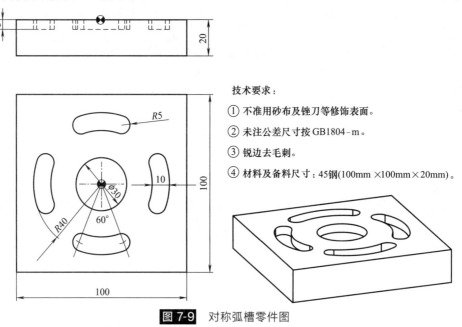

技术要求：

① 不准用砂布及锉刀等修饰表面。

② 未注公差尺寸按 GB1804-m。

③ 锐边去毛刺。

④ 材料及备料尺寸：45 钢(100mm ×100mm×20mm)。

图 7-9　对称弧槽零件图

7.6.1　学习目标及要领

（1）学习目标

通过本实例的学习，了解对称弧槽凸台零件的加工方法及进刀与退刀路线的设计，进一步学习刀补指令的使用方法。

（2）学习要领

在孔加工过程中，为了保证孔的各项加工精度，选择合适的加工方法及加工路线也很重要。在加工中心上，常用于加工孔的方法有钻孔、扩孔、铰孔、粗/精镗孔及攻螺纹等，应根据孔的加工精度、表面粗糙度、生产率、经济性以及工厂的生产设备等情况选择加工路线以及进退刀路线。

7.6.2　工艺分析

（1）加工工序

① 夹紧：用平口钳夹紧工件，等高垫铁支承并高出钳口 20mm，找正、对刀、设

定 G54。

　　② 用 φ10mm 键槽铣刀加工宽 10mm 的对称弧槽。

　　③ 用 φ20mm 键槽铣刀粗加工 φ30mm 孔。

　　④ 用 φ20mm 键槽铣刀精加工 φ30mm 孔。

　　（2）加工工序卡

　　加工工序卡见表 7-10。

☉ 表 7-10　加工工序卡

工步	工步内容	刀号	刀具类型	切削用量			备注
				主轴转速 /r·min^{-1}	进给速度 /mm·min^{-1}	背吃刀量 /mm	
1	装夹对刀						手动
2	加工槽	T01	φ10mm 键槽刀	800	120	5	自动
3	粗加工内孔	T02	φ20mm 键槽刀	1000	120	5	自动
4	精加工内孔	T02	φ20mm 键槽刀	1000	80	5	自动
5	去毛刺						手动
6	检查						手动

7.6.3　工、量、刀具清单

　　工、量、刀具清单见表 7-11。

☉ 表 7-11　工、量、刀具清单

名　称	规　格	精　度	数　量
平口钳	200mm		1
等高垫铁			1 对
胶皮锤			1 把
百分表	（带表座）		1 套
光电寻边器	φ10mm	0.002mm	1 个
R 规	R1～6.5mm　R7～14.5mm		1 套
游标卡尺	0～150mm　0～150mm（带表）	0.02mm	各 1
深度卡尺	200mm	0.02mm	1 把
键槽铣刀	φ10mm		1 支
键槽铣刀	φ20mm		1 支

7.6.4　参考程序与注释

```
XMZ006.MPF;                          主程序名为 XMZ006.MPF

G90 G17 G71 G94 G40 G54;             机床初始化

G74 Z0;

T1 M06;                              φ10mm 键槽刀

G00 X- 100 Y100 Z100 M03 S800 F120;

G01 X17.5 Y30.31 M08;                加工 4 段环槽

Z- 5;
```

```
G03 X- 17.5 Y30.31 R35;
Z5;
G01 X- 30.31 Y17.5;
Z- 5;
G03 X- 30.31 Y17.5 R35;
G01 Z5;
G01 X- 30.31 Y- 17.5;
Z- 5;
G03 X- 17.5 Y- 30.31 R35;
G01 Z5;
G01 X30.31 Y- 17.5;
Z- 5;
G03 X30.31 Y17.5 R35;
G00 Z100;
G74 Z0;
T2 M06;                              换 φ20mm 键槽刀
G43 G00 Z50 H02;
G01 Z10 M03 S1000 F120;
G00 X0 Y0;
G01 Z- 5;                            加工内孔
X- 4.8 Y0;
G02 I4.8;
G01 Z- 5;
G02 I4.8;
M03 S1000 F80;
G01 Z- 3;
X- 5 Y0;
G02 I5;
G01 Z- 5;
G02 I5;
G49 G00 Z100;                        取消刀具补偿
G74 Z0;                              回参考点
M09;                                 切削液停
M05;                                 主轴停转
M02;                                 程序结束
```

7.7　交叉圆槽零件的编程加工

该零件图纸如图 7-10 所示。

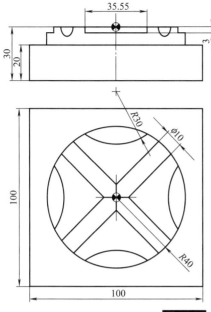

技术要求：

① 不准用砂布及锉刀等修饰表面。

② 未注公差尺寸按 GB1804-m。

③ 锐边去毛刺。

④ 材料及备料尺寸：45钢(100mm ×100mm×30mm)。

图 7-10 交叉圆槽零件图

7.7.1 学习目标及要领

（1）学习目标

通过本实例学习交叉圆槽零件的编程加工方法、刀具轨迹及进刀与退刀路线的设计，刀具半径补偿以及子程序指令的使用等。

（2）学习要领

换刀是加工中心加工时的特点。加工中心的换刀过程是由主轴上升到特定位置、刀库前移夹住刀柄、主轴继续上升卸刀、刀库旋转选刀、主轴下降装刀、刀库后退等一系列动作所组成，一般可编写一个专门的子程序（由机床生产厂家根据换刀过程编制一个专门程序，并存储在数控系统中）用于刀具的换刀。

7.7.2 工艺分析

（1）加工工序

① 夹紧：用平口钳夹紧工件，等高垫铁支承并高出钳口 20mm，找正、对刀、设定 G54。

② 用 ϕ20mm 立铣刀粗加工零件的轮廓，单边留 0.2mm 余量。

③ 用 ϕ20mm 立铣刀精加工零件的轮廓。

④ 用 ϕ10mm 的球头刀加工球面槽孔。

（2）加工工序卡

加工工序卡见表 7-12。

7.7.3 工、量、刀具清单

工、量、刀具清单见表 7-13。

▣ 表 7-12 加工工序卡

工步	工步内容	刀号	刀具类型	切削用量			备注
				主轴转速 /r·min^{-1}	进给速度 /mm·min^{-1}	背吃刀量 /mm	
1	装夹对刀						手动
2	粗加工零件轮廓	T01	ϕ20mm 立铣刀	800	120	10	自动
3	精加工零件轮廓	T01	ϕ20mm 立铣刀	1000	80	3	自动
4	加工球面槽孔	T02	ϕ10mm 球头刀	600	60	5	自动
5	去毛刺						手动
6	检查						手动

▣ 表 7-13 工、量、刀具清单

名 称	规 格	精 度	数 量
平口钳	200mm		1
等高垫铁			1 对
胶皮锤			1 把
百分表	（带表座）		1 套
光电寻边器	ϕ10mm	0.002mm	1 个
游标卡尺	0～150mm 0～150mm（带表）	0.02mm	各 1
深度卡尺	200mm	0.02mm	1 把
立铣刀	ϕ20mm		1 支
球头刀	ϕ10mm		1 支

7.7.4 参考程序与注释

XMZ010.MPF;	主程序名为 XMZ010.MPF
G90 G17 G71 G94 G40 G54;	机床初始化
G74 Z0;	
T1 M06;	选 ϕ20mm 立铣刀
G00 X- 100 Y100 Z100 M03 S800 F120;	
G41 G01 X- 40 Y40 D1 M08;	
L001 P1;	调用轮廓加工子程序
G00 Z100;	
X- 100 Y100 Z100 M03 S1000 F80;	
G41 G01 X- 40 Y40 D2;	建立刀具半径补偿
L001 P1;	调用轮廓加工子程序
G00 Z100;	
G74 Z0;	
T2 M06;	换 ϕ10mm 球头刀
G43 G00 Z50 H02;	
G00 Z5 S600 F60;	铣交叉槽
X20 Y20;	
G01 Z0;	
X- 20 Y- 20;	

```
G00 Z5;
X- 20 Y20;
G01 Z0;
X20 Y- 20;
G49 G00 Z100;
G74 Z0;
M09;
M05;
M02;

L001.SPF;                              子程序名 L001.SPF
G01 Z- 5;
X- 40 Y40;
G02 I40;
G01 Z- 10;
G02 I40;
G01 Z- 3;
X- 17.775 Y38.83;
G03 X17.775 Y38.83 CR= 30;             加工 R30mm 圆弧槽 1
G00 Z5;
X38.83 Y17.775;
G01 Z- 3;
G03 X38.83 Y- 17.775 CR= 30;           加工 R30mm 圆弧槽 2
G00 Z5;
X- 38.83 Y- 17.775;
G01 Z- 3;
G03 X- 38.83 Y17.775 CR= 30;           加工 R30mm 圆弧槽 3
G00 Z5;
X17.775 Y38.83
G01 Z- 3;
G03 X- 17.775 Y38.83 CR= 30;           加工 R30mm 圆弧槽 4
G00 Z50
RET;                                   返回主程序
```

7.8　均布孔系零件的编程加工

零件图纸如图 7-11 所示。

7.8.1　学习目标及要领

（1）学习目标

通过本实例的学习，了解均布孔系零件的编程加工方法、刀具轨迹路线及进刀与退刀路

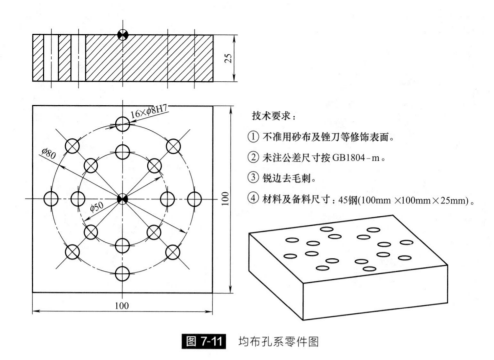

技术要求：

① 不准用砂布及锉刀等修饰表面。

② 未注公差尺寸按 GB1804-m。

③ 锐边去毛刺。

④ 材料及备料尺寸：45钢(100mm×100mm×25mm)。

图 7-11 均布孔系零件图

线的设计，钻孔固定循环指令以及子程序的使用等。

（2）学习要领

掌握旋转指令加子程序结合使用的模式，对相类似的零件能够进行举一反三，对数控加工中心的程序编制养成一个较好的编程习惯，比如下刀抬刀等都需根据自己的个人习惯在脑中形成一个模块，这样有利于程序的正确规范使用，也有利于更快更好地把程序这部分加强巩固。

7.8.2 工艺分析

（1）加工工序

该零件毛坯六个面已经完成加工，本工序只做通孔加工。各通孔大小相同，距离均匀，为减少编程计算量，可以采用 HOLSE2 圆周孔循环指令进行编程加工，坐标系原点选在工件上表面对称中心位置。

① 夹紧：用平口钳夹紧工件，等高垫铁支承并高出钳口 5mm，找正、对刀、设定 G54。

② 用 φ3mm 中心钻加工中心孔。

③ 用 φ7.8mm 麻花钻加工 φ8H7 底孔。

④ 用 φ8H7 铰刀加工 φ8H7 孔。

（2）加工工序卡

加工工序卡见表 7-14。

7.8.3 工、量、刀具清单

工、量、刀具清单见表 7-15。

▣ 表 7-14　加工工序卡

工步	工步内容	刀号	刀具类型	切削用量			备注
				主轴转速 /r·min⁻¹	进给速度 /mm·min⁻¹	背吃刀量 /mm	
1	钻中心孔	T01	ϕ3mm 中心钻	1000	60	3	
2	钻底孔	T02	ϕ7.8mm 麻花钻	700	100	8	
3	铰孔	T03	ϕ8mm 铰刀	200	50	0.2	
4	去毛刺						
5	检查						

▣ 表 7-15　工、量、刀具清单

名　称	规　格	精　度	数　量
平口钳	200mm		1
等高垫铁			1 对
胶皮锤			1 把
百分表	（带表座）		1 套
光电寻边器	ϕ10mm	0.002mm	1 个
样板			1 套
游标卡尺	0～150mm　0～150mm（带表）	0.02mm	各 1
深度卡尺	200mm	0.02mm	1 把
中心钻	ϕ3mm		1 支
麻花钻	ϕ7.8mm		1 支
铰刀	ϕ8mm	H7	1 支

7.8.4　参考程序与注释

```
SK631.MPF;                          孔加工主程序
G17 G90 G94 G40 G54;                机床初始化
G74 Z0;                             回参考点
T1 D1;                              调用 1 号 $\phi$3mm 中心钻
G00 X0 Y0 S1000 M03 F60;
Z50 M07;                            切削液开
L1;                                 调子程序中心钻钻圆周中心孔
G00 Z100 M09;                       切削液关
G74 Z0;
M05;
T2 D2;                              调用 2 号 $\phi$7.8mm 麻花钻
G00 X0 Y0 S700 M03 F100;
Z50 M07;
L2;                                 调用子程序钻孔
G00 Z100 M09;
G74 Z0
M05
T3 D3;                              调用 3 号 $\phi$8mm 铰刀
```

```
G00 X0 Y0 S200 M03 F50;
Z50 M07;
L3;                                                调用子程序钻孔
G00 Z100 M09;
G74 Z0;
M05;
M02;                                               程序结束


L1. SPF;                                           钻中心孔子程序名
MCALL CYCLE81 (10, 0, 5, - 5, ) ;                  调用钻孔循环
HOLES2 (0, 0, 25, 0, 45, 8, ) ;                    设置圆周孔循环参数
HOLSE2 (0, 0, 40, 0, 45, 8) ;                      设置圆周孔循环参数
MCALL;                                             取消模态调用
RET;                                               子程序结束


L2. SPF;                                           钻孔子程序名
MCALL CYCLE82 (10, 0, 5, - 28, 28, 2) ;            模态调用钻孔固定循环
HOLES2 (0, 0, 25, 0, 45, 8, ) ;                    设置圆周孔循环参数
HOLSE2 (0, 0, 40, 0, 45, 8) ;                      设置圆周孔循环参数
MCALL;                                             取消模态调用
RET;                                               子程序结束


L3. SPF;                                           铰孔子程序名
MCALL CYCLE85 (10, 0, 5, - 28, 28, 2, 50, 50) ;    模态调用铰孔固定循环
HOLES2 (0, 0, 25, 0, 45, 8) ;                      设置圆周孔循环参数
HOLSE2 (0, 0, 40, 0, 45, 8) ;                      设置圆周孔循环参数
MCALL;                                             取消模态调用
RET;                                               子程序结束
```

7.9 台阶孔系零件的编程加工

该零件图纸如图 7-12 所示。

7.9.1 学习目标及要领

（1）学习目标

通过本实例的学习，熟悉台阶孔系零件的编程加工方法、刀具轨迹路线及进刀与退刀路线的设计，孔的粗、精加工以及模态调用钻孔循环钻的使用方法等。

（2）学习要领

拓宽编程思路，使程序能够最简化、最短化、最合理化。用寻边器确定工件零点时应采用碰双边法。铣削外轮廓时，铣刀应尽量沿轮廓切向进刀和退刀。因立铣刀无中心刃，中间不能参与切削，可在铣削内槽时采用键槽刀，用斜向下刀法，改善下刀环境。

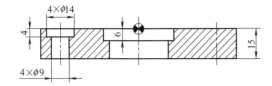

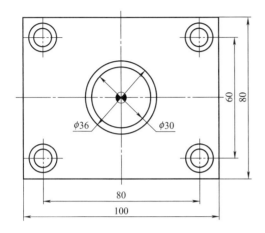

技术要求:

① 不准用砂布及锉刀等修饰表面。

② 未注公差尺寸按 GB1804-m。

③ 锐边去毛刺。

④ 材料及备料尺寸: 45 钢(100mm×80mm×15mm)。

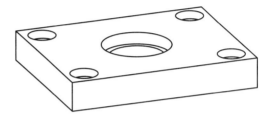

图 7-12 台阶孔系零件图

7.9.2　工艺分析

（1）加工工序

该零件毛坯六个面已经完成加工，本工序只做孔加工。坐标系原点选在工件上表面对称中心位置。

① 夹紧: 用平口钳夹紧工件，等高垫铁支承并高出钳口 5mm，找正、对刀、设定 G54。

② 用 ϕ25mm 麻花钻手动预钻 ϕ25mm 孔。

③ 用 ϕ3mm 中心钻加工中心孔。

④ 用 ϕ9mm 麻花钻加工 4×ϕ9mm 孔。

⑤ 用 ϕ14mm 立铣刀加工 4×ϕ14mm 沉孔。

⑥ 用 ϕ14mm 立铣刀加工 ϕ36mm 孔。

⑦ 用微调镗刀加工 $\phi30^{+0.022}_{0}$mm 孔。

（2）加工工序卡

加工工序卡见表 7-16。

▫ **表 7-16　加工工序卡**

工步	工步内容	刀号	刀具类型	切削用量			备注
				主轴转速 /r·min^{-1}	进给速度 /mm·min^{-1}	背吃刀量 /mm	
1	手动钻 ϕ25mm 孔		ϕ25mm 麻花钻	400		25	
2	钻中心孔	T01	ϕ3mm 中心钻	1000	60	3	
3	钻 ϕ9mm 孔	T02	ϕ9mm 麻花钻	600	100	9	

工步	工步内容	刀号	刀具类型	切削用量			备注
				主轴转速 /r·min^{-1}	进给速度 /mm·min^{-1}	背吃刀量 /mm	
4	沉孔加工	T03	ϕ14mm 立铣刀	400	60	2.5	
5	铣孔	T03	ϕ14mm 立铣刀	400	60	6	
6	粗镗孔	T04	可调微镗刀	800	100	2.4	
7	精镗孔	T04	可调微镗刀	1200	40	0.1	
8	去毛刺						
9	检查						

7.9.3 工、量、刀具清单

工、量、刀具清单见表 7-17。

☐ 表 7-17 工、量、刀具清单

名　称	规　格	精　度	数　量
平口钳	200mm		1
等高垫铁			1 对
胶皮锤			1 把
百分表	（带表座）		1 套
光电寻边器	ϕ10mm	0.002mm	1 个
游标卡尺	0～150mm　0～150mm（带表）	0.02mm	各 1
内径百分表	ϕ18～35mm	0.01mm	1 把
深度卡尺	200mm	0.02mm	1 把
中心钻	ϕ3mm		1 支
微调镗刀	ϕ25～50mm	0.01mm	1 支
立铣刀	ϕ14mm		1 支
麻花钻	ϕ9mm、ϕ25mm		各 1 支

7.9.4 参考程序与注释

SK633. MPF;	主程序
G90 G94 G71 G17 G40 G54;	机床初始化
G74 Z0;	回参考点
T01 D1;	换 1 号刀中心钻
G00 X0 Y0 Z100 S1000 M03 F60;	主轴正转
Z10 M07;	切削液打开
MCALL CYCLE81 (10, 0, 2, - 3, 3) ;	模态调用钻孔循环钻中心孔
X40 Y30;	钻中心孔
Y- 30;	
X- 40;	
Y30;	
MCALL;	取消模态调用
G00 Z50 M09;	切削液关

```
M05;
G74 Z0;
T02 D2;                                              换 2 号刀 φ9mm 麻花钻
G00 X0 Y0 Z100 S600 M03 F100;                        主轴正转
Z10 M07;                                             切削液打开
MCALL CYCLE81 (10, 0, 2, - 18, ) ;                   模态调用钻孔循环钻通孔
X40 Y30;                                             钻中心孔
Y- 30;
X- 40;
Y30;
MCALL;                                               取消模态调用
G00 Z50 M09;                                         切削液关闭
M05;                                                 主轴停止
G74 Z0;
T03 D3;                                              换 3 号刀 φ14mm 立铣刀
G00 X0 Y0 Z100 S400 M03 F60;                         主轴正转
Z10 M07;
MCALL CYCLE81 (10, 0, 2, - 4, ) ;                    模态调用钻孔循环钻通孔
X40 Y30;                                             加工沉孔
Y- 30;
X- 40;
Y30;
MCALL;                                               取消模态调用
G00 Z5;
G01 Z- 6 F60;
G01 X11 Y0;
G03 I- 11 ;                                          铣整圆
G01 X0 Y0;
G00 Z50 M09;                                         切削液关闭
M05;
G74 Z0;
T04 D4;                                              换 4 号刀镗刀
G00 X0 Y0 Z100 M03 S800 F100;
Z10 M07;
CYCLE85 (10, 0, 2, - 18, , , 100, 200) ;             粗镗
G00 Z100 M09;
M05;                                                 主轴停止
M00;                                                 程序暂停, 调整镗刀尺寸, 准备精镗
G00 X0 Y0 Z50 S1200 M03 F40;                         主轴正转
Z10 M08;                                             切削液打开
CYCLE86 (10, 0, 2, - 18, , 2, 3, - 1, - 1, 1, 45) ; 在孔底定向, 然后移动 2mm, 停留 1s
G00 Z50 M09;
M05;
M02;                                                 程序结束
```

7.10 螺纹孔系零件的编程加工

该零件图纸如图 7-13 所示。

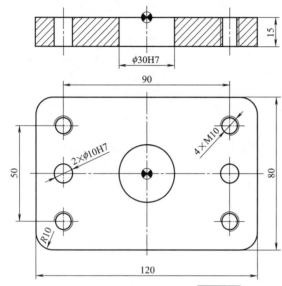

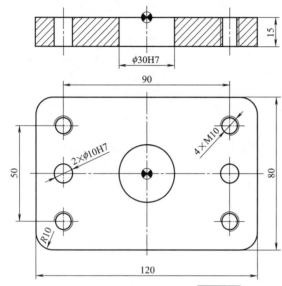

技术要求：

① 不准用砂布及锉刀等修饰表面。

② 未注公差尺寸按 GB1804-m。

③ 锐边去毛刺。

④ 材料及备料尺寸：45钢(120mm×80mm×25mm)。

图 7-13 螺纹孔系零件图

7.10.1 学习目标及要领

（1）学习目标

通过本实例的学习，熟悉螺纹孔系零件的编程加工方法、刀具轨迹及进刀与退刀路线的设计，攻螺纹固定循环指令及模态调用的方法。

（2）学习要领

切削条件的好坏直接影响加工的效率和经济性，这主要取决于编程人员的经验，工件的材料及性质，刀具的材料及形状，机床、刀具、工件的刚性，加工精度、表面质量要求，冷却系统等。

7.10.2 工艺分析

（1）加工工序

该零件毛坯六个面已经完成加工，本工序只做钻孔、铰孔和镗孔以及攻螺纹加工。坐标系原点选在工件上表面对称中心位置。

① 夹紧：用平口钳夹紧工件，等高垫铁支承并高出钳口 8mm，找正、对刀、设定 G54。

② 用 ϕ3mm 中心钻加工中心孔。

③ 用 ϕ9.8mm 麻花钻加工两个 ϕ10H7 和一个 ϕ30H7 的底孔。

④ 用 ϕ8.5mm 麻花钻加工四个 M10 底孔。

⑤ 用 ϕ28mm 麻花钻扩 ϕ30H7 的底孔。

⑥ 用 ϕ10H7 铰刀铰两个 ϕ10H7 孔。

⑦ 用 M10 丝锥攻 M10 螺纹。

⑧ 用 ϕ25～50mm 镗刀粗镗、半精镗、精镗 ϕ30H7 孔。

（2）加工工序卡

加工工序卡见表 7-18。

▣ 表 7-18　加工工序卡

工步	工步内容	刀号	刀具类型	切削用量			备注
				主轴转速 /r·min⁻¹	进给速度 /mm·min⁻¹	背吃刀量 /mm	
1	钻中心孔	T01	ϕ3mm 中心钻	1000	60	3	
2	钻孔	T02	ϕ9.8mm 麻花钻	600	100	10	
3	钻孔	T03	ϕ8.5mm 麻花钻	800	100	8.5	
4	扩孔	T04	ϕ28mm 麻花钻	200	40	9	
5	铰孔	T05	ϕ10H7 铰刀	200	20	0.1	
6	攻螺纹	T06	M10 丝锥	200	30	0.97	
7	粗镗孔	T07	ϕ29.3mm 粗镗刀	800	60	2.15	
8	半精镗孔	T07	ϕ29.8mm 粗镗刀	800	60	0.25	
9	精镗孔	T07	ϕ30mm 精镗刀	1200	40	0.1	
10	去毛刺						
11	检查						

7.10.3　工、量、刀具清单

工、量、刀具清单见表 7-19。

▣ 表 7-19　工、量、刀具清单

名　　称	规　　格	精　　度	数　　量
平口钳	200mm		1
等高垫铁			1 对
胶皮锤			1 把
百分表	（带表座）		1 套
光电寻边器	ϕ10mm	0.002mm	1 个
游标卡尺	0～150mm　0～150mm（带表）	0.02mm	各 1
内径百分表	ϕ35～55mm	0.01	1 支
铰刀	ϕ10mm	H7	1 支
中心钻	ϕ3mm		1 支
麻花钻	ϕ8.5mm		1 支
麻花钻	ϕ9.8mm		1 支
麻花钻	ϕ25mm		1 支
机用丝锥	M10		1 支
微调镗刀	ϕ25～50mm	0.01mm	1 支

7.10.4　参考程序与注释

SK634.MPF;	主程序
G90 G94 G71 G17 G40 G54;	绝对坐标编程，G 代码初始化
G74 Z0;	
T01 D1;	换 1 号刀中心钻
G00 X0 Y0 Z100 S1000 M03 F60;	主轴正转
Z10 M07;	切削液打开
MCALL CYCLE81 (10, 0, 2, - 3, 3) ;	模态调用钻孔循环钻中心孔
X0 Y0;	钻中心孔
X- 45 Y25;	
X- 45 Y0;	
X- 45 Y- 25;	
X45;	
Y0;	
Y25;	
MCALL;	取消模态调用
G00 Z50 M09;	切削液关闭
M05;	
G74 Z0;	
T02 D2;	换 2 号刀 φ9.8mm 麻花钻
G00 X0 Y0 Z100 S600 M03 F100;	主轴正转
Z10 M07;	切削液打开
MCALL CYCLE81 (10, 0, 2, - 18,) ;	模态调用钻孔循环钻通孔
X- 45 Y0;	
X45;	
X0 Y0;	
MCALL;	取消模态调用
G00 Z50 M09;	切削液关闭
M05;	主轴停止
G74 Z0;	
T03 D3;	换 3 号刀 φ8.5mm 麻花钻
G00 X0 Y0 Z100 S800 M03 F100;	主轴正转
Z10 M07;	
MCALL CYCLE81 (10, 0, 2, - 18,) ;	模态调用钻孔循环钻通孔
X- 45 Y25;	钻通孔
Y- 25;	
X45;	
Y25;	
MCALL;	取消模态调用
G00 Z50 M09;	切削液关闭
M05;	
G74 Z0;	

```
T04 D4;                                          换 4 号刀 φ28mm 麻花钻
G00 X0 Y0 Z100 M03 S200 F40;                     主轴正转
Z10 M07;                                         切削液打开
MCALL CYCLE81 (10, 0, 2, - 18, ) ;               模态调用钻孔循环钻通孔
MCALL;                                           取消模态调用
G00 Z50 M09;                                      切削液关闭
M05;
G74 Z0;
T05 D5;                                          换 5 号刀 φ10mm 铰刀
G00 X- 45 Y0 Z100 S200 M03;                      主轴正转
Z10 M07;                                         切削液打开
MCALL CYCLE85 (10, 0, 2, - 18, , , 20, 100) ;    模态调用铰孔循环
X- 45 Y0;                                         铰孔
X45;                                             铰孔
MCALL;                                           取消铰孔循环
G00 Z50 M09;                                      切削液关闭
M05;
G74 Z0;
T06 D6;                                          调用 6 号 M10 丝锥
G00 X0 Y0 M03 S200 F30;
G00 Z50 M07;
MCALL CYCLE840 (10, 0, 2, -18, 18, 1, 4, 3, 1, 1.5, ) ;
                                                 模态调用攻螺纹固定循环
MCALL;                                           取消模态调用
G00 Z50 M09;                                      切削液关闭
M05;
G74 Z0;
T07 D7;                                          换 7 号刀镗刀
G00 X0 Y0 Z100 M03 S800;
Z10 M07;
CYCLE85 (10, 0, 2, - 18, , , 100, 200) ;         粗镗
G00 Z100 M09;
M05;                                             主轴停止
M00;                                             程序暂停, 调整镗刀尺寸, 准备半精镗
G00 X0 Y0 Z10 S800 M03;                          主轴正转
M08;                                             切削液打开
CYCLE85 (10, 0, 2, - 18, , , 100, 200, ) ;       半精镗
G00 Z100 M09;                                    切削液关闭
M05;                                             主轴停止
M00;                                             程序暂停, 调整镗刀尺寸, 准备精镗
G00 X0 Y0 Z50 S1000 M03;                         主轴正转
Z10 M07;                                         切削液打开
CYCLE86 (10, 0, 2, - 18, , 2, 3, - 1, - 1, 1, 45) ;
                                                 在孔底定向, 然后移动 2mm, 停留 1s
```

181

```
G00 Z50 M09;

M05;

M02;                              程序结束
```

7.11　长槽孔系零件的编程加工

该零件图纸如图 7-14 所示。

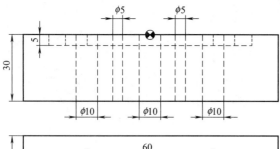

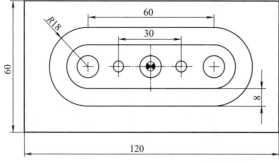

技术要求：

① 不准用砂布及锉刀等修饰表面。

② 未注公差尺寸按 GB 1804-m。

③ 锐边去毛刺。

④ 材料及备料尺寸：45钢(120mm×60mm×30mm)。

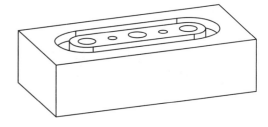

图 7-14　长槽孔系零件图

7.11.1　学习目标及要领

（1）学习目标

通过本实例的学习，熟悉长槽孔系零件的编程加工方法、刀具轨迹及进刀与退刀路线的设计。

（2）学习要领

对加工时所要使用的第一把刀具，可以把它直接安装在主轴上，并将这把刀的刀号输入设置到某地址号中。这样，在加工程序的开头就可以不进行换刀操作。但在程序结束前必须要有换刀程序段，以便使加工最后用的刀具换为加工开始时用的刀具，使这个程序还能继续进行下一个零件的加工。

7.11.2　工艺分析

（1）加工工序

① 夹紧：用平口钳夹紧工件，等高垫铁支承并高出钳口 20mm，找正、对刀、设定 G54。

② 用 φ8mm 键槽铣刀加工零件的曲线槽。

③ 用 ϕ3mm 中心钻加工定位孔。

④ 用 ϕ9.8mm 麻花钻加工 ϕ10mm 中心孔。

⑤ 用 ϕ10mm 铰刀加工 ϕ10mm 的孔。

⑥ 用 ϕ4.8mm 麻花钻加工 ϕ5mm 中心孔。

⑦ 用 ϕ5mm 铰刀加工 ϕ5mm 中心孔。

（2）加工工序卡

加工工序卡见表 7-20。

▣ 表 7-20　加工工序卡

工步	工步内容	刀号	刀具类型	切削用量			备注
				主轴转速 /r·min^{-1}	进给速度 /mm·min^{-1}	背吃刀量 /mm	
1	装夹对刀						手动
2	加工零件曲线槽	T01	ϕ8mm 立铣刀	800	80	5	自动
3	钻中心孔	T02	ϕ3mm 中心钻	1000	60	3	自动
4	钻孔加工	T03	ϕ9.8mm 麻花钻	600	60	8	自动
5	铰孔	T04	ϕ10H7 铰刀	200	40	0.1	自动
6	钻孔加工	T05	ϕ4.8mm 麻花钻	600	60	8	自动
7	铰孔	T06	ϕ5H7 铰刀	200	40	0.1	自动
8	去毛刺						手动
9	检查						手动

7.11.3　工、量、刀具清单

工、量、刀具清单见表 7-21。

▣ 表 7-21　工、量、刀具清单

名　称	规　格	精　度	数　量
平口钳	200mm		1
等高垫铁			1 对
胶皮锤			1 把
百分表	（带表座）		1 套
光电寻边器	ϕ10mm	0.002mm	1 个
R 规	R1～6.5mm　R7～14.5mm		1 套
游标卡尺	0～150mm　0～150mm(带表)	0.02mm	各 1
深度卡尺	200mm	0.02mm	1 把
键槽铣刀	ϕ8mm		1 支
中心钻	ϕ3mm		1 支
麻花钻	ϕ9.8mm		1 支
麻花钻	ϕ4.8mm		1 支
机用铰刀	ϕ10mm	H7	1 支
机用铰刀	ϕ5mm	H7	1 支

7.11.4　参考程序与注释

```
XMZ008.MPF;                          主程序名为 XMZ008.MPF
G90 G17 G71 G94 G40 G54;             机床初始化
G74 Z0;                              回参考点
T1 M06;                              选 φ8mm 立铣刀
G00 X- 100 Y100 Z100 M03 S800 F80;
Z10;
G01 X- 30 Y14 M08;                   开始铣长圆槽
Z- 5;
X30;
G02 X30 Y- 14 CR= 14;
G01 X- 30;
G02 X- 30 Y14 CR= 14;
G00 Z100;
G74 Z0;
T2 M06;                              中心钻钻孔
G43 G00 Z50 H02;
G00 Z10 M03 S1000 F60;
X0 Y0;
CYCLE81 (10, 0, 2, , 3);             返回平面坐标Z10mm, 安全间隙 2mm, 钻孔深
                                     度 3mm

G00 Z5;
X- 30 Y0;
CYCLE81 (10, 0, 2, , 3);             返回平面坐标Z10mm, 安全间隙 2mm, 钻孔深
                                     度 3mm

G00 Z5;
X- 15 Y0;
CYCLE81 (10, 0, 2, , 3);             返回平面坐标Z10mm, 安全间隙 2mm, 钻孔深
                                     度 3mm

G00 Z5;
X15 Y0;
CYCLE81 (10, 0, 2, , 3);             返回平面坐标Z10mm, 安全间隙 2mm, 钻孔深
                                     度 3mm

G00 Z5;
X30 Y0;
CYCLE81 (10, 0, 2, , 3);             返回平面坐标Z10mm, 安全间隙 2mm, 钻孔深
                                     度 3mm

G00 Z100;
G74 Z0;
T3 M06;
G43 G00 Z50 H03;
G00 Z10 S600 F60;
```

```
X30 Y0;
CYCLE81 (10, 0, 2, , 30);                     返回平面坐标Z10mm, 安全间隙 2mm, 钻孔深
                                              度 30mm

G00 Z5;
X0Y0;
CYCLE81 (10, 0, 2, , 30);                     返回平面坐标Z10mm, 安全间隙 2mm, 钻孔深
                                              度 30mm

G00 Z5;
X- 30 Y0;
CYCLE81 (10, 0, 2, , 30);                     返回平面坐标Z10mm, 安全间隙 2mm, 钻孔深
                                              度 30mm

G00 Z100;
G74 Z0;
T5 M06;
G43 G00 Z50 H05;
G00 Z10;
X15 Y0;
CYCLE81 (10, 0, 2, , 30);                     返回平面坐标Z10mm, 安全间隙 2mm, 钻孔深
                                              度 30mm

G00 Z5;
X- 15 Y0;
CYCLE81 (10, 0, 2, , 30);                     返回平面坐标Z10mm, 安全间隙 2mm, 钻孔深
                                              度 30mm

G00 Z100;
G74 Z0;
T4 M06 M03 S200 F40 ;
G43 G00 Z50 H04;
G00 Z10;
X30 Y0;
CYCLE81 (10, 0, 2, , 30, , 40, 80);           返回平面坐标Z10mm, 安全间隙 2mm, 铰孔深
                                              度 30mm, 进给速度 40mm/min, 退刀速度
                                              80mm/min

G00 Z10;
X- 30 Y0;
CYCLE81 (10, - 8, 2, , 30, , 40, 80);         返回平面坐标Z10mm, 安全间隙 2mm, 铰孔深
                                              度 30mm, 进给速度 40mm/min, 退刀速度
                                              80mm/min

G00 Z100;
G74 Z0;
T6 M06 M03 S200 F40 ;
G00 Z10;
X- 15 Y0;
```

185

```
CYCLE81 (10, 0, 2, , 30, , 40, 80);          返回平面坐标Z10mm, 安全间隙 2mm,
                                             铰孔深度 30mm, 进给速度 40mm/min,
                                             退刀速度 80mm/min

G00 Z10;
X15 Y0;
CYCLE81 (10, 0, 2, , 30, , 40, 80);          返回平面坐标Z10mm, 安全间隙 2mm,
                                             铰孔深度 30mm, 进给速度 40mm/min,
                                             退刀速度 80mm/min

G49 G00 Z100;                                取消刀具补偿
G74 Z0;                                      返回参考点
M09;                                         切削液停
M05;                                         主轴停
M02;                                         程序结束
```

7.12 薄壁棱台零件的编程加工

加工如图 7-15 所示的零件，坯料为 100mm×80mm×30mm 硬铝。

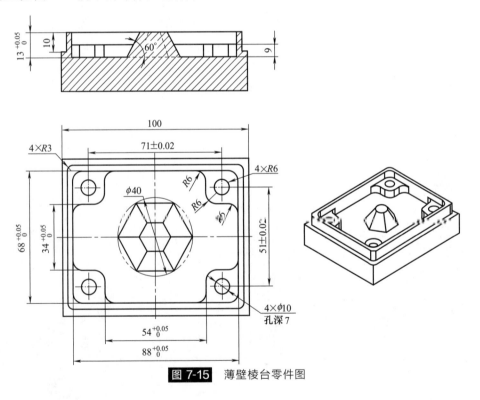

图 7-15 薄壁棱台零件图

7.12.1 学习目标及要领

（1）学习目标

① 刀具半径补偿的应用。

② 薄壁件加工的方法。

③ 零件的精度分析。

（2）学习要领

在工件校正方面，有时为了校正一个工件，要反复多次进行才能完成。因此，工件的装夹与校正一定要耐心细致地进行，否则达不到理想的校正效果。

在提高表面质量方面，导致表面粗糙度质量下降的因素大多可通过操作者来避免或减小。因此，数控操作者的水平将对表面粗糙度质量产生直接的影响。

7.12.2　工、量、刀具清单

工、量、刀具清单如表 7-22 所示。

▣ 表 7-22　工、量、刀具清单

名　称	规　格	精度	数量	名　称	规　格	精度	数量
立铣刀	ϕ12 精三刃立铣刀		1	千分尺	0～25,25～50,50～75	0.01mm	各 1
面铣刀	ϕ100 八齿端面铣刀		1	深度游标卡尺	0～200	0.02mm	1 把
键槽铣刀	ϕ12 粗、精键槽立铣刀		各 1	垫块,拉杆,压板,螺钉	M16		若干
钻头	ϕ10		1	扳手,锉刀	12″,10″		各 1 把
半径规	R5～30		1 套	刀柄,夹头	刀具相关刀柄,钻夹头,弹簧夹		若干
偏心式寻边器	ϕ10	0.02mm	1	其他	常用加工中心机床辅具		若干
游标卡尺	0～150 0～150(带表)	0.02mm	各 1				

7.12.3　工艺分析与加工设置

（1）加工方案

本例题加工较为复杂，主要分五个部分。

① 用 ϕ12 键槽铣刀铣外方形轮廓。

② 用 ϕ12 键槽铣刀铣内方形轮廓。

③ 用 ϕ12 键槽铣刀铣内花形槽。

④ 加工四个 ϕ10 孔。

⑤ 用 ϕ12 键槽铣刀铣棱台。

（2）工艺分析

刀具半径补偿功能除了使编程人员直接按轮廓编程，简化了编程工作外，在实际加工中还有许多其他方面的应用。

① 采用同一段程序，对零件进行粗、精加工　在粗加工时，将偏置量设为 $D=R+\Delta$，其中 R 为刀具的半径，Δ 为精加工余量，这样在粗加工完成后，形成的工件轮廓的加工尺寸要比实际轮廓每边都大 Δ。在精加工时，将偏置量设为 $D=R$，这样，零件加工完成后，

即得到实际加工轮廓。同理，当工件加工后，如果测量尺寸比图纸要求尺寸大时，也可用同样的方法进行修正解决。

② 采用同一程序段，加工同一公称直径的凹、凸型面　对于同一公称直径的凹、凸型面，内外轮廓编写成同一程序，在加工外轮廓时，将偏置量设为＋D，刀具中心将沿轮廓的外侧切削；在加工内轮廓时，将偏置量设为－（D＋壁厚），刀具中心将沿轮廓的内侧切削。这种编程与加工方法，在模具加工中运用较多。

7.12.4　程序清单与注释

参考程序如下。

SK1011.MPF		外方形轮廓主程序
N10	G40 G90	初始化
N20	G54 G00 Z100	
N30	T1 D1 S600 M03	φ12 键槽铣刀
N40	G00 X0 Y－60	
N50	Z5	
N60	G01 Z－10 F100	下刀
N70	G42 G01 X0 Y－37	建立刀补
N80	G01 X44	
N90	G03 X47 Y－34 CR＝3	
N100	G01 Y34	
N110	G03 X44 Y37 CR＝3	
N120	G01 X－44	
N130	G03 X－47 Y34 CR＝3	
N140	G01 Y－34	
N150	G03 X－44 Y－37 CR＝3	
N160	G01 X50	
N170	G40 G00 X0 Y0	取消刀补
N180	G00 Z100	抬刀
N190	M05	主轴停止
N200	M02	程序结束

SK1012.MPF		内方形轮廓主程序
N10	G40 G90	初始化
N20	G54 G00 Z100	
N30	T1 D1 S600 M03	φ12 键槽铣刀
N40	G00 X35 Y0	
N50	Z5	
N60	G01 Z－6 F150	下刀
N70	G42 X44 Y0	建立刀补
N80	G01 Y－28	
N90	G02 X38 Y－34 CR＝6	
N100	G01 X－38	

N110	G02 X－44 Y－28 CR＝6	
N120	G01 Y28	
N130	G02 X－38 Y34 CR＝6	
N140	G01 X38	
N150	G02 X44 Y28 CR＝6	
N160	G40 G01 Y－10	取消刀补
N170	G00 Z100	抬刀
N180	M05	主轴停止
N190	M02	程序结束

SK1013. MPF		内花形槽主程序
N10	G40 G90	初始化
N20	G54 G00 Z100	
N30	T1 D1 S600 M03	ϕ12 键槽铣刀
N40	G00 X35 Y0	
N50	Z5	
N60	G01 Z－13 F150	
N70	G42 X44 Y0	建立刀补
N80	G01 Y－11	
N90	G02 X38 Y－17 CR＝6	
N100	G01 X33	
N110	G03 X27 Y－23 CR＝6	
N120	G01 Y－28	
N130	G02 X21 Y－34 CR＝6	
N140	G01 X－21	
N150	G02 X－27 Y－28 CR＝6	
N160	G01 Y－23	
N170	G03 X－33 Y－17 CR＝6	
N180	G01 X－38	
N190	G02 X－44 Y－11 CR＝6	
N200	G01 Y11	
N210	G02 X－38 Y17 CR＝6	
N220	G01 X－33	
N230	G03 X－27 Y23 CR＝6	
N240	G01 Y28	
N250	G02 X－21 Y34 CR＝6	
N260	G01 X21	

N270	G02 X27 Y28 CR＝6	
N280	G01 Y23	
N290	G03 X33 Y17 CR＝6	
N300	G01 X38	
N310	G02 X44 Y11 CR＝6	
N320	G01 Y−5	
N330	G40 X0 Y0	取消刀补
N340	G00 Z100	抬刀
N350	M05	主轴停止
N360	M02	程序结束

SK1014. MPF		孔加工程序
N10	M40 M90	初始化
N20	G54 G00 Z100	
N30	T2 D1 S400 M03	ϕ9.8 钻头 ϕ10 绞刀
N40	MCALL CYCLE81(10,0,3,−13,)	模态调用 CYCLE81 循环加工孔
N50	G00 X35.5 Y25.5	第一个孔
N60	X−35.5	第二个孔
N70	Y−25.5	第三个孔
N80	X35.5	第四个孔
N90	MCALL	取消模态调用
N100	G00 Z100	抬刀
N110	M05	主轴停止
N120	M02	程序结束

SK1015. MPF		棱 台 程 序
N10	G40 G90	初始化
N20	G54 G00 Z100	
N30	T1 D1 S600 M03	ϕ12 键槽铣刀
N40	G00 X35 Y0	
N50	Z5	
N60	R0＝0	
N70	R1＝−13	
N80	R2＝26	
N90	AAA:G111 G01 RP＝R2 AP＝0Z＝R1 F300	极坐标编程
N100	AP＝60	

N110	AP＝120	
N120	AP＝180	
N130	AP＝240	
N140	AP＝300	
N150	AP＝360	
N160	R1＝R1＋0.1	
N170	R0＝R0＋0.1	
N180	R2＝26－R0 * TAN［30］	
N190	IF R1＜＝0 GOTOB AAA	
N200	G90 G00 Z100	抬刀
N210	M05	主轴停止
N220	M02	程序结束

第8章
SIEMENS 系统加工中心提高实例

本章将介绍 7 个 SIEMENS 系统数控加工的提高实例，包括平面类、盘类、槽类、孔类、宏程序加工类等常用零件。

8.1 平面轮廓类零件的编程加工

加工如图 8-1 所示槽轮板零件，坯料为 80mm×80mm×20mm 硬铝。

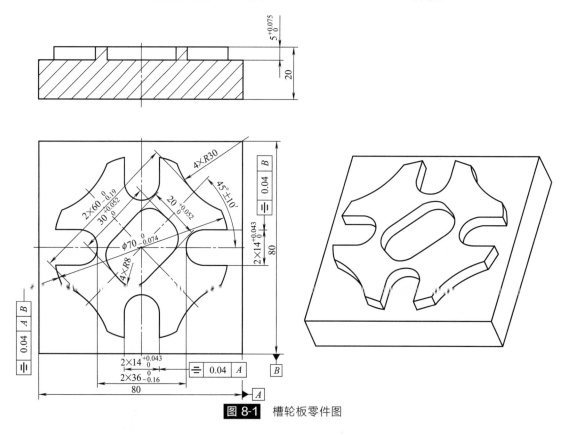

图 8-1 槽轮板零件图

8.1.1 学习目标及要领

（1）学习目标

① 使用寻边器确定工件零点时应采用碰双边法。

② 精铣时应采用顺铣法，以提高尺寸精度和表面质量。

③ 铣削矩形槽时，不能直接用 ϕ12mm 立铣刀垂直铣削进刀。

（2）学习要领

顺铣与逆铣的选择：根据刀具的旋转方向和工件的进给方向间的相互关系，数控铣削分为顺铣和逆铣两种。在刀具正转的情况下，刀具的切削速度方向与工件的移动方向相同，采用左刀补铣削为顺铣；刀具的切削速度方向与工件的移动方向相反，采用右刀补铣削为逆铣。

采用顺铣时，其切削力及切削变形小，但容易产生崩刃现象。因此，通常采用顺铣的加工方法进行精加工。而采用逆铣则可以提高加工效率，但由于逆铣切削力大，导致切削变形增加、刀具磨损加快。因此，通常在粗加工时采用逆铣的加工方法。

8.1.2　工、量、刀具清单

工、量、刀具清单如表 8-1 所示。

▫ 表 8-1　工、量、刀具清单

名称	规格	精度	数量	名称	规格	精度	数量
立铣刀	ϕ20 粗、精三刃立铣刀 ϕ12 粗、精三刃立铣刀		各 1	深度游标卡尺	0～200	0.02mm	1 把
键槽铣刀	ϕ12 粗、精键槽立铣刀		各 1	垫块，拉杆，压板，螺钉	M16		若干
半径规	R5～30		1 套	扳手，锉刀	12″,10″		各 1 把
偏心式寻边器	ϕ10	0.02mm	1	刀柄，夹头	刀具相关刀柄，钻夹头，弹簧夹		若干
游标卡尺	0～150 0～150(带表)	0.02mm	各 1	其他	常用加工中心机床辅具		若干
千分尺	0～25,25～50,50～75	0.01mm	各 1				

8.1.3　工艺分析与加工设置

（1）加工准备

① 详阅零件图，并检查坯料的尺寸。

② 编制加工程序，输入程序并选择该程序。

③ 用平口虎钳装夹工件，伸出钳口 10mm 左右，用百分表找正。

④ 安装寻边器，确定工件零点为坯料上表面的中心，设定零点偏置。

⑤ 安装 ϕ20mm 粗立铣刀并对刀，设定刀具参数，选择自动加工方式。

（2）粗铣圆柱外轮廓和凹圆弧

① 粗铣圆柱外轮廓，留 0.50mm 单边余量，如图 8-2 所示。

② 粗铣 $4\times R30$ 凹圆弧，留 0.50mm 单边余量，如图 8-3 所示。

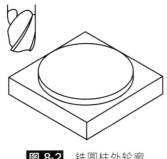

图 8-2　铣圆柱外轮廓

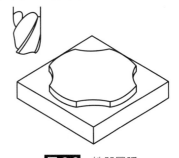

图 8-3　铣凹圆弧

（3）半精铣、精铣圆柱外轮廓和凹圆弧

① 安装 ϕ20mm 精立铣刀并对刀，设定刀具参数，半精铣圆柱外轮廓和凹圆弧，留 0.10mm 单边余量。

② 实测工件尺寸，调整刀具参数，精铣圆柱外轮廓和凹圆弧至要求尺寸。

（4）铣半圆形槽

① 安装 ϕ12mm 粗立铣刀并对刀，设定刀具参数，选择程序，粗铣各槽，留 0.50mm 单边余量。

② 安装 ϕ12mm 精立铣刀并对刀，设定刀具参数，半精铣各槽，留 0.10mm 单边余量。

③ 实测工件尺寸，调整刀具参数，精铣各半圆形槽至要求尺寸，如图 8-4 所示。

（5）铣矩形槽

① 安装 ϕ12mm 粗键槽立铣刀并对刀，设定刀具参数，选择程序，粗铣矩形槽，留 0.50mm 单边余量。

② 安装 ϕ12mm 精键槽立铣刀并对刀，设定刀具参数，半精铣矩形槽，留 0.10mm 单边余量。

③ 实测矩形槽的尺寸，调整刀具参数，精铣矩形槽至要求尺寸，如图 8-5 所示。

图 8-4　铣半圆形槽

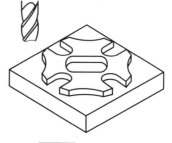

图 8-5　铣矩形槽

8.1.4　程序清单与注释

说明：粗铣、半精铣和精铣时使用同一加工程序，只需调整刀具参数即可，如表 8-2 所示。

▱ 表 8-2　刀具参数（磨损量）的确定

加工性质	刀　具　参　数		加工性质	刀　具　参　数	
	L1 的磨损量	R 的磨损量		L1 的磨损量	R 的磨损量
粗铣	0.20	0.50	精铣	实测后确定	实测后确定
半精铣	0.10	0.10			

参考程序如下。

	SK1003. MPF	铣圆柱体外轮廓和凹圆弧主程序
N10	R1＝1R2＝30 * SQRT(2)	
N20	G54 G90 G17	
N30	T1 D1	ϕ20mm 立铣刀
N40	G00 Z100 S300 M03	
N50	X52 Y－46	
N60	Z1	

N70	G01 Z－5 F200	
N80	G41 G01 X40 Y－36 F50 G451	
N90	X－36	
N100	Y36	
N110	X36	
N120	Y－36	
N130	G40 G01 X46.5 Y－38	
N140	G00 Z50	
N150	X52 Y－45.5	
N160	Z1	
N170	G01 Z－5 F200	
N180	G41 G01 X40 Y－35 F50	
N190	X0	
N200	G02 X0 Y－35 I0 J35	
N210	G40 G01 X－2 Y－45.5	
N220	G00 Z50	铣 4×R30 凹圆弧
N230	MARKER1:G00X＝R2－20Y＝R2＋2	
N240	Z1	
N250	G01 Z－5 F200	
N260	G41 G01 X＝R2－30 Y＝R2 F50 G901	
N270	G03 X＝R 2Y＝R2－30 CR＝30	
N280	G40 G01X＝R2＋2Y＝R2－20 G450 G900	
N290	G00 Z50	
N300	G259 RPL＝90	
N310	R1＝R1＋1	
N320	IF R1＜5GOTOB MARKER1	
N330	G258	
N340	G00 Z100 M05	
N350	M02	程序结束

SK1004. MPF		铣半圆形槽主程序
N10	R3＝0	
N20	G54 G90 G17	
N30	T2 D1	
N40	G00 Z100 S500 M03	
N50	MARKER3:G00 X43 Y0.5	
N60	Z1	
N70	G01 Z－5 F100	
N80	G41 G01 X36 Y7 F75 G64 G901	
N90	X25	
N100	G03 X25 Y－7 CR＝7	
N110	G01 X36	

N120	G40 G01 X38 Y－0.5 G60 G900	
N130	G00 Z50	
N140	G259 RPL＝90	
N150	R3＝R3＋1	
N160	IF R3＜4GOTOB MARKER3	
N170	G258	
N180	G00 Z100 M05	
N190	M02	程序结束

SK1005. MPF		铣矩形槽主程序
N10	G54 G90 G17	
N20	T2 D1	ϕ12mm 键槽铣刀
N30	G00 Z100 S500 M03	
N40	G258 RPL＝45	
N50	R101＝50	
N60	R102＝1	
N70	R103＝0	
N80	R104＝－5	
N90	R116＝0	
N100	R117＝0	
N110	R118＝30	
N120	R119＝20	
N130	R120＝8	
N140	R121＝0	
N150	R122＝20	
N160	R123＝50	
N170	R124＝0	
N180	R125＝0	
N190	R126＝3	
N200	R127＝1	
N210	LCYC75	调用铣槽循环
N220	G258	
N230	G00 Z100 M05	
N240	M02	程序结束

8.2　盘类零件的编程加工

加工如图 8-6 所示马氏盘零件，坯料为 100mm×100mm×20mm 硬铝。

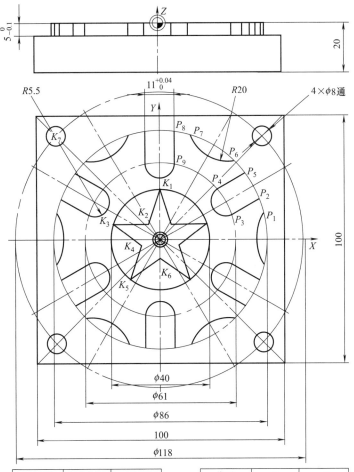

位置	X	Y
P_1	41.579	10.964
P_2	39.683	16.560
P_3	29.164	10.487
P_4	23.664	20.013
P_5	34.183	26.087
P_6	30.760	30.047
P_7	11.295	41.490
P_8	5.500	42.647
P_9	5.500	30.500

位置	X	Y
K_1	0	20.000
K_2	−4.500	6.2000
K_3	−19.000	6.200
K_4	−7.300	−2.400
K_5	−11.800	−16.200
K_6	0	−7.600
K_7	−41.700	−41.700

注：五角星和外接圆刻深1mm，宽2mm

图 8-6　马氏盘零件图

8.2.1　学习目标及要领

（1）学习目标

① 基点的计算方法。

② 形状对称零件的加工方法。

③ 精度的控制方法。

（2）学习要领

保证曲线的轮廓精度，实际上是轮廓铣削时刀具半径补偿值的合理调整，同一轮廓的粗精加工可以使用同一程序，只是在粗加工时，将补偿值设为刀具半径加轮廓余量，在精加工时补偿值设为刀具半径甚至更小些。加工中就应该根据补偿值和实际工件测量值的关系，合理地输入有效的补偿值以保证轮廓精度。

为提高槽宽的加工精度，减少铣刀的种类，加工时可采用直径比槽宽小的铣刀，先铣槽的中间部分，然后用刀具半径补偿功能铣槽的两边。

8.2.2 工、量、刀具清单

工、量、刀具清单如表 8-3 所示。

▣ **表 8-3 工、量、刀具清单**

名称	规格	精度	数量
立铣刀	ϕ30、ϕ2 粗柄铣刀		1
面铣刀	ϕ100 八齿端面铣刀		1
键槽铣刀	ϕ10 粗键槽立铣刀		1
钻头	ϕ8		1
镗刀	ϕ39、ϕ40		各 1
半径规	R5～30		1 套
偏心式寻边器	ϕ10	0.02mm	1
游标卡尺	0～150 0～150（带表）	0.02mm	各 1
千分尺	0～25,25～50,50～75	0.01mm	各 1
深度游标卡尺	0～200	0.02mm	1 把
垫块,拉杆,压板,螺钉	M16		若干
扳手,锉刀	12″,10″		各 1 把
刀柄,夹头	刀具相关刀柄,钻夹头,弹簧夹		若干
其他	常用加工中心机床辅具		若干

程序中具体刀具编号如下：

T1——ϕ2 粗柄铣刀；

T2——ϕ30 立铣刀；

T3——ϕ10 键槽铣刀；

T4——ϕ8 钻头；

T5——ϕ39 镗刀；

T6——ϕ40 镗刀。

8.2.3 工艺分析

如图所示建立工件坐标系，各基点坐标通过几何计算或图解法求得，如图 8-2 所示。

（1）加工方案

① 五角星及 ϕ40 外接圆采用 ϕ2 粗柄铣刀加工，注意整圆必须采用圆心编程。

② 马氏盘外形。

采用 $\phi30$ 立铣刀粗精铣 $\phi86$ 至尺寸，然后采用 $\phi10$ 立铣刀以 LCYC75 循环铣 6 个销槽，采用 $\phi39$ 和 $\phi40$ 镗刀（主偏角 90°，主切削刃宽大于 4），以 LCYC61 循环粗精加工 6 锁弧槽。

③ $4\times\phi8$ 孔采用 $\phi8$ 钻头，可自编基本功能程序或子程序逐孔加工，还可采用 LCYC61 循环进行加工。

（2）工艺分析

工艺上为保证加工效率，往往是尽量选用大直径刀具，而刀具直径越大，发生干涉的概率就越高，故在加工中必须注意避免干涉的发生，需要合理地选择刀具。

在工件坐标系中编程时，为了方便编程，可以设定工件坐标系的子坐标系，由此产生一个当前工件坐标系，此子坐标系称为局部坐标系。

SIEMENS 系统指令格式：

TRANS X ＿ Y ＿ Z ＿；

ATRANS X ＿ Y ＿ Z ＿；

TRANS 为绝对可编程零位偏置，参考基准为 G54～G59 设定的有效坐标系。ATRANS 为附加可编程零位偏置，参考基准为当前设定或最后编程的有效工件零位。用 TRANS 后面不带任何偏置可取消所有以前激活的指令。以上指令在使用时，必须单独占用一个独立的程序段。

8.2.4　程序清单与注释

参考程序如下：

SK1105. MPF		主程序
N10	G54 F300 S1500 M03 M07 T1	选择 T1,设定工艺数据以铣五星及外接圆
N20	G00 X0 Y20 Z2	快速引刀接近工件 K1 点上方以下刀
N30	G01 Z−1	下刀至深度
N40	G02 X0 Y20 J0 J−20	铣外接圆
N50	G01 X−4.5 Y6.2	K2,开始铣五星
N60	X−19	K3
N70	X−7.3 Y−2.4	K4
N80	X−11.8 Y−16.2	K5
N90	X0 Y−7.6	K6
N100	X11.8 Y−16.2	
N110	X7.3 Y−2.4	
N120	X19 Y6.2	
N130	X4.5	
N140	X0 Y20	铣五星结束
N150	G00 Z100	退刀
N160	T2 F150 S300 M03	换刀具 T2,调整工艺数据以铣 $\phi86$ 外圆
N170	G00 X70 Y0 Z−4.95	快速引刀接近切入点并至铣削深度
N180	G01 G42 X43.5 Y0	切入并建立刀具半径补偿
N190	G03 X43.5 Y0 I−43.5 J0	粗铣圆至 $\phi87$
N200	G01 X43	径向切入准备精铣

N210	G03 X43 Y0 I−43 J0	精铣圆至 φ86
N220	G01 G40 X70 Y0	切出并取消刀具半径补偿
N230	G00 Z100	退刀
N240	T3 F200 S1000 M03	换刀具 T3,调整工艺数据以铣马氏盘销槽
N250	G00 X40 Y0 Z5	
N260	R101＝5	
N270	R102＝1	
N280	R103＝0	
N290	R104＝−4.95	
N300	R116＝36.75	
N310	R117＝0	
N320	R118＝23.5	
N330	R119＝11	
N340	R120＝5.5	
N350	R121＝3	
N360	R122＝150	
N370	R123＝200	
N380	R124＝0.2	
N390	R125＝0.2	
N400	R126＝2	
N410	R127＝1	
N420	G258 RPL＝30	坐标系旋转至 30°位置
N430	LCYC75	调用 LCYC75 粗铣第一个销槽
N440	G258 RPL＝90	坐标系旋转至 90°位置
N450	LCYC75	调用 LCYC75 粗铣第二个销槽
N460	G258 RPL＝150	坐标系旋转至 150°位置
N470	LCYC75	调用 LCYC75 粗铣第三个销槽
N480	G258 RPL＝210	坐标系旋转至 210°位置
N490	LCYC75	调用 LCYC75 粗铣第四个销槽
N500	G258 RPL＝270	坐标系旋转至 270°位置
N510	LCYC75	调用 LCYC75 粗铣第五个销槽
N520	G258 RPL＝330	坐标系旋转至 330°位置
N530	LCYC75	调用 LCYC75 粗铣第六个销槽
N540	S1500	
N550	R121＝0	设定精铣槽循环参数,其他参数不变
N560	R127＝2	
N570	G258 RPL＝30	坐标系旋转至 30°位置
N580	LCYC75	调用 LCYC75 精铣第一个销槽
N590	G258 RPL＝90	坐标系旋转至 90°位置
N600	LCYC75	调用 LCYC75 精铣第二个销槽
N610	G258 RPL＝150	坐标系旋转至 150°位置

N620	LCYC75	调用 LCYC75 精铣第三个销槽
N630	G258 RPL＝210	坐标系旋转至 210°位置
N640	LCYC75	调用 LCYC75 精铣第四个销槽
N650	G258 RPL＝270	坐标系旋转至 270°位置
N660	LCYC75	调用 LCYC75 精铣第五个销槽
N670	G258 RPL＝330	坐标系旋转至 330°位置
N680	LCYC75	调用 LCYC75 精铣第六个销槽
N690	G00 Z100	退刀
N700	T5 F120 S500 M03	换刀具 T5,调整工艺数据以粗镗马氏盘锁弧槽
N710	R101＝5	
N720	R102＝1	
N730	R103＝0	
N740	R104＝－4.95	
N750	R105＝0.5	
N760	R115＝82	
N770	R116＝0	
N780	R117＝0	
N790	R118＝59	
N800	R119＝6	
N810	R120＝0	
N820	R121＝0	
N830	LCYC61	调用 LCYC61 循环粗镗六锁弧槽
N840	G00 Z100	退刀
N850	T6 F200 S200 M03	换刀具 T6,调整工艺数据以精镗马氏盘锁弧槽
N860	LCYC61	调用 LCYC61 循环精镗六锁弧槽
N870	G00 Z100	退刀
N880	T4 F200 S800 M03	换刀具 T4,调整工艺数据以钻 4×φ8 孔
N890	G00 X0 Y0 Z10	快速引刀接近工件
N900	R101＝5	
N910	R102＝1	
N920	R103＝0	
N930	R104＝－25	
N940	R105＝0	
N950	R115＝82	
N960	R116＝0	
N970	R117＝0	
N980	R118＝59	
N990	R119＝4	
N1000	R120＝45	
N1010	R121＝0	
N1020	LCYC61	调用 LCYC61 循环钻 4×φ8 孔
N1030	G00 Z 100 M09	
N1040	M02	

8.3 槽类零件的编程加工

加工如图 8-7 所示零件，坯料为 90mm×90mm×20mm 硬铝。

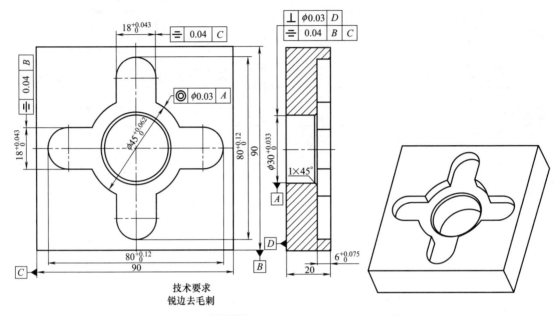

图 8-7 十字凹型板零件图

8.3.1 学习目标及要领

（1）学习目标

① 使用寻边器确定工件零点时应采用碰双边法。

② 精铣时应采用顺铣法，以提高尺寸精度和表面质量。

③ 镗孔时，应用试切法来调节镗刀。

④ φ30mm 孔的正下方不能放置垫铁，并应控制钻头的进刀深度，以免损坏平口虎钳和刀具。

（2）学习要领

确定精加工余量的方法主要有经验估算法、查表修正法、分析计算法等几种。加工中心上通常采用经验估算法或查表修正法确定精加工余量，其推荐值见表 8-4（轮廓指单边余量，孔指双边余量）。

▫ **表 8-4　精加工余量推荐值**/mm

加工方法	刀具材料	精加工余量	加工方法	刀具材料	精加工余量
轮廓铣削	高速钢	0.2～0.4	铰孔	高速钢	0.1～0.2
	硬质合金	0.3～0.6		硬质合金	0.2～0.3
扩孔	高速钢	0.5～1	镗孔	高速钢	0.1～0.5
	硬质合金	1～2		硬质合金	0.3～1

8.3.2　工、量、刀具清单

工、量、刀具清单如表 8-5 所示。

▣ 表 8-5　工、量、刀具清单

名　称	规　格	精度	数量	名　称	规　格	精度	数量
立铣刀	$\phi16$ 粗、精三刃立铣刀		各 1	千分尺	$0\sim25,25\sim50,50\sim75$	0.01mm	各 1
钻头	$\phi12$、$\phi28$ 钻头		各 1	深度游标卡尺	$0\sim200$	0.02mm	1 把
镗刀	$\phi30$ 镗刀		1	垫块,拉杆,压板,螺钉	M16		若干
键槽铣刀	$\phi16$ 粗、精键槽铣刀		1	扳手,锉刀	12″,10″		各 1
半径规	$R1\sim6.5$　$R7\sim14.5$		1 套	刀柄,夹头	刀具相关刀柄,钻夹头,弹簧夹		若干
偏心式寻边器	$\phi10$	0.02mm	1	其他	常用加工中心机床辅具		若干
游标卡尺	$0\sim150$ $0\sim150$(带表)	0.02mm	各 1				

8.3.3　工艺分析与加工设置

（1）加工准备

① 详阅零件图，并检查坯料的尺寸。

② 编制加工程序，输入程序并选择该程序。

③ 用平口虎钳装夹工件，伸出钳口 8mm 左右，用百分表找正。

④ 安装寻边器，确定工件零点为坯料上表面的中心，设定零点偏置。

⑤ 安装 A2.5 中心钻并对刀，设定刀具参数，选择自动加工方式。

（2）加工 $\phi30$mm 孔（如图 8-8 所示）

① 钻中心孔。

② 安装 $\phi12$mm 钻头并对刀，设定刀具参数，钻通孔。

③ 安装 $\phi28$mm 钻头并对刀，设定刀具参数，钻通孔。

④ 安装镗刀并对刀，设定刀具参数，选择程序，粗镗孔，留 0.50mm 单边余量。

⑤ 实测孔的尺寸，调整镗刀，半精镗孔，留 0.10mm 单边余量。

⑥ 实测孔的尺寸，调整镗刀，精镗孔至要求尺寸。

（3）铣圆槽轮廓（如图 8-9 所示）

① 安装 $\phi16$mm 粗立铣刀并对刀，设定刀具参数，选择程序，粗铣圆槽，留 0.50mm 单边余量。

② 安装 $\phi16$mm 精立铣刀并对刀，设定刀具参数，半精铣圆槽，留 0.10mm 单边余量。

③ 实测工件尺寸，调整刀具参数，精铣圆槽至要求尺寸。

（4）铣十字形槽（如图 8-10 所示）

① 安装 $\phi16$mm 粗键槽铣刀并对刀，设定刀具参数，选择程序，粗铣各槽，留 0.50mm 单边余量。

② 安装 $\phi16$mm 精键槽铣刀并对刀，设定刀具参数，半精铣十字形槽，留 0.10mm 单边余量。

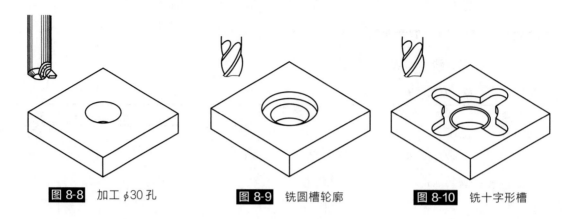

图 8-8　加工 ϕ30 孔　　　图 8-9　铣圆槽轮廓　　　图 8-10　铣十字形槽

③ 实测工件尺寸，调整刀具参数，精铣各槽至要求尺寸。

④ 安装 90°锪刀，倒角 $1 \times 45°$。

8.3.4　程序清单与注释

由于粗铣、半精铣和精铣时使用同一加工程序，因此只需调整刀具参数即可，如表 8-6 所示。

▢ 表 8-6　刀具参数（磨损量）的确定

加工性质	刀　具　参　数		加工性质	刀　具　参　数	
	L1 的磨损量	R 的磨损量		L1 的磨损量	R 的磨损量
粗铣	0.20	0.50	精铣	实测后确定	实测后确定
半精铣	0.10	0.10			

参考程序如下。

	SK1006. MPF	钻 ϕ28mm 孔主程序
N10	G54 G90 G17	
N20	T1 D1	A2.5 中心钻
N30	G00 Z100 S1200 M03	
N40	X0 Y0 F60	
N50	R101＝50	
N60	R102＝1	
N70	R103＝0	
N80	R104＝－4	
N90	R105＝1	
N100	LCYC82	调用钻孔循环
N110	G00 Z100 M05	
N120	Y－80	
N130	M00	程序暂停
N140	T2 D1	ϕ12mm 钻头
N150	G00 Z50	

N160	G00 X0 Y0 S500 M03	
N170	R104＝－24	
N180	R107＝50	
N190	R108＝30	
N200	R109＝1	
N210	R110＝－10	
N220	R111＝3	
N230	R127＝1	
N240	LCYC83	调用深孔钻削循环
N250	G00 Z100 M05	
N260	Y－80	
N270	M00	程序暂停
N280	T3 D1	ϕ28mm 钻头
N290	G00 Z50	
N300	G00 X0 Y0 S350 M03	
N310	R104＝－29	
N320	R107＝30	
N330	R108＝20	
N340	R109＝1	
N350	R110＝－12	
N360	R111＝3	
N370	R127＝0	
N380	LCYC83	调用深孔钻削循环
N390	G00 Z50 M05	
N400	Y－80	
N410	M02	程序结束

	SK1007. MPF	镗 ϕ30mm 孔主程序
N10	G54 G90 G17	
N20	T4 D1	ϕ25～38mm 镗刀
N30	G00 Z50 S200 M03	
N40	X0 Y0	
N50	R101＝50	
N60	R102＝2	
N70	R103＝0	
N80	R104＝－22	
N90	R105＝1	
N100	R107＝16	
N110	R108＝30	
N120	LCYC85	调用镗孔循环
N130	G00 Z100 M05	
N140	M02	程序结束

N10	G54 G90 G17	
N20	T5 D1	φ16mm 立铣刀
N30	G00 Z100 S800 M03	
N40	R101＝50	
N50	R102＝1	
N60	R103＝0	
N70	R104＝－5	
N80	R116＝0	
N90	R117＝0	
N100	R118＝45	
N110	R119＝45	
N120	R120＝22.5	
N130	R121＝0	
N140	R122＝100	
N150	R123＝50	
N160	R124＝0	
N170	R125＝0	
N180	R126＝3	
N190	R127＝2	
N200	LCYC75	调用铣槽循环
N210	G00 Z100 M05	
N220	M02	程序结束

	SK1009. MPF	铣十字形槽主程序
N10	R1＝0	
N20	G54 G90 G17	
N30	T5 D1	φ16mm 立铣刀
N40	G00 Z100 S800 M03	
N50	MARKER1:G00 X12 Y－0.5	
N60	Z1	
N70	G01 Z－5 F100	
N80	G41 G01 X21 Y－9 F50 G901	
N90	X31	
N100	G03 X31 Y9 CR＝9	
N110	G01 X21	
N120	G40 G01 X18 Y0.5 G900	
N130	G00 Z50	
N140	G259 RPL＝90	
N150	R1＝R1＋1	
N160	IF R1＜4GOTOB MARKER1	

续表

N170	G258	
N180	G00 Z100 M05	
N190	M02	程序结束

	SK1010. MPF	镗 1×45°主程序
N10	G54 G90 G17	
N20	T6D1	ϕ35mm 镗刀
N30	G00 Z100 S180 M03	
N40	X0Y0	
N50	Z5	
N60	G01 Z1 F200	
N70	Z−1 F18	
N80	G4 F5	
N90	Z1 F200	
N100	G00 Z100 M05	
N110	M02	程序结束

8.4　孔类零件的编程加工

该零件图纸如图 8-11 所示。

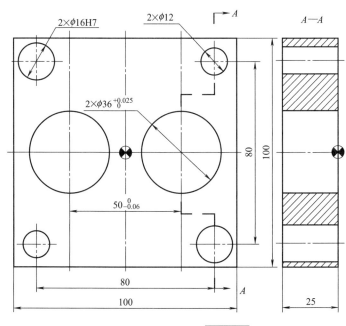

技术要求：

① 不准用砂布及锉刀等修饰表面。

② 未注公差尺寸按 GB1804-m。

③ 锐边去毛刺。

④ 材料及备料尺寸：
　　45钢(100mm×100mm×25mm)。

图 8-11　孔类零件图

8.4.1 学习目标及要领

（1）学习目标

通过本实例的学习，进一步熟悉孔类零件的编程加工方法、刀具轨迹路线及进刀与退刀路线的设计。

（2）学习要领

在加工中心上加工工件时，工件的定位仍遵守六点定位原则。在选择定位基准时，要全面考虑各个工件的加工情况，保证工件定位准确，装卸方便，能迅速地完成工件的定位和夹紧，保证各项加工的精度，应尽量选择工件上的设计基准作为定位基准。根据以上原则和图纸分析，首先以上面为定位基准加工底面，然后，以底面和外圆定位，一次装夹，将所有表面和轮廓全部加工完成，这样就可以保证图纸要求的尺寸精度。

8.4.2 工艺分析

（1）加工工序

该零件毛坯六个面已经完成加工，本工序只做钻孔、铰孔和镗孔加工。坐标系原点选在工件上表面对称中心位置。

① 夹紧：用平口钳夹紧工件，等高垫铁支承并高出钳口 8mm，找正、对刀、设定 G54。

② 用 ϕ3mm 中心钻加工中心孔。

③ 用 ϕ12mm 麻花钻加工六个孔。

④ 用 ϕ15.8mm 麻花钻扩两个 ϕ16H7 孔。

⑤ 用 ϕ25mm 麻花钻扩两个 $\phi36^{+0.025}_{0}$mm 孔。

⑥ 用 ϕ33mm 麻花钻扩两个 $\phi36^{+0.025}_{0}$mm 孔。

⑦ 用 ϕ16H7 铰刀铰两个 ϕ16H7 孔。

⑧ 用 ϕ35.5mm 粗镗刀粗镗两个 $\phi36^{+0.025}_{0}$mm 孔。

⑨ 用 ϕ36mm 精镗刀精镗两个 $\phi36^{+0.025}_{0}$mm 孔。

（2）加工工序卡

加工工序卡见表8-7。

▫ **表 8-7 加工工序卡**

工步	工步内容	刀号	刀具类型	切削用量			备注
				主轴转速 /r·min^{-1}	进给速度 /mm·min^{-1}	背吃刀量 /mm	
1	钻中心孔	T01	ϕ3mm 中心钻	1000	60	3	
2	钻孔	T02	ϕ12mm 麻花钻	600	100	10	
3	扩孔	T03	ϕ15.8mm 麻花钻	500	60	3	
4	扩孔	T04	ϕ25mm 麻花钻	350	40	6.5	
5	扩孔	T05	ϕ33mm 麻花钻	150	20	4	
6	铰孔	T06	ϕ16H7 铰刀	200	20	0.1	
7	粗镗孔	T07	ϕ35.5mm 粗镗刀	400	60	1.25	
8	精镗孔	T08	ϕ36mm 精镗刀	1000	40	0.25	
9	去毛刺						
10	检查						

8.4.3　工、量、刀具清单

工、量、刀具清单见表 8-8。

◨ **表 8-8　工、量、刀具清单**

名称	规格	精度	数量
平口钳	200mm		1
等高垫铁			1 对
胶皮锤			1 把
百分表	（带表座）		1 套
光电寻边器	ϕ10mm	0.002mm	1 个
游标卡尺	0～150mm　0～150mm（带表）	0.02mm	各 1
内径百分表	ϕ35～55mm	0.01mm	1 支
铰刀	ϕ16mm	H7	1 支
中心钻	ϕ3mm		1 支
麻花钻	ϕ12mm		1 支
麻花钻	ϕ15.8mm		1 支
麻花钻	ϕ25mm		1 支
麻花钻	ϕ33mm		1 支
粗镗刀	ϕ35.5mm		1 支
精镗刀	ϕ36mm		1 支

8.4.4　参考程序与注释

```
SK635.MPF;                                        主程序
G17 G90 G54 G71 G94 G40;                          机床初始化
G74 Z0;                                           返回参考点
T1 D1;                                            调用 1 号 φ3mm 中心钻
G00 X0 Y0 Z100 S1000 M03;
Z20 M07 F60;
MCALL CYCLE81(10,0,2,-3,3);                       模态调用钻孔固定循环
X-40 Y-40;                                        钻中心孔
Y40;
X40;
Y-40;
X-25 Y0;
X25;
MCALL;                                            取消模态调用
G00 Z150 M09;
M05;
G74 Z0;
T2 D2;                                            调用 2 号 φ12mm 麻花钻
G00 Z100 M07;
M03 S600 F100;
MCALL CYCLE83(10,0,2,-28,28,-5,5,0,0,1,1,1);      模态调用钻孔固定循环
X-40 Y-40;                                        钻孔
Y40;
X40;
```

```
Y- 40;
X- 25 Y0;
X25;
MCALL;                                              取消模态调用
G00 Z150 M09;
M05;
G74 Z0;
T3 D3;                                              调用3号φ15.8mm麻花钻
G00 Z100 M07;
M03 S500 F60;
MCALL CYCLE83(10,0,2,-28,28,-5,5,0,0,1,1,1);       模态调用钻孔固定循环
X- 40 Y40;                                          扩孔
X40 Y- 40;
MCALL;                                              取消模态调用
G00 Z150 M09;
M05;
G74 Z0;
T4 D4;                                              调用4号φ25mm麻花钻
G00 Z100 M07;
M03 S350 F40;
MCALL CYCLE83(10,0,2,-30,30,-5,5,0,0,1,1,1);       模态调用钻孔固定循环
X- 28 Y0;                                           扩孔
X28;
MCALL;                                              取消模态调用
G00 Z150 M09;
M05;
G74 Z0;
T5 D5;                                              调用5号φ33mm麻花钻
G00 Z100 M07;
M03 S150 F20;
MCALL CYCLE83(10,0,2,-30,30,-5,5,0,0,1,1,1);       模态调用钻孔固定循环
X- 28 Y0;                                           扩孔
X28;
MCALL;                                              取消模态调用
G00 Z150 M09;
M05;
G74 Z0;
T6 D6;                                              调用6号φ16H7铰刀
G00 Z100 M07;
M03 S200 F20;
MCALL CYCLE85(10,0,2,-28,28,0,20,50);              模态调用铰孔固定循环
X40 Y- 40;                                          铰孔
X- 40 Y40;
MCALL;                                              取消模态调用
G00 Z150 M09;
M05;
G74 Z0;
T7 D7;                                              调用7号φ35.5mm粗镗刀
G00 Z100 M07;
M03 S400 F60;
MCALL CYCLE85(10,0,2,,22,0,60,150);                模态调用镗孔固定循环
X- 28 Y0;                                           粗镗孔
```

```
X28;
MCALL;                              取消模态调用
G00 Z150 M09;
M05;
G74 Z0;
T8 D8;                              调用 8 号 φ36mm 精镗刀
G00 Z100 M07;
M03 S1000 F40;
MCALL CYCLE85(10,0,2,- 22,22,0,40,60);   模态调用镗孔固定循环
X- 28 Y0;                           精镗孔
X28;
MCALL;                              取消模态调用
G00 Z150 M09;
M05;
G74 Z0;
M02;                                程序结束
```

8.5　综合类零件的编程加工

用加工中心完成如图 8-12 所示零件的加工。零件材料为 45 钢，毛坯尺寸为 160mm×118mm×40mm。

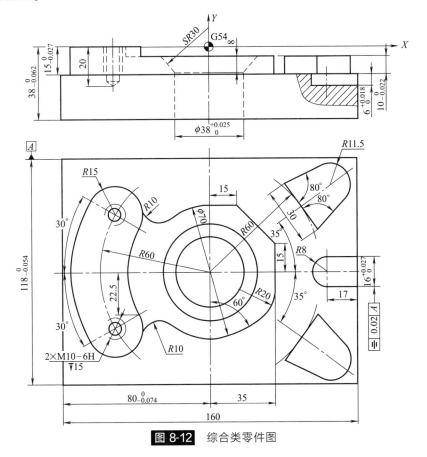

图 8-12　综合类零件图

8.5.1　学习目标及要领

（1）学习目标

① 三维曲面轮廓的加工。

② 宏程序及参数编程的应用。

③ 零件精度分析。

（2）学习要领

加工三维曲面轮廓时，一般用球头刀来进行切削，在切削过程中，当刀具在曲面轮廓的不同位置时，是刀具球头的不同点切削成型工件的曲面轮廓，所以用球头中心坐标来编程很方便。如凸球面加工的走刀路线在进刀控制上有从上向下进刀和从下向上进刀两种，一般应使用从下向上进刀来完成加工，此时主要利用铣刀侧刃切削，表面质量较好，端刃磨损较小，同时切削力将刀具向欠切方向推，有利于控制加工尺寸。

通过对图纸的消化，在工艺分析的基础上，从实际出发，制定工艺方案，是按时完成工件加工的前提。

8.5.2　工、量、刀具清单

加工工序中采用的刀具有：ϕ80 可转位面铣刀、ϕ32 立铣刀、ϕ16 立铣刀、ϕ12 键槽铣刀、ϕ8.5 钻头、ϕ32 钻头、ϕ38 精镗刀、M10 机用丝锥。

工、量、刀具清单如表 8-9 所示。

▫ 表 8-9　工、量、刀具清单

名称	规格	精度	数量
立铣刀	ϕ16、ϕ32 精三刃立铣刀		各 1
面铣刀	ϕ80 可转位面铣刀		1
键槽铣刀	ϕ12 粗键槽铣刀		1
半径规	R5～30		1 套
钻头	ϕ8.5、ϕ32		各 1
镗刀	ϕ38 精镗刀		1
丝锥	M10 机用丝锥		1
偏心式寻边器	ϕ10	0.02mm	1
游标卡尺	0～150 0～150(带表)	0.02mm	各 1
千分尺	0～25,25～50,50～75	0.01mm	各 1
深度游标卡尺	0～200	0.02mm	1 把
垫块,拉杆,压板,螺钉	M16		若干
扳手,锉刀	12″,10″		各 1 把
刀柄,夹头	刀具相关刀柄,钻夹头,弹簧夹		若干
其他	常用加工中心机床辅具		若干

8.5.3　工艺分析

（1）加工方案

此工件从图纸中可以看到轮廓的周边曲线圆弧和粗糙度值要求都较高，零件的装夹采用平口钳装夹。在安装工件时，要注意工件安装，要放在钳口中间部位。安装台虎钳时，要将它的固定钳口找正，工件被加工部分要高出钳口，避免刀具与钳口发生干涉。安装工件时，注意工件上浮。如图将工件坐标系 G54 建立在工件上表面、零件对称中心处。针对零件图纸要求给出以下加工工序。

① 铣大平面，保证尺寸 38，选用 ϕ80 可转位面铣刀（T1）。

② 铣月形外形及平台面，选用 ϕ32 立铣刀（T2）。

③ 铣整个外形，选用 ϕ16 立铣刀（T3）。

④ 铣两个凸台，选用 ϕ16 立铣刀（T3）。

⑤ 铣边角料，选用 ϕ16 立铣刀（T3）。

⑥ 铣键槽 16，选用 ϕ12 键槽铣刀（T4）粗铣，ϕ16 立铣刀（T3）精铣。

⑦ 钻孔 ϕ8.5，选用 ϕ8.5 钻头（T5）。

⑧ 钻孔 ϕ32，选用 ϕ32 钻头（T6）。

⑨ 铣孔 ϕ37.6，选用 ϕ16 立铣刀（T3）。

⑩ 镗孔 ϕ38，选用 ϕ38 精镗刀（T7）。

⑪ 铣凹圆球面，选用 ϕ16 立铣刀（T3）。

⑫ 钻两螺纹底孔 ϕ8.5，选用 ϕ8.5 钻头（T5）。

⑬ 攻螺纹 M10，选用 M10 机用丝锥（T8）。

（2）工艺分析

各工序刀具的切削参数见表 8-10。

▫ **表 8-10　各工序刀具的切削参数**

序号	加　工　面	刀具号	刀具类型	主轴转速 /r·min⁻¹	进给速度 /mm·min⁻¹	刀具补偿号
1	铣上平面	T1	ϕ80 可转位面铣刀	400	100	D01
2	铣月形外形及平台面	T2	ϕ32 立铣刀	800	50	D02
3	铣整个外形	T3	ϕ16 立铣刀	800	40	D03
4	铣两个凸台	T3	ϕ16 立铣刀	800	40	D03
5	铣边角料	T3	ϕ16 立铣刀	800	40	D03
6	粗铣键槽 ϕ16	T4	ϕ12 键槽铣刀	600	60	D04
7	精铣键槽 ϕ16	T3	ϕ16 立铣刀	1000	40	D03
8	钻孔 ϕ8.5	T5	ϕ8.5 钻头	600	35	D05
9	钻孔 ϕ32	T6	ϕ32 钻头	150	30	D06
10	铣孔 ϕ37.6	T3	ϕ16 立铣刀	350	40	D03
11	镗孔 ϕ38	T7	ϕ38 精镗刀	900	25	D07
12	铣凹圆球面	T3	ϕ16 立铣刀	800	200	D03
13	钻两螺纹底孔 ϕ8.5	T5	ϕ8.5 钻头	600	35	D05
14	攻螺纹 M10	T8	M10 机用丝锥	100		D10

8.5.4　程序清单与注释

参考程序如下：

SK1106. MPF		主程序
N10	G53 G90 G94 G40 G17	分进给，绝对编程，切削平面，取消刀补，机床坐标系；安全指令
N20	T01	选 1 号刀
N30	L006	换刀
N40	M41	低速挡开，小于 800r/min
N50	S400 M03	主轴正转，转速 400r/min
N60	G00 G54 X130 Y－30 D01	工件坐系建立，刀补值加入，快速定位
N70	Z50	快速进刀
N80	M07	切削液开
N90	Z0. 1	快速进刀
N100	G01 X－130 F120	平面铣削进刀
N110	G00 Z50	抬刀
N120	X130 Y30	快速定位铣削起点
N130	Z0. 1	快速进刀
N140	G01 X－130 F120	平面铣削进刀
N150	G00 Z50	抬刀
N160	S800	换速，转速 800r/min
N170	G00 X130 Y－30	快速定位铣削起点
N180	Z0	快速进刀
N190	G01 X－130 F100	平面铣削进刀
N200	G0 Z50	抬刀
N210	M09	切削液关
N220	M05	主轴转停
N230	T02	选 2 号刀
N240	L006	换刀
N250	M41	低速挡开，小于 800r/min
N260	S800 M03	主轴正转，转速 800r/min
N270	G00 G54 X0 U0 D1	工件坐系建立，刀补值加入，快速定位
N280	Z50	快速进刀
N290	M07	切削液开
N300	L001	调用子程序 L001，粗铣上轮廓
N310	G00 G90 Z50	快速抬刀
N320	X65 Y－80	快速定位点
N330	G00 Z2	快速进刀
N340	G01 Z－5 F200	进刀到 Z 轴背吃刀量
N350	G01 Y60 F50	切削外形多余料
N360	X35	
N370	Y－60	往复走刀去除余料

N380	X5	
N390	Y60	
N400	X－25	
N410	Y－80	
N420	G00 Z50	快速抬刀
N430	M09	切削液关
N440	M05	主轴转停
N450	T3	选 3 号刀
N460	L006	换刀
N470	S800 M03	主轴正转，转速 800r/min
N480	G00 G54 X0 Y0 D1	工件坐标系建立，刀补值加入，快速定位
N490	Z50	快速进刀
N500	M07	切削液开
N510	L002	调用子程序 L002，铣削整个外轮廓，通过更改 T3D1 中的刀具半径值实现轮廓粗和精加工
N520	G00 Z50	快速抬刀
N530	X0 Y0	快速定位点
N540	L003	调用子程序 L003，铣削耳凸台 1
N550	AROT Z70	坐标旋转 70°
N560	L003	调用子程序 L003，铣削耳凸台 2
N570	G00 Z50	快速抬刀
N575	ROT	取消坐标旋转
N580	G00 X90 Y－30	快速定位点
N590	Z2	快速进刀
N600	G01 Z－15 F200	进刀到 Z 轴背吃刀量
N610	G01 X80 Y－20 F50	切削外形多余料
N620	Y20	
N630	X50 Y0	往复走刀去除余料
N640	X80 Y－20	
N650	G00 Z50	快速抬刀
N660	X24 Y－70	快速定位点
N670	Z2	快速进刀
N680	G01 Z－15 F200	进刀到 Z 轴背吃刀量
N690	G01 Y－51 F50	切削外形多余料
N700	X－20	
N710	Y－61	往复走刀去除余料
N720	X－80	
N730	Y－51	

N740	G00 Z50	快速抬刀
N750	X24 Y70	快速定位点
N760	Z2	快速进刀
N770	G01 Z−15 F200	进刀到 Z 轴背吃刀量
N780	G01 Y51 F50	切削外形多余料
N790	X−23	
N800	Y61	
N810	X−80	往复走刀去除余料
N820	Y51	
N830	G00 Z100	快速抬刀
N840	M09	切削液关
N850	M05	主轴转停
N860	T4	选 4 号刀
N870	L006	换刀
N880	S600 M03	主轴正转，转速 600r/min
N890	G00 G54 X90 Y0 D1	工件坐标系建立，刀补值加入，快速定位
N900	Z50	快速进刀
N910	M07	切削液开
N920	Z−21	进刀到 Z 轴背吃刀量
N930	G01 X63 F45	粗铣 ϕ16 键槽
N940	G01 Z−12 F200	工进抬刀
N950	G00 Z50	快速抬刀
N960	M09	切削液关
N970	M05	主轴转停
N980	T3	选 3 号刀
N990	L006	换刀
N1000	S1000 M03	主轴正转，转速 1000r/min
N1010	G00 G54 X90 Y0 D1	工件坐标系建立，刀补值加入，快速定位
N1020	Z50	快速进刀
N1030	M07	切削液开
N1040	Z−21	进刀到 Z 轴背吃刀量
N1050	G01 X63 F40	精铣 ϕ16 键槽
N1060	G01 Z−12 F200	工进抬刀
N1070	G00 Z200	快速抬刀
N1080	M09	切削液关
N1090	M05	主轴转停
N1100	T5	选 5 号刀
N1110	L006	换刀

N1120	S600 M3 F35	主轴正转,转速 600r/min
N1130	G00 G54 X0 Y0 D1	工件坐标系建立,刀补值加入,快速定位
N1140	Z50	快速进刀
N1150	M07	切削液开
N1160	MCALL CYCLE83(30,3,−42,42,−10,3,1,0.8,1)	模态调用钻孔循环
N1170	G00 X0 Y0	定位钻孔位置点
N1180	MCALL	取消模态调用
N1190	M09	切削液关
N2000	M05	主轴转停
N2010	T6	选 6 号刀
N2020	L006	换刀
N2030	S150 M03 F30	主轴正转,转速 150r/min
N2040	G00 G54 X0 Y0 D1	工件坐标系建立,刀补值加入,快速定位
N2050	Z50	快速进刀
N2060	M07	切削液开
N2070	MCALL CYCLE81(30,3,−48,48,−10,3,1,0.8,1)	模态调用钻孔循环
N2080	G00 X0 Y0	定位钻孔位置点
N2090	MCALL	取消模态调用
N2100	M09	切削液关
N2110	M05	主轴转停
N2120	T3	选 3 号刀
N2130	L006	换刀
N2140	S350 M03	主轴正转,转速 350r/min
N2150	G00 G54 X0 Y0 D1	工件坐标系建立,刀补值加入,快速定位
N2160	Z2	快速进刀
N2170	M07	切削液开
N2180	G01 Z−39 F500	进刀到 Z 轴背吃刀量
N2190	G01 G42 X19 F40	激活刀具半径右补偿进刀
N2200	G02 I−19 F50	顺圆弧切削整圆,粗铣 ϕ38 内孔,改变 T3D1 中的半径值可实现轮廓粗和精加工
N2210	G01 G40 X0 F500	取消刀具半径补偿退刀
N2220	G00 Z50	快速抬刀
N2230	M09	切削液关
N2240	M05	主轴转停
N2250	T7	选 7 号刀
N2260	L006	换刀

N2270	M42	高速挡开，转速大于 800r/min
N2280	S900 M03 F25	主轴正转，转速 900r/min
N2290	G00 G54 X0 Y0 D1	工件坐标系建立，刀补值加入，快速定位
N2300	Z50	快速进刀
N2310	M07	切削液开
N2320	MCALL CYCLE86(30,3,−39,0,3,0)	模态调用镗孔循环
N2330	G00 X0 Y0	定位镗孔位置点
N2340	MCALL	取消模态调用
N2350	M09	切削液关
N2360	M05	主轴转停
N2370	T3	选 3 号刀
N2380	L006	换刀
N2390	M41	低速挡开，转速小于 800r/min
N2400	S800 M03	主轴正转，转速 800r/min
N2410	G00 G55 X0 Y0 D1	工件坐标系 G55 建立，刀补值加入，快速定位
N2420	G00 Z−15	快速进刀
N2430	R0＝−15.22	定义圆球起始点的 Z 值
N2440	R1＝−23.22	定义圆球终止点的 Z 值
N2450	AAA：	标志符
N2460	R2＝SQRT(30*30−R0*R0)	圆弧起点 X 轴点的坐标计算
N2470	R3＝R2−8	圆球起点 X 轴点的实际坐标值减去刀具半径
N2480	G01 X＝R3 F1000	进给到圆球 X 轴的起点
N2490	Z＝R0 F100	进给到圆球 Z 轴的起点
N2500	G17 G02 I＝−R3 F1500	整圆铣削加工
N2510	R0＝R0−0.04	Z 值每次减少量
N2520	IF R0＞＝R1 GOTOB AAA	条件判断
N2530	G00 G90 Z100	快速回退
N2540	M09	切削液关
N2550	M05	主轴转停
N2560	T5	选 5 号刀
N2570	L006	换刀
N2580	M41	低速挡开，转速小于 800r/min
N2590	S600 M03 F35	主轴正转，转速 600r/min
N2600	G00 G54 X0 Y0 D1	工件坐标系建立，刀补值加入，快速定位
N2610	Z50	快速进刀
N2620	M07	切削液开
N2630	MCALL CYCLE83(30,3,−30,30,−10,3,1,0.8,1)	模态调用钻孔循环

N2640	G00 X−51.962 Y30	定位钻孔位置点
N2650	X−51.962 Y−30	定位钻孔位置点
N2660	MCALL	取消模态调用
N2670	M09	切削液关
N2680	M05	主轴转停
N2690	T8	选 8 号刀
N2700	L006	换刀
N2710	M41	低速挡开,转速小于 800r/min
N2720	S100 M03	主轴正转,转速 100r/min
N2730	G00 G54 X0 Y0 D1	工件坐标系建立,刀补值加入,快速定位
N2740	Z50	快速进刀
N2750	M07	切削液开
N2760	SPOS=0	主轴定位
N2770	MCALL CYCLE84(30,3,−15,15,1.5,0,60,100)	模态调用攻螺纹循环
N2780	G00 X0 Y0	定位钻孔位置点
N2790	MCALL	取消模态调用
N2800	G00 G90 Z200	快速抬刀
N2810	Y150	工作台退至工件装卸位
N2820	M09	切削液关
N2830	M05	主轴转停
N2840	M30	程序结束

L001.SPF		上部分腰形轮廓外形精加工子程序
N10	G00 X−100 Y−30	快速定位点
N20	Z2	快速进给
N30	G01 Z−5 F200	进刀到背吃刀量
N40	G01 G41 X−75 Y0	激活刀具半径补偿,实现刀具半径左补偿切入轮廓
N50	G02 X−64.952 Y37.5 CR=75	轮廓加工
N60	X−38.971 Y22.5 CR=15	轮廓加工
N70	G03 X−38.971 Y−22.5 CR=45	轮廓加工
N80	G02 X−64.952 Y−37.5 CR=15	轮廓加工
N90	G02 X−75 Y0 CR=75	轮廓加工
N100	G01 Z2 F200	工进抬刀
N110	G00 Z50	快速抬刀
N120	G00 G40 X−100 Y−30	取消刀具半径补偿快速回退起始点
N130	M17	子程序结束返回

L002. SPF		整个轮廓外形精加工子程序
N10	G00 X100 Y−30	快速定位点
N20	Z2	快速进给
N30	G00 Z−15 F500	进刀到背吃刀量
N40	G01 G42 X90 Y0 F50	激活刀具半径补偿，实现刀具半径右补偿切入轮廓
N50	X35	轮廓加工
N60	Y15	轮廓加工
N70	X15 Y35	轮廓加工
N80	X0 Y35	轮廓加工
N90	G03 X−21.456 Y27.652 CR=35	轮廓加工
N100	G02 X−37.336 Y33.332 CR=10	轮廓加工
N110	G03 X−64.952 Y37.5 CR=15	轮廓加工
N120	X−64.952 Y−37.5 CR=75	轮廓加工
N130	X−37.336 Y−33.332 CR=15	轮廓加工
N140	G02 X−21.456 Y−27.652 CR=10	轮廓加工
N150	G03 X17.5 Y−30.311 CR=35	轮廓加工
N160	G01 X25 Y−25.98	轮廓加工
N170	G03 X35 Y−8.66 CR=20	轮廓加工
N180	G01 Y18	轮廓加工
N190	G01 Z2 F200	工进抬刀
N200	G00 G40 Z50	取消刀具半径补偿快速回退抬刀
N210	M17	子程序结束返回

L003. SPF		耳凸台轮廓精加工子程序
N10	G00 X20 Y−110	快速定位点
N20	Z2	快速进给
N30	G01 Z−15 F500	进刀到背吃刀量
N40	G01 G41 X20 Y−76.033 F50	激活刀具半径补偿，实现刀具半径左补偿切入轮廓
N50	G01 X40.545 Y−46.702	轮廓加工
N60	X57.753 Y−22.127	轮廓加工
N70	X72.716 Y−37.091	轮廓加工
N80	G02 X59.725 Y−55.645 CR=11.5	轮廓加工
N90	G01 X38.705 Y−45.844	轮廓加工
N100	G01 Z2 F200	工进抬刀
N110	G00 Z50	快速抬刀
N120	G00 G40 X20 Y−110	取消刀具半径补偿快速回退起始点
N130	M17	子程序结束返回

L006. SPF		加工中心机床内部换刀子程序
N10	M84	
N20	R91＝2	
N30	AAA:R91＝R91－1	
N40	IF R91＝＝0 GOTOF BBB	
N50	GOTOB AAA	
N60	BBB:G04 F0. 5	
N70	STOPRE	
N80	IF R89＞24 GOTOF LABEL2	
N90	IF R89＜1 GOTOF LABEL2	
N100	IF R89＝＝R90 GOTOF LABEL1	
N110	G53 G00 G90 Z0 D0	
N120	SPOS＝0	
N130	G04 F0. 5	
N140	M80	
N150	M66	
N160	M96	
N170	STOPRE	
N180	M90	
N190	M92	
N200	STOPRE	
N210	G53 G00 Z105 D0	
N220	M06	
N230	G04 F0. 5	
N240	G53 G00 Z0 D0	
N250	M95	
N260	M91	
N270	M97	
N280	LABEL1:M81	
N290	GOTOF LABEL3	
N300	LABEL2:M85	
N310	LABEL3:STOPRE	
N320	M83	
N330	STOPRE	
N340	M17	

8.6 宏程序加工类零件的编程加工

该零件图纸如图 8-13 所示。

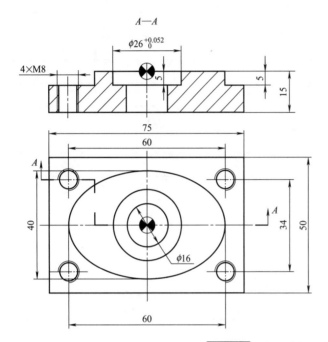

技术要求：

① 不准用砂布及锉刀等修饰表面。

② 未注公差尺寸按 GB1804-m。

③ 锐边去毛刺。

④ 材料及备料尺寸：45钢(75mm×50mm×15mm)。

图 8-13 宏程序加工类零件图

8.6.1 学习目标及要领

（1）学习目标

通过本实例的学习，进一步了解宏程序加工类零件的编程加工方法、刀具轨迹路线及进刀与退刀路线的设计。

（2）学习要领

宏程序是程序编制的高级形式，程序编制的质量与数控系统、数控加工工艺及编程人员多方面的知识和经验息息相关。宏程序不仅是一种数控编程手段，更重要的是，使用宏程序进行数控编程本身也是一个熟知数控系统功能、确定及优化加工工艺的过程。在加工有规律的工件时，无论是加工速度还是加工精度，宏程序都比自动编程来得好，也比用自动编程软件来得精练，方便修订。

8.6.2 工艺分析

（1）加工工序

该零件毛坯六个面已经完成加工，本工序完成椭圆凸台、圆形型腔和四个螺纹孔的加工。坐标系原点选在工件上表面对称中心位置。

① 夹紧：用平口钳夹紧工件，等高垫铁支承并高出钳口 8mm，找正、对刀、设

定 G54。

②　用 ϕ16mm 麻花钻在工件中心位置手动加工工艺孔。

③　用 ϕ12mm 立铣刀粗铣削椭圆凸台和圆形型腔轮廓，留余量 0.2mm。

④　用 ϕ12mm 立铣刀精铣削椭圆凸台和圆形型腔轮廓至图纸尺寸。

⑤　用 ϕ3mm 中心钻加工定位孔。

⑥　用 ϕ6.8mm 麻花钻加工四个螺纹底孔。

⑦　用 M8 机用丝锥进行攻螺纹。

（2）加工工序卡

加工工序卡见表 8-11。

▣ 表 8-11　加工工序卡

工步	工步内容	刀号	刀具类型	切削用量			备注
				主轴转速 /r·min^{-1}	进给速度 /mm·min^{-1}	背吃刀量 /mm	
1	手动加工工艺孔	T01	ϕ16mm 麻花钻	400		16	
2	铣削椭圆凸台和圆形型腔	T02	ϕ12mm 立铣刀	600	100	5	
3	钻中心孔	T03	ϕ3mm 中心钻	1000	60	3	
4	钻孔加工	T04	ϕ6.8mm 麻花钻	800	60	7	
5	攻螺纹	T05	M8 丝锥	200	30	0.7	
6	去毛刺						
7	检查						

8.6.3　工、量、刀具清单

工、量、刀具清单见表 8-12。

▣ 表 8-12　工、量、刀具清单

名称	规格	精度	数量
平口钳	200mm		1
垫铁			1 对
胶皮锤			1 把
百分表	（带表座）		1 套
光电寻边器	ϕ10mm	0.002mm	1 个
游标卡尺	0～150mm　　0～150mm(带表)	0.02mm	各 1
深度卡尺	200mm	0.02mm	1 把

续表

名称	规格	精度	数量
内径百分表	$\phi18\sim35mm$	0.01mm	1 把
立铣刀	$\phi12mm$		1 支
中心钻	$\phi3mm$		1 支
麻花钻	$\phi6.8mm$、$\phi16mm$		各 1
丝锥	M8		1 支

8.6.4　参考程序与注释

```
SK647.MPF;                          粗铣削椭圆凸台和圆形型腔轮廓程序
G90 G17 G94 G71 G40 G54;            机床初始化
G74 Z0;                             回参考点
T2 D2;                              换 2 号刀
G00 X50 Y-50 Z100 M03 S600;
Z20 M07;
G01 Z-5 F100;                       下刀深度
G42 G01 X30 Y0;                     建立刀具半径补偿
R1=0;                               设置极角初值
R2=30;                              椭圆长半轴
R3=20;                              椭圆短半轴
AA:R4=R2×COS(R1);                   计算 X 坐标值
R5=R3×SIN(R1);                      计算 Y 坐标值
G01 X=R4 Y=R5;                      加工椭圆
R1=R1+2;                            角度变化
IF R1<=360 GOTOB AA;                判断条件
G40 G01 X50 Y50;                    取消刀具半径补偿
Z5;抬刀
G00 Z100 M09;
G00 X0 Y0 Z100;
Z20 M07;
G01 Z-5 F100;                       下刀深度
G01 X5.9 Y0;                        径向进给,半径留余量 0.1mm
G02 I-5.9;                          铣整圆
G01 X0;
G00 Z20 M09;
M05;
G74 Z0;
M02;                                程序结束
```

注意：螺纹孔加工程序请读者参照其他实例自行编写。

8.7　配合类零件的编程加工

如图 8-14、图 8-15 所示为某模具的两个模板零件图，凸凹模零件分别加工。其装配关系如图 8-16 所示。现在选用西门子加工中心对其分别进行编程加工。

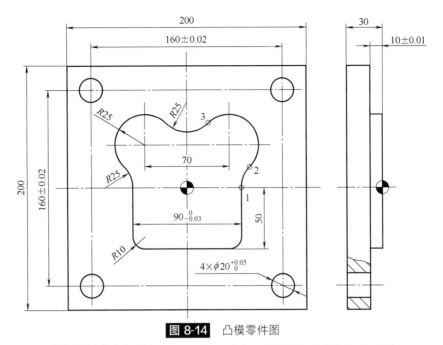

图 8-14　凸模零件图

凸模零件上的基点坐标：1（45，0）；2（52.5，17.854）；3（17.5，53.561）

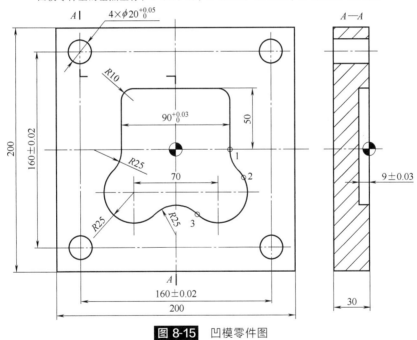

图 8-15　凹模零件图

凹模零件上的基点坐标：1（45，0）；2（52.5，−17.854）；3（17.5，−53.561）

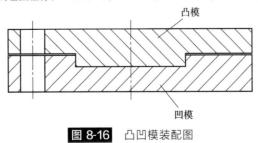

图 8-16　凸凹模装配图

225

8.7.1　学习目标及技术要求

（1）学习目标

① 掌握配合件的加工方法。

② 基点的计算。

③ 公差控制及进退刀路线的设计。

（2）技术要求

① 不准用砂布及锉刀等修饰表面。

② 未注公差尺寸按 GB1804-m。

③ 锐边去毛刺。

④ 材料及备料尺寸：45 钢（200mm×200mm×30mm，两块）。

8.7.2　工艺分析

（1）加工工序

该零件毛坯六个面已经完成加工，本工序用键槽铣刀完成凸凹两个零件的轮廓加工，用麻花钻和铰刀完成孔的加工。为保证配合精度，应先加工凸模零件，然后再加工凹模零件，并在凹模零件拆下之前进行试装配，以便修整凹模零件以达到各项配合精度。凸模零件和凹模零件的加工工序基本相同，只是一凸一凹。坐标系原点均选在工件上表面对称中心位置。

凸模零件的加工工序及程序如下：

① 夹紧：用平口钳夹紧工件，等高垫铁支撑并高出钳口 13mm，找正、对刀、设定 G54。

② 用 $\phi16$mm 键槽铣刀粗加工凸台外轮廓，留余量 0.2mm。

③ 用 $\phi16$mm 键槽铣刀精加工凸台外轮廓至图纸尺寸。

④ 用 $\phi3$mm 中心钻加工定位孔。

⑤ 用 $\phi16$mm 麻花钻加工 $\phi20^{+0.05}_{0}$mm 底孔。

⑥ 用 $\phi19.8$mm 麻花钻进行扩孔加工。

⑦ 用 $\phi20$H7 铰刀进行铰孔加工。

凹模零件的加工工序与程序请读者自行编写，这里不再赘述。

（2）加工工序卡

加工工序卡见表 8-13。

▫ 表 8-13　加工工序卡

工步	工步内容	刀号	刀具类型	切削用量			备注
				主轴转速 /r·min^{-1}	进给速度 /mm·min^{-1}	背吃刀量 /mm	
1	粗加工凸件轮廓	T01	$\phi16$mm 键槽铣刀	600	100	10	
2	精加工凸件轮廓	T01	$\phi16$mm 键槽铣刀	1000	60	0.2	
3	钻中心孔	T02	$\phi3$mm 中心钻	1000	60	3	
4	钻底孔	T03	$\phi16$mm 麻花钻	600	80	16	
5	扩孔	T04	$\phi19.8$mm 麻花钻	500	50	2	

续表

工步	工步内容	刀号	刀具类型	切削用量			备注
				主轴转速 /r·min^{-1}	进给速度 /mm·min^{-1}	背吃刀量 /mm	
6	铰孔	T05	ϕ20mm 铰刀	200	30	0.2	
7	去毛刺						
8	检查						

8.7.3　工、量、刀具清单

工、量、刀具清单见表 8-14。

⊡ **表 8-14　工、量、刀具清单**

名称	规格	精度	数量
平口钳	200mm		1
等高垫铁			1 对
胶皮锤			1 把
百分表	（带表座）		1 套
光电寻边器	ϕ10mm	0.002mm	1 个
样板			1 套
游标卡尺	0～150mm　0～150mm(带表)	0.02mm	各 1
深度卡尺	200mm	0.02mm	1 把
R 规	$R1$～6.5mm　$R7$～14.5mm		1 套
中心钻	ϕ3mm		1 支
键槽铣刀	ϕ16mm		1 支
麻花钻	ϕ16mm		1 支
麻花钻	ϕ19.8mm		1 支
铰刀	ϕ20mm	H7	1 支

8.7.4　参考程序与注释

```
SK651_1.MPF;                        凸模零件凸台轮廓主程序
G90 G94 G40 G54 G71;                机床初始化
G74 Z0;                             回参考点
T1D1;                               选取键槽铣刀
G90 G00 X- 120 Y- 120;
M03 S600 ;                          主轴旋转
Z10.0 M07;                          切削液开
G01 Z0 F100;
L1 P3;                              调用凸台轮廓子程序 3 次
G00 X0 Y0 Z100 M09;
M05;                                主轴停
M09;                                切削液关
G74 Z0;                             回参考点
M30;                                程序结束
```

```
L1. SPF;                                    凸台轮廓子程序
G01 Z- 3 F100;                              每次切削深度 3mm
G41 G01 X- 44. 985 Y- 50;                   延长线上建立刀补，（90- 0. 03）/2= 44. 985
G01 Y0;                                     轮廓开始
G03 X- 53. 561 Y17. 854 CR= 25;
G02 X- 17. 5 Y53. 561 CR= 25;
G03 X17. 5 Y53. 561 CR= 25;
G02 X53. 561 Y17. 5 CR= 25;
G03 X44. 985 Y0 CR= 25;
G01 Y- 40;
G02 X34. 985 Y- 50 CR= 10;                  （90- 0. 03）/2- 10= 34. 985
G01 X- 34. 985;
G02 X- 44. 985 Y- 40 CR= 10;                轮廓结束
G40 G01 X- 120 Y- 120;                      取消刀补
RET;                                        子程序结束
```

及时清除剩余的残料，粗加工对刀时用刀具半径加上精加工余量，精加工时再去掉即可

```
SK651_2. MPF;                               凸模零件孔加工主程序
G90 G94 G40 G54 G71;                        机床初始化
G74 Z0;                                     返回参考点
T2D2 ;                                      换 2 号中心钻
G00 X0 Y100   Z100;
M03 S1000 F60;
Z10 M07;                                    切削液开
MCALL CYCLE81(10,0,3,- 3,);                 调用钻孔循环指令
X- 80 Y80;                                  钻中心孔
X80;
Y- 80;
X- 80;
MCALL;                                      取消钻孔循环
G00 X0 Y100   Z100;
M09;                                        切削液关
M05;
G74 Z0;
T3D3 ;                                      换 φ16mm 麻花钻
G00 X0 Y100   Z100;
M03 S600 F80;
Z10 M07;
MCALL CYCLE81(10,0,3,- 35,);                调用钻孔循环指令
X- 80 Y80;                                  钻孔
X80;
Y- 80;
X- 80;
MCALL;                                      取消钻孔循环
G00 X0 Y100   Z100 M09;
M05;
G74 Z0;
T4D4 ;                                      换 φ19. 8mm 麻花钻
G00 X0 Y100   Z100;
M03 S500 F50;
Z10 M07;
MCALL CYCLE81(10,0,3,- 35,);                调用钻孔循环指令
```

```
X- 80 Y80;                                  扩孔
X80;
Y- 80;
X- 80;
MCALL;                                      取消钻孔循环
G00 X0 Y100   Z100 M09;
M05;
G74 Z0;
T5D5 ;                                      换铰刀
G00 X0 Y100   Z100;
M03 S200 F30;
Z10. 0 M07;
MCALL CYCLE85(10,0,3,- 35,35,,30,250);      调用铰孔循环指令
X- 80 Y80;                                  铰孔
X80;
Y- 80;
X- 80;
MCALL;                                      取消铰孔循环
G00 X0 Y100   Z100 M09;
M05;
G74 Z0;
M02;
```

第 9 章
SIEMENS 系统加工中心经典实例

本章将介绍 3 个 SIEMENS 系统数控加工的经典实例，包括弧槽法兰盘零件、椭圆锥台零件、齿轮箱体零件。

9.1 弧槽法兰盘零件的编程加工

该零件图纸如图 9-1 所示。

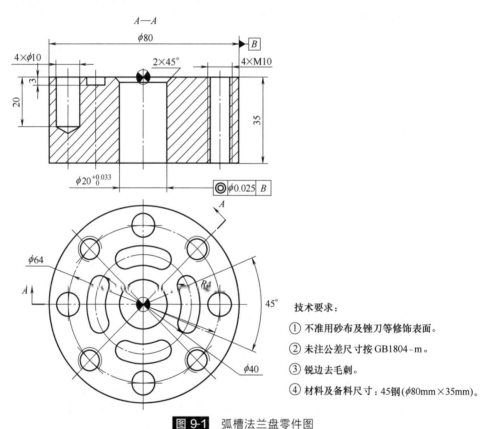

图 9-1 弧槽法兰盘零件图

9.1.1 学习目标及要领

（1）学习目标

通过本实例的学习，掌握复杂弧槽法兰盘零件的编程加工方法、刀具轨迹路线及进刀与退刀路线的设计。

（2）学习要领

数控加工中心加工的工艺设计是在普通加工工艺设计的基础上，考虑和利用数控机床的特点，充分发挥其优势。关键在于合理安排工艺路线，协调数控铣削工序与其他工序之间的关系，确定数控加工工序的内容和步骤，并为程序编制准备必要的条件。

9.1.2　工艺分析

（1）加工工序

该零件毛坯外圆和端面已经完成加工，本工序只做钻孔、铰孔、攻螺纹、铣圆弧槽以及倒角的加工。坐标系原点选在工件上表面对称中心位置。

① 夹紧：用三爪自定心夹盘夹紧工件，找正、对刀、设定 G54。

② 用 $\phi 3mm$ 中心钻加工中心孔。

③ 用 $\phi 8.5mm$ 麻花钻钻四个 M10 的螺纹底孔。

④ 用 $\phi 10mm$ 麻花钻钻四个盲孔。

⑤ 用 $\phi 18mm$ 麻花钻钻 $\phi 20_{0}^{+0.033}mm$ 底孔。

⑥ 用 M10 机用丝锥攻 M10 螺纹孔。

⑦ 用 $\phi 6mm$ 键槽铣刀铣削四个圆周槽。

⑧ 用 $\phi 20mm$ 微调精镗刀精镗 $\phi 20_{0}^{+0.033}mm$ 孔。

⑨ 用倒角钻加工 $2 \times 45°$ 倒角。

（2）加工工序卡

加工工序卡见表 9-1。

▫ **表 9-1　加工工序卡**

工步	工步内容	刀号	刀具类型	切削用量			备注
				主轴转速 /r·min^{-1}	进给速度 /mm·min^{-1}	背吃刀量 /mm	
1	钻中心孔	T01	$\phi 3mm$ 中心钻	1000	60	3	
2	钻螺纹底孔	T02	$\phi 8.5mm$ 麻花钻	600	100	8.5	
3	钻盲孔	T03	$\phi 10mm$ 麻花钻	600	100	10	
4	钻孔	T04	$\phi 18mm$ 麻花钻	350	40	18	
5	攻螺纹	T05	M10 丝锥	200	30	0.97	
6	铣削圆周槽	T06	$\phi 6mm$ 键槽铣刀	800	60	3	
7	镗孔	T07	$\phi 20mm$ 微调镗刀	800	60	0.1	
8	倒角	T08	倒角钻	500	40	2	
9	去毛刺						
10	检查						

9.1.3　工、量、刀具清单

工、量、刀具清单见表 9-2。

◻ **表9-2　工、量、刀具清单**

名称	规格	精度	数量
三爪自定心夹盘	200mm		1
胶皮锤			1把
百分表	（带表座）		1套
光电寻边器	ϕ10mm	0.002mm	1个
游标卡尺	0～150mm　0～150mm（带表）	0.02mm	各1
深度卡尺	200mm	0.02mm	1把
量规	ϕ20mm		1个
中心钻	ϕ3mm		1支
麻花钻	ϕ10mm		1支
麻花钻	ϕ8.5mm		1支
麻花钻	ϕ18mm		1支
键槽铣刀	ϕ6mm		1支
倒角钻	45°		1支
微调镗刀	ϕ16～21mm	0.01mm	1支

9.1.4　参考程序与注释

SK636.MPF;	主程序
G90 G94 G71 G17 G40 G54;	绝对坐标编程，G代码初始化
G74 Z0;	
T01 D1;	换1号刀 ϕ3mm 中心钻
G00 X0 Y0 Z100 S1000 M03 F60;	主轴正转
Z10 M07;	切削液打开
MCALL CYCLE81(10,0,2,-3,3);	模态调用钻孔循环钻中心孔
X0 Y0;	钻中心孔
HOLES2(0,0,32,0,45,8);	调用圆周排列孔循环指令
MCALL;	取消模态调用
G00 Z50 M09;	切削液关闭
M05;	
G74 Z0;	
T02 D2;	换2号刀 ϕ8.5mm 麻花钻
G00 X0 Y0 Z100 S600 M03 F100;	主轴正转
Z10 M07;	切削液打开
MCALL CYCLE81(10,0,2,-38,);	模态调用钻孔循环钻通孔
HOLES2(0,0,32,45,90,4);	调用圆周排列孔循环指令
MCALL;	取消模态调用
G00 Z50 M09;	切削液关闭
M05;	主轴停止
G74 Z0;	
T03 D3;	换3号刀 ϕ10mm 麻花钻
G00 X0 Y0 Z100 S600 M03 F100;	主轴正转
Z10 M07;	
MCALL CYCLE81(10,0,2,-20,);	模态调用钻孔循环钻通孔
HOLES2(0,0,32,0,90,4);	调用圆周排列孔循环指令

```
MCALL;                                                   取消模态调用
G00 Z50 M09;                                             切削液关闭
M05;
G74 Z0;
T04 D4;                                                  换 4 号刀 φ18mm 麻花钻
G00 X0 Y0 Z100 M03 S350 F40;                             主轴正转
Z10 M07;                                                 切削液打开
MCALL CYCLE83(10,0,2,-42,38,-5,5,0,0,1,1,1);            模态调用钻孔循环钻通孔
MCALL;                                                   取消模态调用
G00 Z50 M09;                                             切削液关闭
M05;
G74 Z0;
T05 D5;                                                  换 5 号刀 M10 机用丝锥
G00 X0 Y0 M03 S200 F30;
G00 Z50 M07;
MCALL CYCLE840(10,0,2,-38,38,1,4,3,1,1.5,);             模态调用攻螺纹固定循环
HOLES2(0,0,32,45,90,4);                                 调用圆周排列孔循环指令
MCALL;                                                   取消模态调用
G00 Z50 M09;                                             切削液关闭
M05;
G74 Z0;
T06 D6;                                                  换 6 号刀键槽铣刀
G00 X0 Y0 Z100 M03 S800 F60;
Z10 M07;
SLOT2(10,0,2,-3,,4,45,8,0,0,20,67.5,90,100,100,5,3,0.5,0,10,60,800);
                                                        粗精加工圆周槽
G00 Z100 M09;
M05;
G74 Z0;
T7 D7;                                                   换 7 号刀微调镗刀
G00 X0 Y0 Z100 M03 S800;
Z10 M07;
CYCLE85(10,0,2,-38,,,60,200);                           粗镗
G00 Z100 M09;
M05;                                                     主轴停止
M00;                                                     程序暂停,调整镗刀尺寸,准备半精镗
G00 X0 Y0 Z10 S800 M03;                                 主轴正转
M08;                                                     切削液打开
CYCLE85(10,0,2,-38,,,60,200,);                          半精镗
G00 Z100 M09;                                            切削液关闭
M05;                                                     主轴停止
M00;                                                     程序暂停,调整镗刀尺寸,准备精镗
G00 X0 Y0 Z50 S1000 M03;                                主轴正转
Z10 M07;                                                 切削液打开
CYCLE86(10,0,2,-38,,2,3,-1,-1,1,45);                    在孔底定向,然后移动 2mm,停留 1s
G00 Z50 M09;
M05;
G74 Z0;
T8 D8;                                                   换 8 号刀倒角钻
G00 X0 Y0 Z50 S500 M03;                                 主轴正转
Z10 M07;
G01 Z-2 F40;                                             倒角
```

233

```
G00 Z100 M09;
G74 Z0;
M05;
M02;                                    程序结束
```

9.2　椭圆锥台零件的编程加工

该零件图纸如图 9-2 所示。

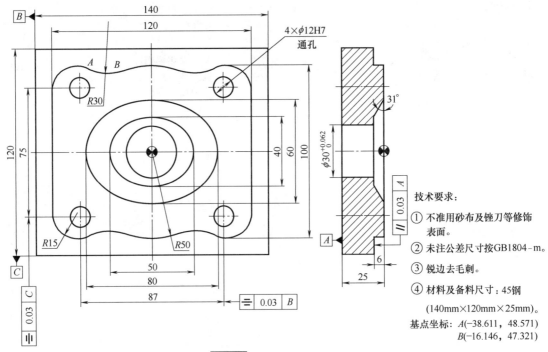

图 9-2　椭圆锥台零件图

9.2.1　学习目标及要领

（1）学习目标

通过本实例的学习，掌握椭圆锥台零件的编程加工方法、刀具轨迹路线及进刀与退刀路线的设计。

（2）学习要领

宏程序可使用变量，可用变量执行相应操作；实际变量值可由宏程序指令赋给变量。可以编写一些非圆曲线，如宏程序编写椭圆、双曲线、抛物线等。编写一些大批相似零件加工程序的时候，可以用宏程序编写，这样只需要改动几个数据就可以了，没有必要进行大量重复编程。

9.2.2　工艺分析

（1）加工工序

该零件毛坯六个面已经完成加工，本工序完成异形凸台、椭圆锥台、四个通孔以及镗孔加工。坐标系原点选在工件上表面对称中心位置。

① 夹紧：用平口钳夹紧工件，等高垫铁支撑并高出钳口 10mm，找正、对刀、设定 G54。

② 用 ϕ25mm 麻花钻在工件中心位置手动加工工艺孔。

③ 用 ϕ16mm 立铣刀粗铣削异形凸台和椭圆锥台型腔轮廓，留余量 0.2mm。

④ 用 ϕ16mm 立铣刀精铣削异形凸台和椭圆锥台型腔轮廓至图纸尺寸。

⑤ 用 ϕ3mm 中心钻加工定位孔。

⑥ 用 ϕ11.8mm 麻花钻加工四个通孔底孔。

⑦ 用 ϕ12H7 铰刀加工四个通孔。

⑧ 用可调微镗刀加工 $\phi30^{+0.062}_{0}$ mm 孔。

（2）加工工序卡

加工工序卡见表 9-3。

▣ 表 9-3　加工工序卡

工步	工步内容	刀号	刀具类型	切削用量			备注
				主轴转速 /r·min⁻¹	进给速度 /mm·min⁻¹	背吃刀量 /mm	
1	手动加工工艺孔	T01	ϕ25mm 麻花钻	400		25	
2	粗铣削异形凸台和椭圆锥台型腔	T02	ϕ16mm 立铣刀	600	100	6	
3	精铣削异形凸台和椭圆锥台型腔	T02	ϕ16mm 立铣刀	900	60	0.2	
4	钻中心孔	T03	ϕ3mm 中心钻	1000	60	3	
5	钻孔加工	T04	ϕ11.8mm 麻花钻	800	60	12	
6	铰孔	T05	ϕ12mm	200	40	0.1	
7	粗镗孔	T06	微调镗刀	600	50	2.4	
8	精镗孔	T06	微调镗刀	1000	30	0.1	
9	去毛刺						
10	检查						

9.2.3　工、量、刀具清单

工、量、刀具清单见表 9-4。

▣ 表 9-4　工、量、刀具清单

名称	规格	精度	数量
平口钳	200mm		1
垫铁			1 对
胶皮锤			1 把
百分表	（带表座）		1 套
光电寻边器	ϕ10mm	0.002mm	1 个
游标卡尺	0～150mm　0～150mm（带表）	0.02mm	各 1
内径百分表	ϕ18～35mm	0.01mm	1 把
深度卡尺	200mm	0.02mm	1 支

续表

名称	规格	精度	数量
R 规	$R1\sim6.5mm$　$R7\sim14.5mm$		1 套
立铣刀	$\phi12mm$		1 支
中心钻	$\phi3mm$		1 支
麻花钻	$\phi11.8mm$、$\phi25mm$		各 1 支
铰刀	$\phi12mm$	H7	1 支
微调镗刀	$\phi25\sim32mm$	0.01mm	1 支

9.2.4　参考程序与注释

SK648.MPF;	铣削异形凸台和椭圆锥台型腔主程序
G90 G17 G94 G71 G40 G54;	机床初始化
G74 Z0;	返回参考点
T2 D2;	换 2 号刀
G00 X90 Y0 Z100 M03 S600;	
Z20 M07;	
G01 Z- 6 F100;	下刀深度 6mm
G42 G01 X76 Y- 16;	建立刀具半径补偿
G02 X60 Y0 CR= 16;	圆弧切入，开始加工铣削异形凸台
G01 Y35;	
G03 X38.611 Y48.571 CR= 15;	
G02 X16.146 Y47.321 CR= 30;	
G03 X- 16.146 CR= 50;	
G02 X- 38.611 Y48.571 CR= 30;	
G03 X- 60 Y35 CR= 15;	
G01 Y- 35;	
G03 X- 38.611 Y- 48.571 CR= 15;	
G02 X- 16.146 Y- 47.321 CR= 30;	
G03 X16.146 CR= 50;	
G02 X38.611 Y- 48.571 CR= 30;	
G03 X60 Y- 35 CR= 15;	
G01 Y0;	
G02 X76 Y16 CR= 16;	圆弧切出
G40 G01 X76 Y0;	取消刀具半径补偿
Z5 F100;	抬刀
G00 X0 Y0;	定位到中心
R1= 0;	设置抬刀高度
R2= - 10;	设置加工深度
R3= 25;	椭圆长半轴
R4= 20;	椭圆短半轴
BBB:R5= 0;	设置切削起点
G01 Z= R2 F100;	
AAA:R6= R3×COS(R5);	计算椭圆 X 坐标
R7= R4×SIN(R5);	计算椭圆 Y 坐标
G41 G01 X= R6 Y= R7;	加工椭圆
R5= R5+ 2;	角度变化
IF R5<= 360 GOTOB AAA;	判断条件
G40 G01 X0 Y0;	

```
R1= R1+ 0.1;                            计算抬刀高度
R2= R2+ 0.1;                            计算加工深度
R3= 25+ R1×TAN(59);                     计算椭圆长半轴,59°= 90°- 31°
R4= 20+ R1×TAN(59);                     计算椭圆短半轴
IF R2< = 0 GOTOB BBB;                    判断条件
G00 Z20 M09;                            抬刀
G74 Z0;
M05;
M02;                                    程序结束
```

注意:对于钻孔、铰孔、镗孔读者可以参照其他实例自行编写。

9.3 齿轮箱体零件的编程加工

齿轮箱体类零件图纸如图 9-3 所示。

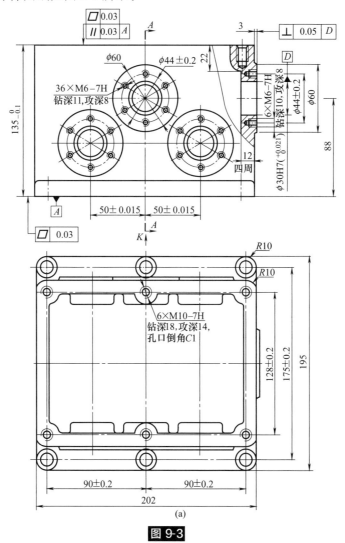

图 9-3

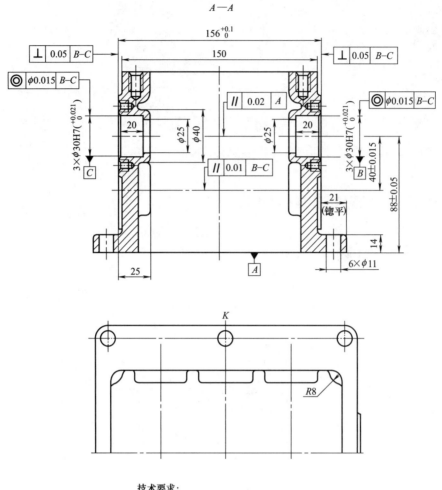

图9-3　齿轮箱体零件图

9.3.1　学习目标及注意事项

（1）学习目标

① 掌握典型箱体类加工的工艺。

② 箱体类工件的装夹方案。

③ 箱体类工件的形位公差的保证方法。

（2）注意事项

加工箱体类工件时，平面周边轮廓的加工常采用立铣刀；铣削平面时，应选硬质合金刀片铣刀；加工凸台、凹槽时，选高速钢立铣刀；加工箱体表面或粗加工孔时，可选取镶硬质合金刀片的玉米铣刀；对一些立体型面和变斜角轮廓外形的加工，常采用球头铣刀、环形铣刀、锥形铣刀和盘形铣刀。

在进行自由曲面加工时，由于球头刀具的端部切削速度为零，因此，为保证加工精度，切削行距一般选取得很紧密，故球头刀具常用于曲面的精加工。而平头刀具在表面加工质量和切削效率方面都优于球头刀，因此，只要在保证不过切的前提下，无论是曲面的粗加工还是精加工，都应优先选择平头刀。

9.3.2　工、量、刀具清单

工、量、刀具清单如表 9-5 所示。

⊡ 表 9-5　工、量、刀具清单

名称	规格	精度	数量
立铣刀	ϕ16 精三刃立铣刀		1
面铣刀	ϕ125 八齿端面铣刀		1
镗刀	ϕ25、ϕ29 粗镗刀 ϕ29.8 半精镗刀，精镗刀 ϕ30H7		各 1
中心钻	ϕ3		1
麻花钻	ϕ5		1
丝锥	M6H2		1
半径规	R5～30		1 套
偏心式寻边器	ϕ10	0.02mm	1
游标卡尺	0～150 0～150（带表）	0.02mm	各 1
千分尺	0～25,25～50,50～75	0.01mm	各 1
深度游标卡尺	0～200	0.02mm	1 把
垫块,拉杆,压板,螺钉	M16		若干
扳手,锉刀	12″,10″		各 1 把
刀柄,夹头	刀具相关刀柄,钻夹头,弹簧夹		若干
其他	常用加工中心机床辅具		若干

刀具选择及作用如表 9-6 所示。

⊡ 表 9-6　刀具选择表

加 工 内 容	刀 具 名 称	刀 具 编 号
铣平面	ϕ125 面铣刀	T01
镗 ϕ25 孔	粗镗刀 ϕ25	T02
粗镗 ϕ30H7 孔	平底粗镗刀 ϕ29,刃长 2	T03
半精镗 ϕ30H7 孔	平底半精镗刀 ϕ29.8,刃长 2	T04
ϕ30H7 孔孔口倒角	45°倒角镗刀	T05
钻 M6 中心孔（带倒角）	ϕ3 中心钻	T06
钻 M6 螺纹底孔	ϕ5 麻花钻	T07
攻 M6 螺纹孔	丝锥 M6H2	T08
精镗 ϕ30H7	精镗刀 ϕ30H7,刃长 3	T09

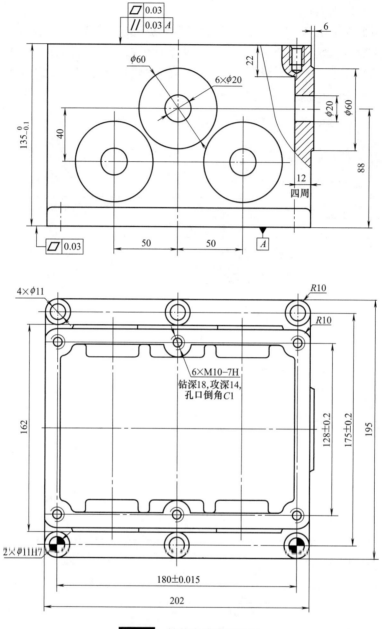

图 9-4　箱体半成品零件图

9.3.3　工艺分析与加工方案

（1）来件状况及工艺分析

零件如图 9-3 所示，半成品零件如图 9-4 所示，为典型箱体类零件，中空为腔。

铸件毛坯，材料是 QT450-10。来件上下表面和其上孔已加工完成，下平面上的 $6 \times \phi 11$ 同侧分布的两个孔已加工成 $2 \times \phi 11H7$ 的工艺孔。要求加工四个立面上的平面和孔。

两侧面加工要求一样。每个侧面上有三个凸台，凸台高度一样，表面粗糙度为

$Ra3.2\mu m$，凸台平面对 $\phi30H7$ 孔的垂直度为 $0.05mm$；需加工 $3\times\phi30H7$、$Ra1.6\mu m$ 的台阶孔，台阶小孔为 $\phi25$、$Ra6.3\mu m$；两侧面上 $3\times\phi30H7$ 孔为同轴孔，要求同轴度为 $\phi0.015mm$，两孔中心线对底平面平行度为 $0.02mm$，$3\times\phi30H7$ 孔间距公差为 $\pm0.015mm$。每个 $\phi30H7$ 周围均布 $6\times M6\text{-}7H$ 螺孔。

一个端面上无加工内容，另一端面要求加工一凸台，凸台平面粗糙度为 $Ra3.2\mu m$，平面对孔 $\phi30H7$ 的垂直度为 $0.05mm$；还要加工一个 $\phi30H7$ 的单壁通孔，表面粗糙度为 $Ra1.6\mu m$，孔周围均布 $6\times M6\text{-}7H$ 螺孔。

（2）选用数控机床

选用 XH756 型卧式加工中心，分度工作台 $1°\times360$ 等分，刀库容量 60 把，适合多侧面加工，完全能满足本箱体零件三个侧面的加工要求。

（3）确定装夹方案

定位方案：一面两孔定位，即以底平面和 $2\times\phi11H7$ 工艺孔定位。

夹紧方案：试制工件，采用手动夹紧方式。考虑到要铣立面，为了防止刀具与压板干涉，箱体中间吊拉杆，在箱体顶面上压紧，让工件充分暴露在刀具下面，如图 9-5 所示，一次装夹完成全部加工内容，以保证各加工要素间的位置精度。

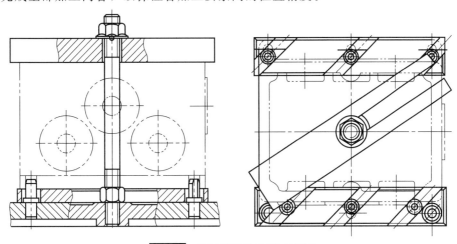

图 9-5　箱体定位和夹紧方案图

（4）确定加工方案

遵循单件试制工序集中、先面后孔、先粗后精、先主后次的原则。确定面、孔加工方案如表 9-7 所示。

▫ **表 9-7　面、孔加工方案**

加 工 要 素	加 工 方 案	加 工 要 素	加 工 方 案
平面	粗铣—精铣	$\phi30H7$ 孔	粗镗—半精镗—倒角—精镗
$\phi25$ 孔	镗	M6-7H 螺纹孔	钻中心孔（带倒角）—钻底孔—攻螺纹

（5）确定加工顺序

在加工顺序的选择上，除了先面后孔、先大后小等基本原则以外，还要考虑单刀多工位和多刀单工位的问题。本道工序由于所用刀具在每一工位上加工量较少，所以采用单刀多工位的方法进行加工，也就是一把刀加工完所有工位上要加工的内容后，再换下一把刀继续加工，这样能有效防止频繁换刀，提高机械手的寿命。

加工顺序是先铣侧平面，然后镗 $\phi25$ 孔至尺寸，接着粗镗、半精镗、孔口倒角 $\phi30H7$ 孔，钻 M6 螺纹中心孔（孔口带倒角）、钻底孔、攻螺纹，最后精镗 $\phi30H7$ 孔。

9.3.4 程序编制与注释

（1）建立工件坐标系

如图 9-6 所示，在每个工位上分别建立一个工件坐标系，且 A 面和 C 面的工件坐标系对称，这样坐标计算相对简单，编程也方便。

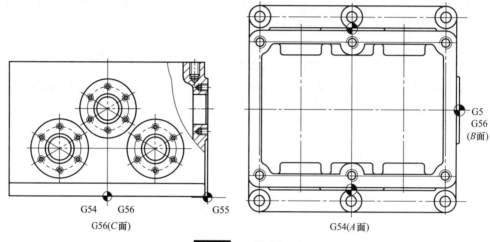

图 9-6 工件坐标系

（2）确定编程方案

采用单刀多工位原则，先加工 A 面，后加工 B 面，再加工 C 面，再按 C 面→B 面→A 面的顺序加工，同规格同侧面上的孔编一个子程序。各凸台上的螺纹孔都一样，所以也编写成一个子程序。

（3）参考程序

L1041.SPF		换刀子程序
N10	G90 G00 G40 G49 G80 G67 M09 M19	初始化
N20	G91 G28 Z0	在 Z 轴参考点换刀
N30	G91 G28 Y0	在 Y 轴参考点换刀
N40	M06	换刀
N50	M17	子程序结束

L1342.SPF		工作台分度宏程序
N10	G90 G00 G40 G49 G80 G67 M09	初始化
N20	G91 G28 Z0	在 Z 轴参考点工作台转位分度,防止与刀具干涉
N30	B#2	工作台转位分度数用变量#2 表示
N40	M17	宏程序结束

L1343.SPF		加工 3×$\phi30H7$ 和 3×$\phi25$ 子程序,A 面、C 面程序相同
N10	X50 Y48	右侧孔

续表

N20	X0 Y88	中间孔
N30	X−50 Y48	左侧孔
N40	M17	子程序结束

L1344. SPF		宏程序,类似于 G81
N10	G90 G00 G43 H♯11 Z♯4	刀具长度偏置快速到初始平面 I＝♯4,刀具号 T＝长度补偿号 H＝♯11
N20	Z♯18	快速到参考平面 R＝♯18
N30	G01 Z♯26	工进到孔深 Z＝♯26
N40	G00 Z♯4	快速返回到初始平面 I＝♯4
N50	M17	宏程序结束

L1345. SPF		宏程序,类似于 G82
N10	G90 G00 G43 H♯11 Z♯4	
N20	Z♯18	
N30	G01 Z♯26	
N40	G04 X♯24	孔底暂停时间 X＝♯24
N50	G00 Z♯4	
N60	M17	

L1346. SPF		宏程序,类似于 G84
N10	G90 G00 G43 H♯11 Z♯4	
N20	Z♯18	
N30	♯3003＝1	禁止单程序段运行
N40	G63	滚丝状态,倍率开关无效
N50	G01 Z♯26	
N60	M04	孔底主轴反转
N70	G01 Z♯18	工进退到 R 平面
N80	M03	主轴正转
N90	♯3003＝0	恢复单程序段方式
N100	G00 Z♯4	
N110	G64	连续切削方式
N120	M17	

L1347. SPF		
N10	G90 G00 G43 H♯11 Z♯4	
N20	Z♯18	
N30	G01 Z♯26	
N40	M05	孔底主轴停转

N50	G00 Z♯18	
N60	M03	到 R 平面后主轴恢复正转
N70	Z♯4	
N80	M17	

L1348. SPF		圆周均布孔位坐标宏程序
N10	♯2＝360/♯3	圆周均布,两孔间夹角♯2
N20	♯4＝0	孔加工计数器♯4 置 0
N30	WHILE[♯4 LE ♯3] DO 1	当孔加工计数器♯4≤孔数♯3 时,循环执行 N40～N50 程序段
N40	G90 X[♯24＋♯18*COS[♯1＋♯4*♯2]] Y[♯25＋♯18*SIN[♯1＋♯4*♯2]]	孔位坐标
N50	♯4＝♯4＋1	孔加工计数器累加计数
N60	END1	循环结束
N70	M17	宏程序结束

SK1349. MPF		主程序
N10	T01	刀库选 T01＝φ125 面铣刀到换刀位置
N20	L1341	换刀
N30	T02	刀库选粗镗刀 T02＝φ25 到换刀位置
N40	G90 G00 G54 X150 Y77 F250 S400 M03	用 T01＝φ125 面铣刀粗铣 A 面定位、初始化
N50	G43 H01 Z50	刀具长度补偿,刀位点到 Z50 安全平面
N60	G01 X－150	直线插补粗铣 A 面
N70	G65 P1342 B90	工作台转 90°,B 面到主轴侧
N80	G90 G00 G55 X105 Y88 F250 S400 M03	粗铣 B 面
N90	G43 H01 Z0.2 M08	
N100	G01 X－105	
N110	G65 P1342 B180	工作台转到 180°,C 面到主轴侧
N120	G90 G00 G56 X150 Y77	粗铣 C 面
N130	G43 H01 Z0.2 M08	
N140	G01 X－150	
N150	F200 S500 M03	改变 S、F 值,精铣 C 面
N160	Z0	
N170	X150	
N180	G65 P1342 B90	
N190	G90 G00 G55 X105 Y88	精铣 B 面
N200	Z0	
N210	G01 X－105	
N220	G65 P1342 B0	

N230	G90 G00 G54 X150 Y88	精铣 A 面
N240	Z0	
N250	G01 X－150	
N260	L1341	将刀库换刀位置上的粗镗刀 T02＝ϕ25 与主轴上的 T01 交换
N270	T03	刀库选粗镗刀 T03＝ϕ29 到换刀位置
N280	G90 G00 G54 F120 S800 M03 M08	镗 A 面 3×ϕ25
N290	G66 P1344 H02 I5 R5 Z－30	
N300	L1343	
N310	G65 L1342 B180	
N320	G90 G00 G56 M08	镗 C 面 3×ϕ25
N330	G66 L1344 H02 I5 R5 Z－30	
N340	L1343	
N350	L1341	
N360	T4	
N370	G90 G00 G56 F120 S800 M03 M08	粗镗 C 面 3×ϕ30H7
N380	G66 L1345 H03 I5 R5 Z－19.8	
N390	L1343	
N400	G65 L1342 B90	
N410	G90 G00 G55 X0 Y88 M08	粗镗 B 面 ϕ30H7
N420	G66 L1344 H03 I5 R5 Z－19 E2	
N430	G65 L1342 B0	
N440	G90 G00 G54 M08	粗镗 A 面 3×ϕ30H7
N450	G66 L1345 H03 I5 R5 Z－19.8 E2	
N460	L1343	
N470	L1341	
N480	T5	
N490	G90 G00 G54 F80 S800 M03 M08	半精镗 A 面 3×ϕ30H7
N500	G66 L1345 H04 I5 R5 Z－19.9 E2	
N510	L1343	
N520	G65 L1342 B90	
N530	G90 G00 G55 X0 M08	半精镗 B 面 ϕ30H7
N540	G66 L1344 H04 I5 R5 Z－19	
N550	G65 L1342 B180	
N560	G90 G00 G56 M08	半精镗 C 面 3×ϕ30H7
N570	G66 L1345 H04 I5 R5 Z－19.9 E2	
N580	M98 L1343	
N590	M98 L1341	

N600	T06	
N610	G90 G00 G56 F60 S600 M03 M08	C 面 $3 \times \phi 30H7$ 倒角
N620	G66 L1345 H05 I5 R5 Z−1 E2	必要时修改倒角大小
N630	L1343	
N640	G65 L1342 B90	
N650	G90 G00 G55 X0 Y88 M08	B 面 $\phi 30H7$ 倒角
N660	G65 L1345 H05 I5 R5 Z−1 E2	必要时修改倒角大小
N670	G65 L1342 B0	
N680	G90 G00 G54 M08	A 面 $3 \times \phi 30H7$ 倒角
N690	G66 L1345 H05 I5 R5 Z−1 E2	必要时修改倒角大小
N700	L1343	
N710	L1341	
N720	T07	
N730	G90 G00 G54 F100 S1200 M03 M08	钻 A 面 $18 \times M6$−7H 中心孔（带倒角）
N740	G66 L1344 H06 I5 R5 Z−5	必要时修改倒角大小
N750	G65 L1348 X50 Y48 R22 A30 C6	右侧 $6 \times M6$
N760	G65 L1348 X0 Y88 R22 A30 C6	中间 $6 \times M6$
N770	G65 L1348 X−50 Y48 R22 A30 C6	左侧 $6 \times M6$
N780	G65 L1342 B90	
N790	G90 G00 G55 M08	钻 B 面 $6 \times M6$−7H 中心孔（带倒角）
N800	G66 L1344 H06 I5 R5 Z−5	必要时修改倒角大小
N810	G65 L1348 X0 Y88 R22 A30 C6	
N820	G65 L1342 B180	
N830	G90 G00 G56 M08	钻 C 面 $18 \times M6$−7H 中心孔（带倒角）
N840	G66 L1344 H06 I5 R5 Z−5	必要时修改倒角大小
N850	G65 L1348 X50 Y48 R22 A30 C6	右侧 $6 \times M6$
N860	G65 L1348 X0 Y88 R22 A30 C6	中间 $6 \times M6$
N870	G65 L1348 X−50 Y48 R22 A30 C6	左侧 $6 \times M6$
N880	L1341	
N890	T08	
N900	G90 G00 G56 M08	钻 C 面 $18 \times M6$-7H 底孔
N910	G66 L1344 H07 I5 R5 Z−11	
N920	G65 L1348 X50 Y48 R22 A30 C6	
N930	G65 L1348 X0 Y88 R22 A30 C6	
N940	G65 L1348 X−50 Y48 R22 A30 C6	
N950	G65 L1342 B90	
N960	G90 G00 G55 M08	钻 B 面 $6 \times M6$-7H 底孔
N970	G66 L1344 H07 I5 R5 Z−11	

N980	G65 L1348 X0 Y88 R22 A30 C6	
N990	G65 L1342 B0	
N1000	G90 G00 G54 M08	钻 A 面 18×M6-7H 底孔
N1010	G66 L1344 H07 I5 R5 Z－11	
N1020	G65 L1348 X50 Y48 R22 A30 C6	
N1030	G65 L1348 X0 Y88 R22 A30 C6	
N1040	G65 L1348 X－50 Y48 R22 A30 C6	
N1050	L1341	
N1060	T09	
N1070	G90 G00 G54 F200 S200 M03 M08	攻 A 面 18×M6-7H
N1080	G66 L1346 H08 I5 R5 Z－10	
N1090	G65 L1348 X50 Y48 R22 A30 C6	
N1100	G65 L1348 X0 Y88 R22 A30 C6	
N1110	G65 L1348 X－50 Y48 R22 A30 C6	
N1120	G65 L1342 B90	
N1130	G90 G00 G55 M08	攻 B 面 6×M6-7H
N1140	G66 L1346 H08 I5 R5 Z－10	
N1150	G65 L1348 X0 Y88 R22 A30 C6	
N1160	G65 L1342 B180	
N1170	G90 G00 G56 M08	攻 C 面 18×M6-7H
N1180	G66 L1346 H08 I5 R5 Z－10	
N1190	G65 L1348 X50 Y48 R22 A30 C6	
N1200	G65 L1348 X0 Y88 R22 A30 C6	
N1210	G65 L1348 X－50 Y48 R22 A30 C6	
N1220	L1341	
N1230	T00	刀库不动
N1240	G90 G00 G56 F90 S900 M03 M08	精镗 C 面 3×ϕ30H7
N1250	G66 L1345 H09 I5 R5 Z－30 E2	
N1260	L1343	
N1270	G65 L1342 B90	
N1280	G90 G00 G55 M08	精镗 B 面 ϕ30H7
N1290	G66 L1347 H09 I5 R5 Z－30	
N1300	G65 L1342 B0	
N1310	G90 G00 G54 M08	精镗 A 面 3×ϕ30H7
N1320	G66 L1345 H09 I5 R5 Z－30 E2	
N1330	L1343	
N1340	L1341	将主轴上刀换回刀库
N1350	M30	程序结束

第4篇

自动加工编程

第 10 章
CAM 自动编程基础

手工编程工作量很大，通常只是对一些简单的零件进行手工编程。但是对于几何形状复杂，或者虽不复杂但程序量很大的零件（如一个零件上有数千孔），编程的工作量是相当繁重的，这时手工编程便很难胜任。一般认为，手工编程仅适用于 3 轴联动以下加工程序的编制，3 轴联动（含 3 轴）以上的加工程序必须采用自动编程。本章将首先介绍自动编程基础知识。

10.1 自动编程特点与发展

10.1.1 自动编程的特点

自动编程是借助计算机及其外围设备装置自动完成从零件图构造、零件加工程序编制到控制介质制作等工作的一种编程方法，目前，除工艺处理仍主要依靠人工进行外，编程中的数学处理、编写程序单、制作控制介质、程序校验等各项工作均已通过自动编程达到了较高的计算机自动处理的程度。与手工编程相比，自动编程解决了手工编程难以处理的复杂零件的编程问题，既减轻劳动强度、缩短编程时间，又可减少差错，使编程工作简便。

10.1.2 自动编程的应用发展

20 世纪 50 年代初，美国麻省理工学院（MIT）伺服机构实验室研制出第一台三坐标立式数控铣床。1955 年公布了用于机械零件数控加工的自动编程语言 APT（Automatical Programmed Tools），1959 年开始用于生产。随着 APT 语言的不断更新和扩充，先后形成了 APT2、APT3 和 APT4 等不同版本。除 APT 外，世界各国都发展了基于 APT 的衍生语言，如美国的 APAPT，德国的 EXAPT-1（点位）、EXAPT-2（车削）、EXAPT-3（铣削），英国的 2CL（点位、连续控制），法国的 IFAPT-P（点位）、IFAPT-C（连续控制），日本的 FAPT（连续控制）、HAPT（连续控制二坐标），我国的 SKC、ZCX、ZBC-1、CKY 等。

20 世纪 60 年代中期，计算机图形显示器的出现，引起了数控自动编程的一次变革。利用具有人机交互式功能的显示器，把被加工零件的图形显示在屏幕上，编程人员只需用鼠标点击被加工部位，输入所需的工艺参数，系统就自动计算和显示刀具路径，模拟加工状态，检查走刀轨迹，这就是图形交互式自动编程，这种编程方式大大减少了编程出错率，提高了编程效率和编程可靠性。对于大型的较复杂的零件，图形交互式自动编程的编程时间大约为 APT 编程的 25%～30%，经济效益十分明显，已成为 CAD/CAE/CAM 集成系统的主流方向。

自动编程系统的发展主要表现在以下几方面。

① 人机对话式自动编程系统。它是会话型编程与图形编程相结合的自动编程系统。

② 数字化技术编程。由无尺寸的图形或实物模型给出零件形状和尺寸时，采用测量机将实际图形或模型的尺寸测量出来，并自动生成计算机能处理的信息。经数据处理，最后控制其输出设备，输出加工纸带或程序单。这种方式在模具的设计和制造中经常采用，即所谓的"逆向工程"。

③ 语音数控编程系统。该系统就是用音频数据输入到编程系统中，使用语言识别系统时，编程人员需使用记录在计算机内的词汇，既不要写出程序，也不要根据严格的程序格式打出程序，只要把所需的指令讲给话筒就行。每个指令按顺序显示出来，之后再显示下次输入需要的指令，以便操作人员选择输入。

④ 依靠机床本身的数控系统进行自动编程。

10.2 自动编程的工作原理

交互式图形自动编程系统采用图形输入方式，通过激活屏幕上的相应菜单，利用系统提供的图形生成和编辑功能，将零件的几何图形输入到计算机，完成零件造型。同时以人机交互方式指定要加工的零件部位、加工方式和加工方向，输入相应的加工工艺参数，通过软件系统的处理自动生成刀具路径文件，并动态显示刀具运动的加工轨迹，生成适合指定数控系统的数控加工程序，最后通过通信接口，把数控加工程序送给机床数控系统。这种编程系统具有交互性好，直观性强，运行速度快，便于修改和检查，使用方便，容易掌握等特点。因此，交互式图形自动编程已成为国内外流行的 CAD/CAM 软件所普遍采用的数控编程方法。在交互式图形自动编程系统中，需要输入两种数据以产生数控加工程序，即零件几何模型数据和切削加工工艺数据。交互式图形自动编程系统实现了造型——刀具轨迹生成——加工程序自动生成的一体化，它的三个主要处理过程是：零件几何造型、生成刀具路径文件、生成零件加工程序。

（1）零件几何造型

交互式图形自动编程系统（CAD/CAM），可通过三种方法获取和建立零件几何模型。

① 软件本身提供的 CAD 设计模块。

② 其他 CAD/CAM 系统生成的图形，通过标准图形转换接口（例如 STEP、DXFIGES、STL、DWG、PARASLD、CADL、NFL 等），转换成编程系统的图形格式。

③ 三坐标测量机数据或三维多层扫描数据。

（2）生成刀具路径

在完成了零件的几何造型以后，交互式图形自动编程系统第二步要完成的是产生刀具路径。其基本过程如下。

① 首先确定加工类型（轮廓、点位、挖槽或曲面加工），用光标选择加工部位，选择走刀路线或切削方式。图 10-1 所示为数控铣削加工时交互式图形自动编程系统通常处理的几种加工类型。

② 选取或输入刀具类型、刀号、刀具直径、刀具补偿号、加工预留量、进给速度、主轴转速、退刀安全高度、粗精切削次数及余量、刀具半径长度补偿状况、进退刀延伸线值等加工所需的全部工艺切削参数。

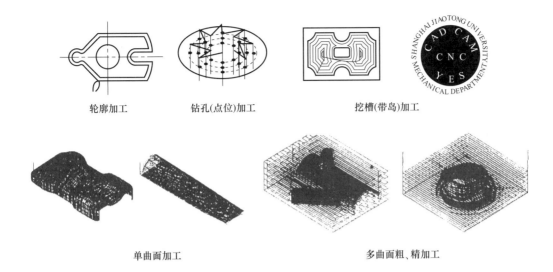

轮廓加工　　　钻孔(点位)加工　　　挖槽(带岛)加工

单曲面加工　　　　　　　多曲面粗、精加工

图 10-1　几种加工编程类型

③ 编程系统根据这些零件几何模型数据和切削加工工艺数据，经过计算、处理，生成刀具运动轨迹数据，即刀位文件 CLF（Cut Location File），并动态显示刀具运动的加工轨迹。刀位文件与采用哪一种特定的数控系统无关，是一个中性文件，因此通常称产生刀具路径的过程为前置处理。

（3）后置处理

后置处理的目的是生成针对某一特定数控系统的数控加工程序。由于各种机床使用的数控系统各不相同，例如有 FANUC、SIEMENS、华中等系统，每一种数控系统所规定的代码及格式不尽相同，为此，自动编程系统通常提供多种专用的或通用的后置处理文件，这些后置处理文件的作用是将已生成的刀位文件转变成合适的数控加工程序。早期的后置处理文件是不开放的，使用者无法修改。目前绝大多数优秀的 CAD/CAM 软件提供开放式的通用后置处理文件。使用者可以根据自己的需要打开文件，按照希望输出的数控加工程序格式，修改文件中相关的内容。这种通用后置处理文件，只要稍加修改，就能满足多种数控系统的要求。

（4）模拟和通信

系统在生成了刀位文件后模拟显示刀具运动的加工轨迹是非常必要和直观的，它可以检查编程过程中可能的错误。通常自动编程系统提供一些模拟方法，下面简要介绍线架模拟和实体模拟的基本过程。

线架模拟可以设置的参数有：①以步进方式一步步模拟或自动连续模拟，步进方式中按设定的步进增量值方式运动或按端点方式运动；②运动中每一步保留刀具显示的静态模拟或不保留刀具显示的动态模拟；③刀具旋转；④模拟控制器刀具补偿；⑤模拟旋转轴；⑥换刀时刷新刀具路径；⑦刀具轨迹涂色；⑧显示刀具和夹具等。

实体模拟可以设置的参数有：①模拟实体加工过程或仅显示最终加工零件实体；②零件毛坯定义；③视角设置；④光源设置；⑤步长设置；⑥显示加工被除去的体积；⑦显示加工时间；⑧暂停模拟设置；⑨透视设置等。

通常自动编程系统还提供计算机与数控系统之间数控加工程序的通信传输。通过 RS232 通信接口，可以实现计算机与数控机床之间 NC 程序的双向传输（接收、发送和终端模拟），可以设置 NC 程序格式（ASCII、EIA、BIN）、通信接口（COM1、COM2）、传输速度（波特率）、奇偶校验、数据位数、停止位数及发送延时参数等有关的通信参数。

10.3 自动编程的环境要求

（1）硬件环境

根据所选用的自动编程系统，配置相应的计算机及其外围设备硬件。计算机主要由中央处理器（CPU）、存储器和接口电路组成。外围设备包括输入设备、输出设备、外存储器和其他设备等。

输入设备是向计算机送入数据、程序以及各种信息的设备，常用的有键盘、图形输入设备、光电阅读机、软盘（光盘）驱动器等。

输出设备是把计算机的中间结果或最终结果表示出来，常用的有显示器、打印机或绘图仪、纸带穿孔机、软盘驱动器等。

外存储器简称外存，它的特点是容量大，但存取周期较长，常用于存放计算机所需要的固定信息，如自动编程所需的产品模型数据、加工材料数据、工具数据、加工数据、归档的加工程序等。常用的外存有磁带、磁盘、光盘等。对于外围设备中的其他设备，则要据具体的自动编程系统和需要进行配置。

（2）软件环境

软件是指程序、文档和使用说明书的集合，其中文档是指与程序的计划、设计、制作、调试和维护等相关的资料；使用说明书是指计算机和程序的用户手册、操作手册等；程序是用某种语言表达的由计算机去处理的一系列步骤，习惯也将程序简称为软件，它包括系统软件和应用软件两大类。

① 系统软件　是直接与计算机硬件发生关系的软件，起到管理系统和减轻应用软件负担的作用。

② 应用软件　是指直接形成和处理数控程序的软件，它需要通过系统软件才能与计算机硬件发生关系。应用软件可以是自动编程软件，包括识别处理由数控语言编写的源程序的语言软件（如 APT 语言软件）和各类计算机辅助设计/计算机辅助制造（CAD/CAM）软件；其他工具软件和用于控制数控机床的零件数控加工程序也属于应用软件。

在自动编程软件中，按所完成的功能可以分为前置计算程序和后置处理程序两部分。前置计算程序是用来完成工件坐标系中刀位数据计算的一部分程序，如在图形交互式自动编程系统中，前置计算程序主要为图形 CAD 和零件 CAM 部分。前置计算过程中所需要的原始数据都是编程人员给定的，可以是以 APT 语言源程序给定，可以是在人机交互对话中给定，也可以通过其他的方式给定。编程人员除给定这些原始数据外，还会根据工艺要求给出一些与计算刀位无关的其他指令或数据。对于后一类指令或数据，前置计算程序不予处理，都移交到后置处理程序去处理。

后置处理程序也是自动编程软件中的一部分程序，其作用主要有两点：一是将前置计算形成的刀位数据转换为与加工工件所用 CNC 控制器对应的数控加工程序运动指令值；二是将前置计算中未做处理而传递过来的编程要求编入数控加工程序中。在图形交互式自动编程系统中，有多个与各 CNC 控制器对应的后置处理程序可供选择调用。

10.4　自动编程的分类

自动编程技术发展迅速，至今已形成繁多的种类。从使用的角度出发，自动编程可从如下方面来分类。

（1）按计算机硬件的种类规格分类

① 微机自动编程　以微机作为自动编程的硬件设备，最大的优点是价格低廉，使用方便。微机对工作环境没有很高的要求，普通的办公室条件即可，微机对能源的消耗也较低。但在微机上运行大中型的 CAD/CAM 软件，目前还有一定的困难。另外，在带动多台终端的能力方面，无论是软件的来源、档次、价格，还是软件费用，微机自动编程都受到一定的限制。但随着微机技术的不断发展，微机自动编程应用越来越广泛。目前使用较多的微机自动编程软件有北航海尔软件有限公司的 CAXA 软件；美国 CNC 软件公司的 MasterCAM 软件等。

② 大、中、小型计算机自动编程　国内现有的 VAX 计算机属于超小型计算机，IBM43××系列计算机属于中型计算机，国内研制的银河系列计算机属于大型计算机。这些大、中、小型计算机可以运行 CADAM、APT4/SS 等大中型的 CAD/CAM 软件，充分发挥 CAD/CAM 功能和网络功能。

③ 工作站自动编程　工作站的硬件及软件全部配套供应，具有计算、图形交互处理功能，特别适用于中小型企业。而对于大型企业，合理使用工作站，可以减轻大型企业计算机主机的负担，降低 CAD/CAM 费用。工作站常以小型计算机为其主机，其硬件包括字符终端、图形显示终端和数据输入板等。这类小系统的功能一般有：二维到三维几何定义，曲线及曲面的生成，体素的拼合，工程制图，2 轴、2.5 轴、3 轴、4 轴、5 轴的数控自动编程，数据库管理和网络通信等。

④ 依靠机床本身的数控系统进行自动编程　在机床本身的数控系统中，早已具有循环功能、镜像功能、固定子程序功能、宏指令功能等，这些功能可以看成是利用机床本身的数控系统进行自动编程的雏形，先进的数控系统已能进行一般性的编程计算和图形交互处理功能。"后台编辑"功能可以让用户在机床工作时利用数控系统的"后台"进行与现场无关的编程工作。这种自动编程方式，适用于数控机床拥有量不多的小用户。

（2）按计算机联网的方式分类

① 单机工作方式的自动编程　这种方式是单台计算机独立进行编程工作。

② 联网工作方式的自动编程　它是建立在通信网络的基础上，同时有多个用户进行编程。按照联网的分布，这种方式又可分为集中式联网、分布式联网和环网式联网等形式。

（3）按编程信息的输入方式分类

① 批处理方式自动编程　它是编程人员一次性地将编程信息提交给计算机处理，如早期的 APT 语言编程。由于信息的输入过程和编程结果较少有图形显示，特别是在编程过程中没有图形显示，故这种方式欠直观、容易出错，编程较难掌握。

② 人机对话式自动编程　它又称为图形交互式自动编程，是在人机对话的工作方式下，编程人员按菜单提示内容反复与计算机对话，完成编程全部工作。由于人机对话对

于图形定义、刀具选择、起刀点的确定、走刀路线的安排以及各种工艺数据输入等都采用了图形显示，所以它能及时发现错误，使用直观、方便，是目前广泛应用的一种自动编程方式。

（4）按加工中采用的机床坐标数及联动性分类

按这种方式分类，自动编程可以点位自动编程、点位直线自动编程、轮廓控制机床自动编程等。对于轮廓控制机床的自动编程，依照加工中采用的联动坐标数量，又有 2、2.5、3、4、5 坐标加工的自动编程。

10.5 CAM 编程软件简介

（1）美国 CNC Software 公司的 Mastercam 软件

Mastercam 软件是在微机档次上开发的，在使用线框造型方面较有代表性，而且，它又是侧重于数控加工方面的软件，这样的软件在数控加工领域内占重要地位，有较高的推广价值。

Mastercam 的主要功能是：二维、三维图形设计、编辑；三维复杂曲面设计；自动尺寸标注、修改；各种外设驱动；5 种字体的字符输入；可直接调用 AutoCAD、CADKEY、SURFCAM 等；设有多种零件库、图形库、刀具库；2～5 轴数控铣削加工；车削数控加工；线切割数控加工；钣金、冲压数控加工；加工时间预估和切削路径显示，过切检测及消除；可直接连接 300 多种数控机床。

（2）美国通用汽车公司的 UG NX 的主要特点与功能

① UG NX 具有很强的二维出图功能，由模型向工程图的转换十分方便。

② 曲面造型采用非均匀有理 B 样条作为数学基础，可用多种方法生成复杂曲面、曲面修剪和拼合、各种倒角过渡以及三角域曲面设计等等。其造型能力代表着该技术的发展水平。

③ UG NX 的曲面实体造型（区别于多面实体）源于被称为世界模型之祖的英国剑桥大学 Shape Data Ltd。该产品（PARASOLID）已被多家软件公司采用。该项技术使得线架模型、曲面模型、实体模型融为一体。

④ UG NX 率先提供了完全特征化的参数及变量几何设计（UG CONCEPT）。

⑤ 由于 PDA 公司以 PARASOLID 为其内核，使得 UG NX 与 PATRAN 的连接天衣无缝。与 ICAD、OPTIMATION、VALISYS、MOLDFLOW 等著名软件的内部接口方便可靠。

⑥ 由于统一的数据库，UG NX 实现了 CAD、CAE、CAM 各部分之间的无数据交换的自由切换，3～5 坐标联动的复杂曲面加工和镗铣、方便的加工路线模拟、生成 SIEMENS、FANUC 机床控制系统代码的通用后置处理，使真正意义上的自动加工成为现实。

⑦ UG NX 提供可以独立运行的、面向目标的集成管理数据库系统（INFORMATION PSI-MANAGER）。

⑧ UG NX 是一个界面设计良好的二次开发工具。通过高级语言接口，使 UG NX 的图形功能与高级语言的计算功能很好地结合起来。

（3）美国 PTC 公司的 Pro/ENGINEER 软件

Pro/ENGINEER 是唯一的一整套机械设计动化软件产品，它以参数化和基于特征建模的技术，提供给工程师一个革命性的方法，去实现机械设计自动化。Pro/ENGINEER 是由一个产品系列组成的。它是专门应用于机械产品从设计到制造全过程的产品系列。

Pro/ENGINEER 产品系列的参数化和基于特征建模给工程师提供了空前容易和灵活的环境。另外，Pro/ENGINEER 的唯一的数据结构提供了所有工程项目之间的集成，使整个产品从设计到制造紧密地联系在一起，这样，能使工程人员并行地开发和制造它的产品，可以很容易地评价多个设计的选择，从而使产品达到最好的设计、最快的生产和最低的造价。Pro/ENGINEER 的基本功能可分为以下几方面。

① 零件设计。

a. 生成草图特征。包括凸台、凹槽，冲压的、沿二维草图扫过的轨迹槽沟，或两个平行截面间拼合的槽沟。

b. 生成 "pick and Place" 特征。如孔、通孔、倒角、圆角、壳、规则图、法兰盘、棱等。

c. 草图美化特征。

d. 参考基准面、轴、点、曲线、坐标系，以及为生成非实体参考基准的图。

e. 修改、删除、压缩、重定义和重排特征，以及只读特征。

f. 通过向系列表中增加尺寸生成表驱动零件。

g. 通过生成零件尺寸和参数的关系获得设计意图。

h. 产生工程信息。包括零件的质量特性、相交截面模型、参考尺寸。

i. 在模型上生成几何拓扑关系和曲面的粗糙度。

j. 在模型上给定密度、单位、材料特性或用户专用的质量特性。

k. 可通过 Pro/ENGINEER 增加功能。

② 装配设计。

a. 使用命令如 mate、align、incort 等安放组件和装配子功能生成整个产品的装配。

b. 从一个装配中拆开装配的组件。

c. 修改装配时安排的偏移。

d. 生成和修改装配的基准面、坐标系和交叉截面。

e. 修改装配模型中的零件尺寸。

f. 产生工程信息、材料清单、参考尺寸和装配质量特性。

g. 功能可增加扩充。

③ 设计文档（绘图）。

a. 生成多种类型的视图。包括总图、投影图、附属图、详细图、分解图、局部图、交叉截面图和透视图。

b. 完成扩大视图的修改。包括视图比例和局部边界或详细视图的修改，增加投影图、交叉截面视图的箭头和生成快照视图。

c. 用多模型生成绘图。从绘图中删除一个模型、对当前绘图模型设置和加强亮度。

d. 用草图作参数格式。

e. 操作方式包括：显示、擦除和开关视图、触发箭头、移动尺寸、文本或附加点。

f. 修改尺寸值和数字数据。

g. 生成显示、移动、擦除和用于标准注释的开关视图。

h. 包括在绘图注释中已有的几何拓扑关系。

i. 更新几何模型的组成设计的改变。

j. 专门绘图的 IGES 文件。

k. 标志绘图指示做更改。

l. 通过 Pro/DETAIL 增加功能。

④ 通用功能。

a. 数据库管理命令。

b. 在层和显示层上放置零件的层控制。

c. 用于距离的测量、几何信息角度、间隙和在零件间及装配的总干涉命令。

d. 对于扫视、变焦距、旋转、阴影、重新定位模型和绘图的观察能力。

（4）以色列的 Cimatron 软件

Cimatron 是以色列 Cimatron 公司开发的 CAD/CAE/CAM 全功能、高度集成的软件系统。该公司是以色列 ClaL Comnter and Technology 集团公司的一个分公司。其背景是以色列航空公司的 CAD/CAE/CAM 技术，该公司成立于 1982 年，1986 年产品开始进入市场，于 1989 年公布 Cimatron90 系统的微机版本，其功能和工作站版本完全相同。到 1994 年初开发具有参数化设计和变量几何设计功能的实体造型模块之后，完成了系统的全功能开发。它目前的基本功能和当代知名软件相比，可以说是各有千秋。而在系统的开销小、在系统的好学好用、某些重要功能以及有微机版本等方面还有其独到之处。

其主要 CAM 功能如下。

① 型芯和型腔设计。能迅速将实体及曲面模型分离成型芯、型腔、滑块、嵌件，自动生成分模线并自动建立分模面。

② 模架库设计。自动模架库设计支持国际流行的所有模架标准，也支持用户自定义的模架标准；在相关的数据库中支持主要工业标准；开放的系统标准可以在已存在的系列内增加用户自己定义的组件；Mold Base3D 可处理曲面和实体几何模型间的缝隙。

③ 数控加工。在 CAM 环境下可修正实体及曲面模型；2～5 轴轮廓铣削；3～5 轴面向实体与曲面模型的粗加工、半精加工和精加工；为通用的零件加工提供预定义的加工模板和加工方法；全面的干涉检查；仿真和校验模拟加工的过程；高速铣削功能；支持 NURBS 插补功能。

（5）"CAXA 制造工程师"软件

"CAXA 制造工程师"软件是由北京北航海尔软件有限公司开发的全中文 CAD/CAM 软件。

① CAXA 的 CAD 功能　提供线框造型、曲面造型方法来生成 3D 图形。采用 NURBS 非均匀 B 样条造型技术，能更精确地描述零件形体。有多种方法来构建复杂曲面，包括扫描、放样、拉伸、导动、等距、边界网格等。对曲面的编辑方法有任意裁剪、过渡、拉伸、变形、相交、拼接等。可生成真实感图形，具有 DXF 和 IGES 图形数据交换接口。

② CAXA 的 CAM 功能　支持车削加工，具有轮廓粗车、精切、切槽、钻中心孔、车螺纹功能。可以用参数修改功能对轨迹的各种参数进行修改，以生成新的加工轨迹；支持线切割加工，具有快、慢走丝切割功能，可输出 3B 或 G 代码的后置格式；2～5 轴铣削加工，提供轮廓、区域、三轴和四到五轴加工功能。区域加工允许区域内有任意形状和数量的岛。

可分别指定区域边界和岛的起模斜度，自动进行分层加工。针对叶轮、叶片类零件提供 4～5 轴加工功能。可以利用刀具侧刃和端刃加工整体叶轮和大型叶片。还支持带有锥度的刀具进行加工，可任意控制刀轴方向。此外还支持钻削加工。

　　系统提供丰富的工艺控制参数，多种加工方式（粗加工、参数线加工、限制线加工、复杂曲线加工、曲面区域加工、曲面轮廓加工），刀具干涉检查，真实感仿真，数控代码反读，后置处理功能。

第 11 章
Mastercam 自动编程实例

本章将介绍 Mastercam 自动编程技术和实例，首先介绍 Mastercam 2017 概论。

11.1 Mastercam 2017 概论

Mastercam 是美国 CNC Software Inc. 公司开发的基于 PC 平台的 CAD/CAM 软件。它集二维绘图、三维实体造型、曲面设计、体素拼合、数控编程、刀具路径模拟及真实感模拟等多种功能于一身，可以方便直观地进行几何造型。Mastercam 提供了设计零件外形所需的理想环境，其强大稳定的造型功能可设计出复杂的曲线、曲面零件。

Mastercam 2017 正式版已经发布，新版本在界面上发生了重大变化，与以往的版本相比，它具有如下特点：

界面简洁直观，降低学习难度。

精简工作流程，加快编程速度。

减少循环时间，提高加工效率。

优化加工策略，削减生产成本。

Mastercam 2017 中启用了最新的用户界面。新界面对 Mastercam 的原有功能进行了整合优化，使用户可以更方便地选取相关功能直接进行编程。在新版 Mastercam 中用户可对工具栏进行设置，定制属于自己的工具栏。当所有常用功能都触手可及时，用户的编程效率将大幅提升。Mastercam 一直以来以简单易学著称，新的 Mastercam 界面更简单直观，进一步降低了新用户的学习难度。Mastercam 2017 中，用户可以在选择图素时预览区域选择结果，可以在设置刀路参数时进行刀路预览，避免多次试错，加快编程速度。新版本还对层别管理器、平面管理器、刀具管理器、分析、指针等实用工具进行了优化，更好地支持多显示器编程，并开始支持多项目编程。

11.1.1 Mastercam 2017 简介

（1）Mastercam 2017 中文版的安装

1）系统需求

① 处理器：64 位的 Intel 或 AMD 处理器，支持 SSE2。

② 操作系统：64 位的 Windows 7 或 Windows 8。

③ 系统内存：4GB（64 位操作系统）。

④ 硬盘空间：不小于 40GB。

⑤ 显卡：最低分辨率为 1280×1024，128MB 图形内存，支持 OpenGL。

2）安装

① 双击 Mastercam 2017 安装目录下的 launcher 文件，启动安装界面，如图 11-1 所示。

② 单击"安装 Mastercam®"，选择安装插件，如图 11-2 所示。

③ 确认安装信息，单击"配置"可以对安装目录等进行设置，如图 11-3 所示。

④ 接受许可协议，单击"下一步"进行安装，如图 11-4 所示，安装完成后退出。

图 11-1　Mastercam 2017 安装界面

图 11-2　选择安装插件

图 11-3　确认安装信息

图 11-4　接受许可协议

（2）Mastercam 2017 中文版的启动

双击桌面上的 图标，启动 Mastercam 2017，屏幕分为 8 个区域：窗口左上方为快速访问工具栏、选项卡、功能区；左边为操作管理器；中间灰色区域为绘图区；绘图区中的上方为选择工具栏，右边为快速选择工具栏，下方部分为状态栏，如图 11-5 所示。

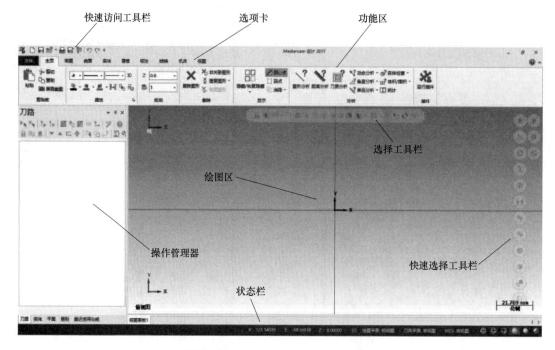

图 11-5　Mastercam 2017 主界面

① 快速访问工具栏。在这个工具栏中，可以对文档进行保存、打开等操作，其中"自定义"可以加入 Mastercam 2017 中的任何功能快速访问图标，也可以将最常用的文档锁定在"最近的文档"列表的顶部，方便每次使用。还可以在功能区中任何按钮上单击鼠标右键将其加入快速访问工具栏中，如图 11-6 所示。

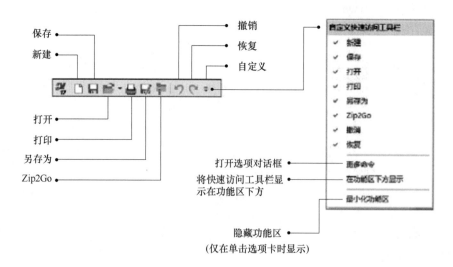

将最常用的文档锁定在
"最近的文档"列表顶部

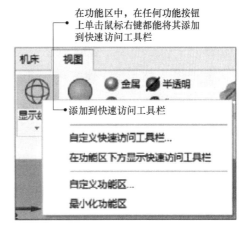

在功能区中，在任何功能按钮
上单击鼠标右键都能将其添加
到快速访问工具栏

添加到快速访问工具栏

图 11-6　Mastercam 2017 快速访问工具栏

② 文件选项卡。单击【文件】选项卡，进入软件后台管理界面，进行文件的新建、打开、保存及系统设置等操作，如图 11-7 所示。

离开界面

默认选项卡显示信息、追踪修改、修复文件等

单击"锁定"按钮，将常用文件置顶

迁移向导，导入/导出文件夹

打印选项卡及各种打印参数设置

新功能介绍、入门教材、序列号等

链接至mastercam.com，提交反馈等

打开配置对话框，修改各种设置

图 11-7　文件选项卡界面

③ 功能区、选项卡及功能组。Mastercam 2017 将所有功能放置到界面左上方的功能区中，并按照不同类别放置到不同的选项卡中。每个选项卡内部继续以竖线分隔成多个版块，这些版块被称作功能组。每个版块中容纳的，其实是旧版界面的对话框当中的主要功能，如图 11-8 所示。

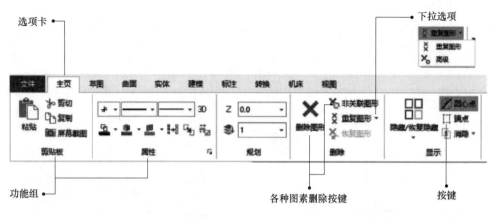

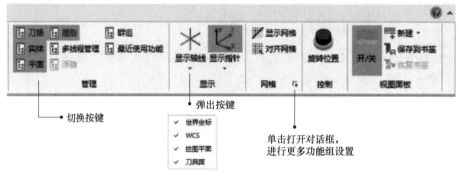

图 11-8　功能区、选项卡及功能组

④ 操作管理器。操作管理器是 Mastercam 中非常重要和常用的控制工具，可以很灵活地放置在屏幕中的各个位置，把同一任务的各项操作集中在一起，还可以对其操作过程的步骤进行修改、编辑等。例如：在刀路管理器选项中可以进行编辑、修改、校验刀具路径等操作，如图 11-9 所示。也可以在视图选项卡中打开或关闭刀路、实体、平面、层别等，如图 11-10 所示。

图 11-9　操作管理器界面

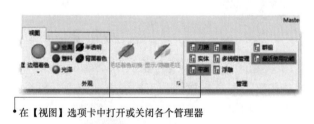

图 11-10　打开或关闭管理器

⑤ 选择工具栏。利用选择工具栏中的许多实用工具，可快速选择图形界面中的各种图素，如图 11-11 所示。

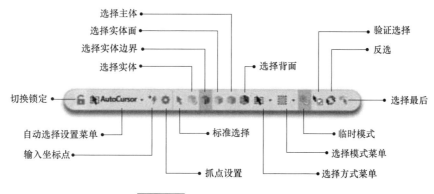

图 11-11　选择工具栏功能名称

⑥ 快速选择工具栏。如果想在图形界面中对某类图素进行快速选择，可以使用位于界面右边的快速选择工具，如图 11-12 所示。

图 11-12　快速选择工具

可以看到每个按钮都被分为左右两部分。通过单击这两个不同的部分，可以实现两种不同模式的快速选择。例如第一个图标：点的选择。

a. 单击左半边按钮，如图 11-13（a）所示，可以直接全选绘图区中所有的点。

b. 单击右半边按钮，如图 11-13（b）所示，可以框选绘图区中某个区域内所有的点。

(a)   (b)

图 11-13 点的选择

⑦ 状态栏。状态栏在绘图窗口的最下端，用户可以通过它来修改当前实体的显示方式、方位、绘图平面等设置。各选项具体含义如图 11-14 所示。

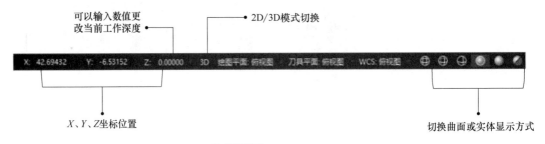

可以输入数值更   2D/3D模式切换
改当前工作深度

X、Y、Z坐标位置   切换曲面或实体显示方式

图 11-14 状态栏功能

⑧ 绘图区。绘图区是用户绘图时最常用也是最大的区域，利用该区域，可以方便地观察、创建和修改几何图形、拉拔几何体和定义刀具路径等。在绘图区的左上角是绘图坐标，左下角是屏幕视角坐标，右下角是公英制单位显示，如图 11-15 所示。中间显示的是世界坐标系和各个方向的轴线，软件默认是关闭，在需要时可以通过【视图】选项卡下的显示功能区设置，如图 11-16 所示。

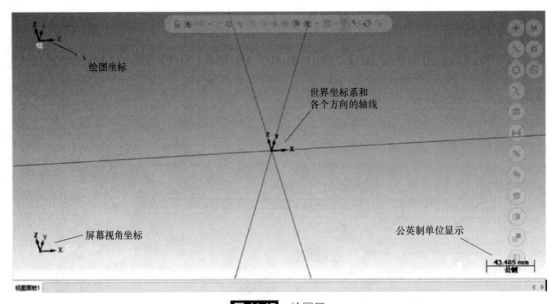

绘图坐标

世界坐标系和
各个方向的轴线

屏幕视角坐标   公英制单位显示

图 11-15 绘图区

图 11-16　关闭、打开世界坐标系和轴线显示

11.1.2　Mastercam 2017 常用绘图命令

（1）连续线

在 Mastercam 2017 中，连续线功能可实现【任意线】、【水平线】、【垂直线】的绘制，这些功能下还有【两端点】、【连续线】的画线类型。也可以通过输入长度或角度来绘制线。绘制连续线之前可以根据个人所需指定线的类型、宽度和颜色，通过【主页】选项卡下的【属性】功能区进行修改。启动连续线功能的方法如下：依次单击选项卡上的【草图】—【连续线】命令，操作管理器弹出【连续线】对话框，如图 11-17 所示。

1）绘制单一直线段

① 单击【连续线】功能，在操作管理器弹出的对话框里选择模式【任意线】、类型【两端点】。

② 在绘图区域选定直线段的起始点，如图 11-18（a）所示。

③ 选定第二点为直线段的终点，如图 11-18（b）所示。

图 11-17　连续线对话框

指定第一个端点

指定第二个端点

(a) 指定直线起始点　　　　　　　　(b) 指定直线终点

图 11-18　绘制单一直线段

如果要绘制一条有长度、角度要求的直线段，那么在指定起始点之前，在【连续线】对话框中的【尺寸】下输入直线的长度和角度，例如绘制长度 50mm、角度 35°的直线段，如

图 11-19 所示。然后再指定起始点、终点。

2）绘制连续直线段

① 单击【连续线】功能，在操作管理器弹出的对话框里选择模式【任意线】、类型【连续线】。

② 在绘图区域选定直线段的起始点。

③ 选定第二点、第三点、第四点、……，如图 11-20（a）所示。

④ 如果要创建闭合的图形，那么将光标移至起始点。此时，第一段的直线段变成黄蓝间隔线，如图 11-20（b）所示，单击鼠标左键确定，形成闭合图形。

3）绘制水平线、垂直线　如果只是单纯绘制水平方向或垂直方向的直线段，则可以在管理区中选择【水平线】或【垂直线】，绘制的线只能在相应的方向。

（2）圆或圆弧

在 Mastercam 2017 中，提供了【已知点画圆】、【三点画弧】、【两点画弧】等 7 种方式来实现各种圆弧轮廓。

启动【圆或圆弧】功能的方法如下：依次单击选项卡上的【草图】—【圆弧】，在功能区内单击【已知点画圆】图标，操作管理器弹出已知点画圆的相关功能供选择使用。同样可以根据个人所需指定线的类型、宽度和颜色，通过【主页】选项卡下的【属性】功能区进行修改。

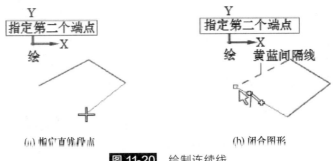

图 11-20　绘制连续线

1）已知点画圆　用于指定圆弧的圆心绘制整圆的命令，其图形模式可以为【手动】和【相切】两种方式，如图 11-21 所示。手动模式可以通过操作管理器输入半径或直径确定圆的大小，相切模式可以指定圆心后再指定与它相切的点进行确认。

绘制一个指定半径或直径的圆：

① 单击【已知点画圆】功能，在操作管理器弹出的对话框里选择模式"手动"。

② 此时绘图区左上角提示【请输入圆心点】，在绘图区域选定圆心，如图 11-22 所示。

③ 在操作管理器尺寸下的【半径或直径】中输入相应的尺寸，完成圆的绘制。

2）三点画弧　已知三个圆，绘制与三个圆相切的圆弧，如图 11-23 所示。

① 单击圆弧功能区中的【三点画弧】，操作管理器弹出对话框，模式选择【相切】。

② 此时绘图区左上角提示【选择图形】，按顺序单击靠近切点的地方，选择后所选轮廓变成黄蓝间隔线，如图 11-24 所示。

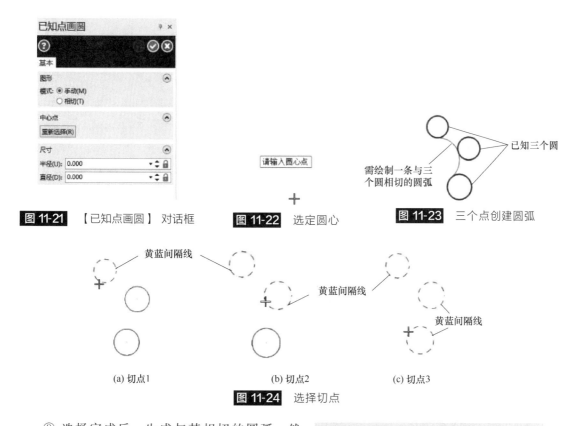

图 11-21　【已知点画圆】对话框　　图 11-22　选定圆心　　图 11-23　三个点创建圆弧

(a) 切点1　　　　　　　(b) 切点2　　　　　　　(c) 切点3

图 11-24　选择切点

③ 选择完成后，生成与其相切的圆弧，然后单击操作管理器上的  完成图形绘制，结果如图 11-23 所示。

3）切弧　用于绘制与指定直线或圆弧相切的圆弧，切弧命令下共提供 7 种类型的圆弧，有【单一物体切弧】、【两物体切弧】、【通过点切弧】等。

单击圆弧功能区中的【切弧】，操作管理器弹出相应对话框，读者可以根据需要选择各种绘图类型，如图 11-25 所示。

【切弧】命令下，各类切弧方式如下：

图 11-25　【切弧】对话框

① 单一物体切弧：通过现有图形创建单一切弧。依次单击选项卡上的【草图】—【切弧】，选择模式为：单一物体切弧，如图 11-26所示。

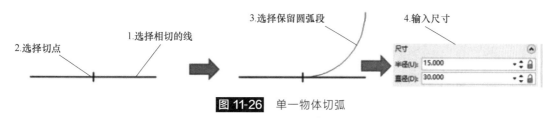

图 11-26　单一物体切弧

② 通过点切弧：通过现有图形和一点创建切弧。依次单击选项卡上的【草图】—【切弧】，选择模式为：通过点切弧，如图 11-27 所示。

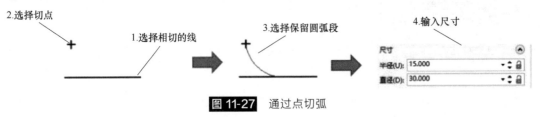

图 11-27　通过点切弧

③ 中心线切弧：用定义的中心线创建圆弧。依次单击选项卡上的【草图】—【切弧】，选择模式为：中心线，如图 11-28 所示。

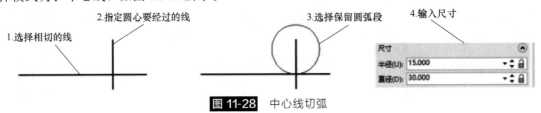

图 11-28　中心线切弧

④ 动态切弧：通过现有图形创建动态圆弧。依次单击选项卡上的【草图】—【切弧】，选择模式为：动态切弧，如图 11-29 所示。

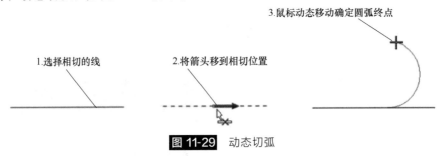

图 11-29　动态切弧

⑤ 三物体切弧：通过指定圆弧与三个图素相切。依次单击选项卡上的【草图】—【切弧】，选择模式为：三物体切弧，如图 11-30 所示。

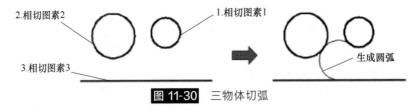

图 11-30　三物体切弧

⑥ 三物体切圆：创建与三个图素相切的圆。依次单击选项卡上的【草图】—【切弧】，选择模式为：三物体切圆，如图 11-31 所示。

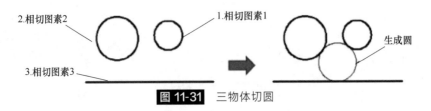

图 11-31　三物体切圆

⑦ 两物体切弧：通过指定圆弧半径与两个图素相切生成圆弧。依次单击选项卡上的【草图】—【切弧】，选择模式为：两物体切弧，如图 1-32 所示。

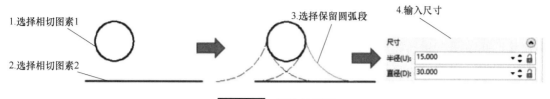

图 11-32   两物体切弧

（3）倒圆角

倒圆角用于同一平面上两个不平行的图素之间创建圆弧。启动【倒圆角】功能的方法如下：单击选项卡上的【草图】—【修剪】，在功能区内单击【倒圆角】图标，操作管理器弹出倒圆角相关功能供选择使用，如图 11-33 所示。

【倒圆角】命令下，可以生成 5 种不同的圆弧方式，具体如下：

① 圆角   在外形相交角落倒圆角，在角落生成圆角，如图 11-34 所示。操作时，鼠标选择要倒圆弧的角落后，在操作管理器上输入尺寸，然后确定生成圆角。

② 内切   在外形相交角落创建内切圆角，如图 11-35 所示。

③ 全圆   在外形的转角处创建全圆，如图 11-36 所示。

④ 外切   在外形的内侧角落向外切圆角，以便该刀具达到角落去移除 材料，如图 11-37 所示。

图 11-33   倒圆角界面

⑤ 单切   此圆角类型，仅在选择的线上与单一图形单切创建圆角，如图 11-38 所示。

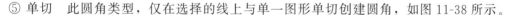

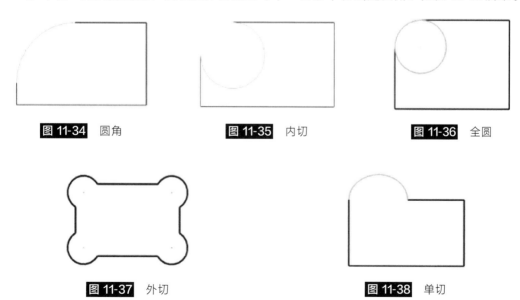

图 11-34   圆角   **图 11-35**   内切   **图 11-36**   全圆

图 11-37   外切   **图 11-38**   单切

（4）倒角

用于两条相交的直线生成相同或不同的倒角，倒角的距离是从两条线的交点开始计算起的。启动【倒角】功能的方法如下：单击选项卡上的【草图】—【修剪】，在功能区内单击【倒角】图标，操作管理器弹出倒角相关功能供选择使用，如图 11-39 所示。

【倒角】命令下，可以生成 4 种不同的倒角方式，具体如下：

① 距离 1　在相交点创建端点位置相等距离的倒角，如图 11-40 所示。操作时，选择要倒角的边后，用鼠标确定倒角位置，然后在操作管理器中输入倒角尺寸完成倒角。

② 距离 2　在相交点指定距离创建端点位置不同距离的倒角，如图 11-41 所示。选择边后，分别在操作管理器上的【距离 1（1）】和【距离 2（2）】中输入相应尺寸。

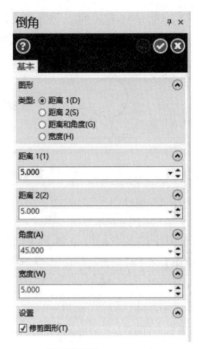

图 11-39　倒角界面

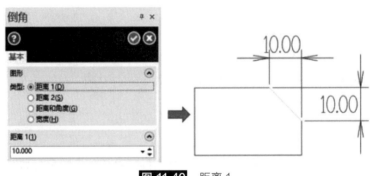

图 11-40　距离 1

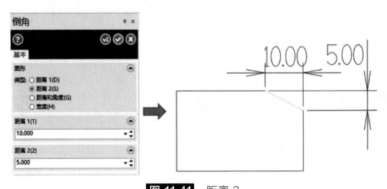

图 11-41　距离 2

③ 距离和角度　在相交位置指定角度与端点的相等距离创建倒角，如图 11-42 所示。选择要倒角的两条边，选择时要注意选择的第一条边为指定距离，然后在操作管理器上的【距离 1（1）】和【角度（A）】中输入相应尺寸。

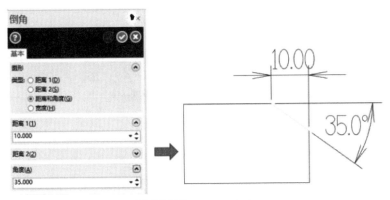

图 11-42 距离和角度

④ 宽度　基于指定的宽度和端点位置沿选择的两条线创建对应倒角，如图 11-43 所示。

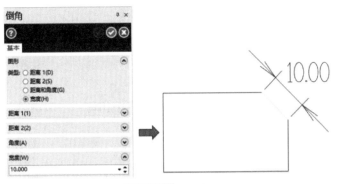

图 11-43 宽度

（5）修剪打断延伸

修剪打断延伸主要是将相交图素进行修剪、打断、延伸操作，是二维线架中比较重要的编辑命令。

启动【修剪打断延伸】功能的方法如下：单击选项卡上的【草图】—【修剪】，在功能区内单击【修剪打断延伸】图标，操作管理器中弹出倒角相关功能供选择使用，如图 11-44 所示。

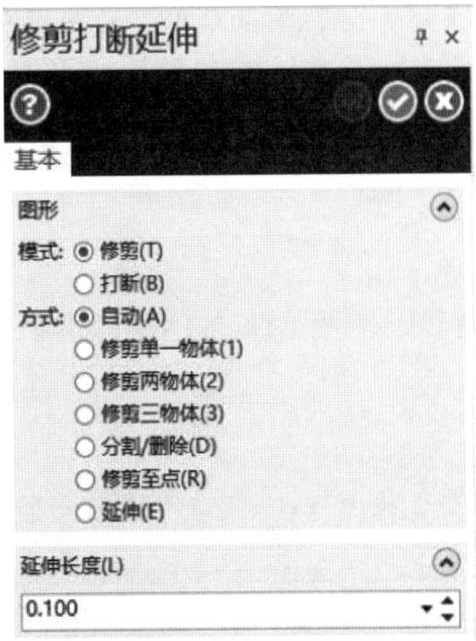

【修剪打断延伸】命令下，提供了 2 种模式和 7 种方式的线框编辑方式，具体如下：

1）修剪　修剪绘图区中选择的图形，其方式有【自动】、【修剪单一物体】等 7 种方式。

① 自动。根据读者的选择，修剪的图形自动切换【修剪单一物体】和【修剪两物体】两种方式。

② 修剪单一物体。修剪单一物体时，选择要修剪图形保留的线段，然后选择修剪图形的位置或界线，如图 11-45 所示。

③ 修剪两物体。修剪两个相交的图形，单击第一个图形再单击第二个图形，在选择图

图 11-44 修剪打断延伸界面

271

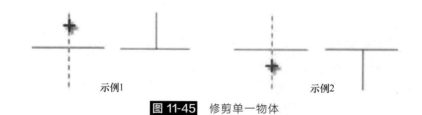

图 11-45 修剪单一物体

形时要注意，单击部分为要保留的图形，如图 11-46 所示。

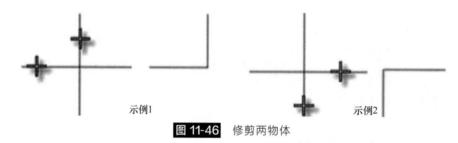

图 11-46 修剪两物体

④ 修剪三物体。修剪三物体，是指同时修剪三个物体到交点。操作时，首先选择两边的物体作为图形修剪的界限，然后选择中间物体作为修剪的图形。选择完成后三个物体图形在交点处互相修剪。

例如：此功能常用于修剪圆形在中间与两边有线条相切的图形，圆形作为修剪图形，同时又作为两边线段的修剪界限；圆形作为最后选择的图形，可以通过选择不同位置来决定保留的是顶部圆还是底部圆，如图 11-47 所示。

⑤ 分割/删除。修剪线、圆弧或曲线等两条不连贯线段，删除的线段位于两条之间相交的位置，当选择【分割/删除】功能时，绘图区左上角提示【选择曲线或圆弧去分割/删除】，将鼠标移至分割线段上，黄蓝间隔线就是要删除的线段，单击鼠标左键确定完成删除，如图 11-48 所示。

图 11-47 修剪三物体

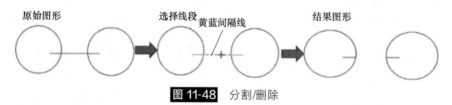

图 11-48 分割/删除

⑥ 修剪至点。修剪图形到点或在绘图区中定义的任何位置，如图 11-49 所示。

图 11-49 修剪至点

⑦ 延伸。在操作管理器里输入长度值，可以将图素从靠近选择处的端点修剪或延伸指定的长度，输入的数值为正值，则是延伸图形，输入的数值为负值，则是修剪，如图 11-50 所示。

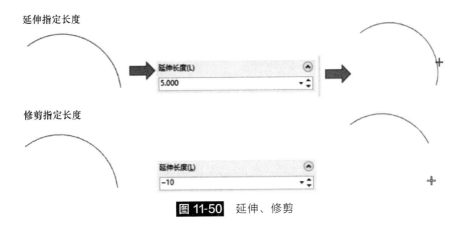

延伸指定长度

修剪指定长度

图 11-50　延伸、修剪

2）打断　用于两个有交点的图素在交点处进行打断。打断与修剪的操作类似，上面介绍的修剪中的 7 种操作方式，同样适用于打断操作，即打断操作也分为【打断一个图素】、【打断二个图素】、【打断三个图素】、【分割打断】、【打断至点】等方式。

（6）补正

补正命令可用于将线、圆弧、曲线或曲面线等图素进行偏移。启动【补正】功能的方法如下：单击选项卡上的【草图】—【修剪】，在功能区内单击【补正】图标，操作管理器中弹出补正相关功能供选择使用，如图 11-51 所示。

具体操作方法如下：单击该命令后，根据所需在【补正】对话框里设置相应参数，如图 11-52（a）所示；根据绘图区左上角提示选择要偏移的图素，如图 11-52（b）所示；然

图 11-51　【补正】对话框

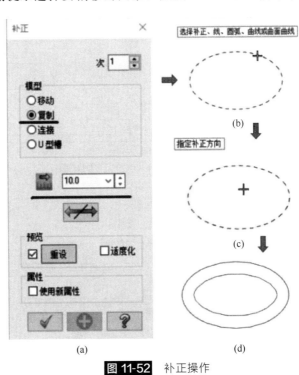

图 11-52　补正操作

273

后单击要补正一侧，指定补正方向，如图 11-52（c）所示；将图素进行偏移，生成图 11-52（d）所示补正偏移结果。

11.2 Mastercam 2017 自动编程实例

前面对 Mastercam 2017 软件进行简要介绍，下面通过 1 个具体加工实例来介绍软件的自动编程。如图 11-53 所示为所加工零件图，材料为铝，备料尺寸为 160mm×130mm×35mm。技术要求：①以小批量生产条件编程。②不准用砂布及锉刀等修饰表面。③未注公差尺寸按 GB/T 1804-m。

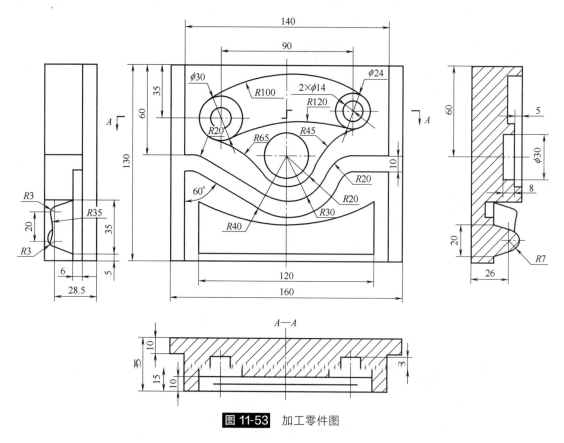

图 11-53 加工零件图

11.2.1 零件工艺分析

该零件形状较为复杂，不易读懂，主要特征有二维轮廓、孔及沉孔、扫掠面等，属于典型的适合 Mastercam 加工的零件，需进行曲面或实体的建模。刀具的选择要综合考虑各种情况来定，一般选择大刀粗加工，小刀清除剩余预留，尽可能用少型号的刀完成所有精加工，刀具的半径一般小于曲面的曲率或圆角的半径，或者略小于最窄通过尺寸。本例最窄的 U 形槽，通过尺寸为 10mm，且最大下刀直径不大于 15mm，否则曲面部分深度无法加工到位，如图 11-54 所示。直径在 10～15mm 之间的刀具虽然能够加工曲面到位，但是也无法加工 U 形槽，还得换一次刀。综合考虑效率和换刀次数，粗加工选择 φ12mm 平刀，再使用

$\phi 8\mathrm{mm}$ 平刀加工宽度 $10\mathrm{mm}$ 的沟槽和 2 个 $\phi 14\mathrm{mm}$ 圆，精加工选择 $\phi 8\mathrm{mm}$ 平刀完成所有加工，曲面部分可以采用 $\phi 6\mathrm{mm}R3\mathrm{mm}$ 球刀加工。

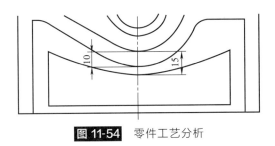

图 11-54　零件工艺分析

各工序加工内容及切削参数见表 11-1。

表 11-1　各工序加工内容及切削参数

序号	加工部位	刀具	主轴转速/(r/min)	进给速度/(mm/min)
1	二维轮廓粗加工、曲面粗加工	$\phi 12\mathrm{mm}$ 立铣刀	动态铣削:3800 非动态铣削:1900	动态铣削:2000 非动态铣削:600
2	宽度 10mm 的沟槽、2×$\phi 14\mathrm{mm}$ 圆	$\phi 8\mathrm{mm}$ 立铣刀	粗:2500;精:2800	粗:600;精:400
3	扫掠曲面的精加工	$\phi 6\mathrm{mm}R3\mathrm{mm}$ 球刀	3500	2000

11.2.2　零件的 CAD 建模

（1）二维造型

操作步骤如下：

① 单击【F9】，打开【坐标轴显示开关】；按【Alt＋F9】，打开【显示指针】。

② 在选项卡上依次单击【草图】—【矩形】弹出对话框，输入宽度 140、高度 130，设置勾选【矩形中心点】，鼠标移至绘图区中间指针位置单击确认，绘出 $140\mathrm{mm}\times 130\mathrm{mm}$ 矩形，单击 完成矩形的绘制。

③ 单击【已知点画圆】弹出对话框；输入直径 30，按回车键确定数值的输入；接着按键盘空格键弹出数值输入对话框，输入圆心坐标值（0，5），按回车键确定；单击 确定并创建新操作。再使用相同的方式，分别以圆心（0，5）作圆 $\phi 60$；以圆心（－45，30）作圆 $\phi 30$、$\phi 14$；以圆心（45，35）作圆 $\phi 24$、$\phi 14$。最后单击 完成画圆。

④ 单击【切弧】弹出对话框，选择模式：两物体切弧，分别设定切弧半径为 R100 和 R120；分别单击 $\phi 30$、$\phi 24$ 的圆，此时绘图区左上角提示【选择所需圆角】，鼠标左键选择需要保留的圆弧。最后单击 完成切弧。完成后如图 11-55（a）所示。

⑤ 单击【连续线】弹出对话框，鼠标移至 $\phi 60$ 左下位置，单击指定第一端点，输入角度：150°，线长：100，选择切点上半部分作为保留部分，单击 确定并创建新操作。

⑥ 分别按空格键，输入－70，5，70，5，绘制一条水平线，单击 完成连续线绘制。

⑦ 单击【修剪打断延伸】弹出对话框，选择模式：修剪，方式：分割/删除，将 $\phi 30$、$\phi 24$、$\phi 60$ 的圆、直线多余的线段剪掉，单击 完成。

⑧ 单击【倒圆角】弹出对话框，输入半径：20，依次选择要倒圆角的两个角落，单击

⑧完成倒圆角，完成后如图 11-55（b）所示。

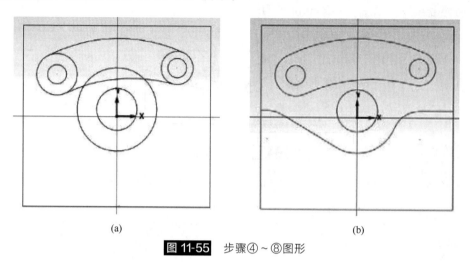

(a)　　　　　　　　　　　　　　　(b)

图 11-55 步骤④～⑧图形

⑨ 单击【补正】下方黑色三角符号，选择【串连补正】，弹出【串连选项】对话框；选择【　　部分串连】，图形选择如图 11-56（a）所示，单击　　　完成线条拾取，弹出串连补正对话框，输入距离：10，点选：复制，其余默认；单击　　　确定，完成后图形如图 11-56（b）所示。

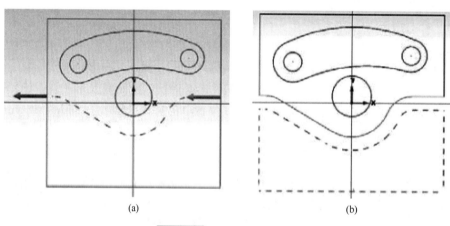

(a)　　　　　　　　　　　　　　　(b)

图 11-56 步骤⑨～⑪图形

⑩ 单击【修剪打断延伸】命令，选择模式：修剪，方式：分割/删除，修剪补正线两边多余线段。结果如图 11-56（b）所示。

⑪ 依次单击选项卡上【转换】—【平移】，选择图 11-56（b）的虚线部分，单击　　　　，弹出对话框；点选：移动，在【极坐标】的 Z 处输入：－19，单击　　　完成平移。结果如图 11-57 所示。

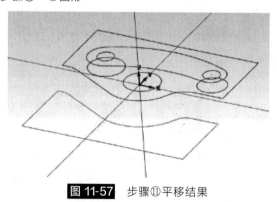

图 11-57 步骤⑪平移结果

⑫ 依次单击【视图】—【俯视图】，将屏幕视图切换到俯视图；单击绘图区下方【状态栏】的 Z: 0.00000 输入新的作图深度－10，单击旁边的 3D 图标将绘图平面切换成 2D；使用【已知点画圆】命令分别抓取 2 个 $\phi14$ 圆心作圆 $\phi30$ 和 $\phi24$。结果如图 11-57 所示。

⑬ 单击【平移】命令，选择修剪完成的 $R100$、$R120$、$\phi30$ 和 $\phi24$ 形成的封闭线段，点选：复制，在【极坐标】的 Z 处输入：－5，单击 ✔ 完成平移。

⑭ 设定新的作图深度 $Z=0$，单击【已知点画圆】命令，抓取图形中部 $\phi30$ 圆心作 $R20$ 圆。

⑮ 单击【切弧】命令，选择模式：两物体切弧，分别设定切弧半径为 $R65$、$R45$，鼠标左键捕捉 $R20$ 与 $\phi30$、$R20$ 与 $\phi24$，完成圆弧绘制。

⑯ 单击【修剪打断延伸】命令，选择模式：修剪，方式：分割/删除，修剪边多余线段。修剪成如图 11-58（a）所示图形。

⑰ 单击【视图】—【右视图】将屏幕视图切换到右视图；设定新的作图深度 $Z=-60$；使用【已知点画圆】命令分别以 $X-52.5Y-6.5$、$X-32.5Y-6.5$ 为圆心作圆 $\phi6$。

⑱ 单击【连续线】命令，绘图区左上角提示 指定第一个端点 ，选择刚才的圆，提示 指定第二个端点 ，分别输入 $X-60Y-19$、$X-25Y-19$，作出切线；单击 🔵 确定并创建新操作，鼠标拾取刚刚指定的 2 个第二端点绘制连接线，使其成为封闭轮廓，单击 ✅ 完成。

⑲ 单击【切弧】弹出对话框，选择模式：两物体切弧，设定切弧半径为 $R35$，分别切两个 $\phi6$ 的圆。修剪多余线段，完成后图形如图 11-58（b）所示。

⑳ 设定新的作图深度 $Z=0$，使用【已知点画圆】命令，以 $X-50Y-9$ 为圆心作 $R7$ 圆，使用【连续线】命令单击选择刚才的圆，分别输入 $X-60Y-19$、$X-40Y-19$，作出切线，单击 ✅ 完成。完成后图形如图 11-58（c）所示。

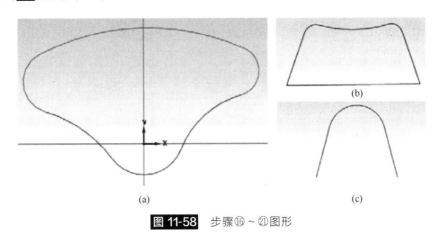

（a）　　　　　　　　　　　　　　（b）

（c）

图 11-58　步骤⑯～㉑图形

㉑ 依次单击【转换】—【平移】，图形选择图 11-58（b），单击 结束选择 ，点选：复制，在【极坐标】的 Z 处输入：120，单击 ✔ 完成平移。

㉒ 单击【视图】—【俯视图】，将屏幕视图切换到俯视图；设定新的作图深度 $Z=-35$，单击【矩形】命令，输入宽度 160、高度 130，设置勾选【矩形中心点】，鼠标移至绘图区中间指针位置单击确认，绘出 160mm×130mm 矩形，单击 ✅ 完成矩形的绘制。

㉓ 单击【视图】—【等视图】，完成后的图形如图 11-59 所示。

（2）实体与曲面建模

操作步骤如下：

① 依次单击【实体】—【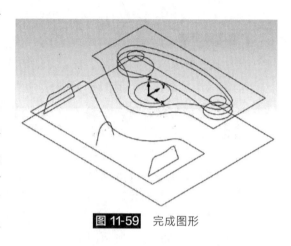拉伸】，弹出串连选项对话框，选择【⚬⚬⚬串连】，图形选择 160mm×130mm 矩形，单击 ✔ 确定；在操作管理器上弹出【实体拉伸】对话框，输入距离：10，注意拉伸方向为向上，如图 11-60 所示，单击 🔘 完成拉伸并创建新操作。

图 11-59　完成图形

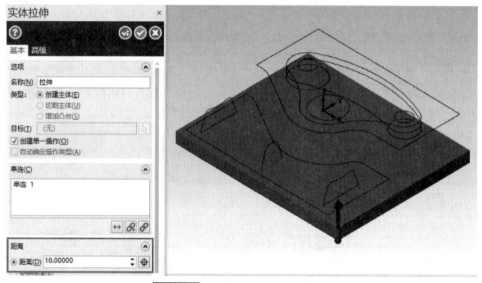

图 11-60　步骤①实体挤出的设定

② 选择图 11-56（b）上半部分的外轮廓部分，单击 ✔ 确定，弹出【实体拉伸】对话框，点选：增加凸台，输入距离：25，注意方向向下，可以通过单击 ↔ 切换方向。单击 🔘 完成拉伸并创建新操作。

③ 选择 $Z=0$ 平面的 $\phi30$ 的圆，如图 11-61（a）所示，单击 ✔ 确定；点选：切割主体，输入距离：13，方向向下，单击 🔘 完成拉伸并创建新操作。

④ 选择图 11-58（a）的图形，单击 ✔ 确定；点选：切割主体，输入距离：5，方向向下，单击 🔘 完成拉伸并创建新操作。

⑤ 选择 $Z=-5$ 平面的 $\phi30$、$\phi24$、$R100$、$R120$ 圆弧线段，如图 11-61（b）所示，单击 ✔ 确定；点选：切割主体，输入距离：5，方向向下，单击 🔘 完成拉伸并创建新操作。

⑥ 选择 $Z=-10$ 平面的 $\phi30$、$\phi24$ 的圆，单击 [✓] 确定；点选：切割主体，输入距离：5，方向向下，单击 [⊘] 完成拉伸并创建新操作。

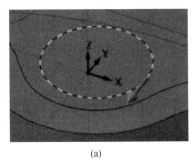 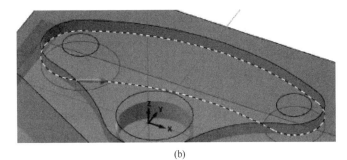

(a)　　　　　　　　　　　　　　　　　　　　　(b)

图 11-61　步骤③、⑤线段选择

⑦ 选择 $Z=0$ 平面两个 $\phi14$ 的圆，单击 [✓] 确定；点选：切割主体，输入距离：23，方向向下，单击 [⊘] 完成拉伸并创建新操作。

⑧ 选择二维造型步骤⑪平移到 $Z-19$ 的图形，单击 [✓] 确定；点选：增加凸台，输入距离：6，方向向下，单击 [⊘] 完成所有拉伸。结果如图 11-62 所示。

⑨ 依次单击【曲面】-【🔧扫描】，弹出串连选项对话框，点选【◯◯部分串连】绘图区左上角提示【选择第一个图形】，依次选择图 11-63（a）所示图形，方向由左向右，单击 [✓] 确定；绘图区左上角提示；点选

图 11-62　实体建模效果

【／单体】，图形选择图 11-63（b）所示图形，单击 [✓] 确定；弹出【扫描曲面】对话框，直接单击 [⊘] 确定，完成扫描面的绘制。

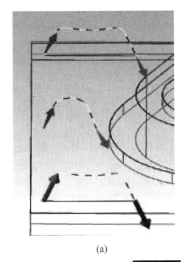 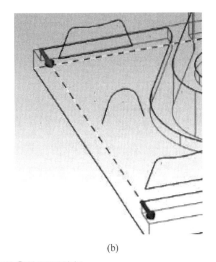

(a)　　　　　　　　　　　　　　　　　　(b)

图 11-63　步骤⑨的图形选择

279

⑩ 单击【■ 平面修剪】命令，弹出串连选项对话框，点选【串连】，图形选择二维造型时的步骤⑲的两个图形，单击 ✓ 确定，弹出对话框，直接单击 ⊘ 确定，完成封闭平面。

⑪ 单击【■ 由曲面生成实体】命令，选择步骤⑧、⑨生成的曲面，单击 ⊘ 结束选择，操作管理器弹出【由曲面生成实体】对话框，点选原始曲面：删除，单击 ⊘ 完成实体生成。最终效果图如图 11-64 所示。

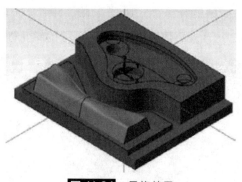

图 11-64 最终效果

11.2.3 零件的 CAM 刀具路径编辑

操作步骤如下：

（1）工作设定

① 单击【机床】—【铣床】—【默认】，弹出【刀路】选项卡。

② 双击【机床群组-1】下的属性，单击【毛坯设置】弹出对话框，设置毛坯参数 X：160、Y：130、Z：35，设置毛坯原点 Z：1。

（2）D12 粗加工

单击操作管理器上【刀具群组-1】，鼠标停留在刀具群组-1 上右击，依次选择【群组】—【重新名称】，输入刀具群组名称：D12 粗加工。

1）Z−19 台阶

① 单击 2D 功能区中的【■ 动态铣削】图标，弹出【输入新 NC 名称】对话框，提示用户可以根据自己所需给程序命名，输入后单击 ✓ 确定。

② 弹出加工轮廓串连选项界面，单击加工范围下的 ▢ 图标，选择 160mm×130mm 的矩形作为加工范围，如图 11-65（a）所示，单击 ✓ 确定，回到串连选项对话框，点选加工区域策略：开放。

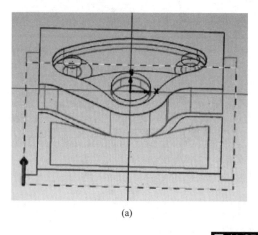

(a)

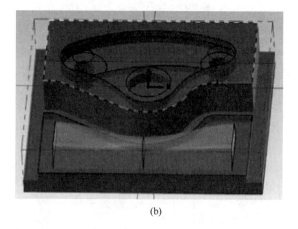

(b)

图 11-65 加工轮廓选择

③ 点选避让范围下的 图标，选择图 11-65（b）所示轮廓；绘图区左上角提示 选择 2D HST 避让串连 2 ，继续选择下个避让轮廓，单击串连选项对话框上的【 实体】图标，点选：2D、连接边界，如图 11-66（a）所示；依次选择图 11-66（b）所示实体边界，单击 完成选择，回到串连选项对话框；单击 确定，弹出切削参数设置对话框。

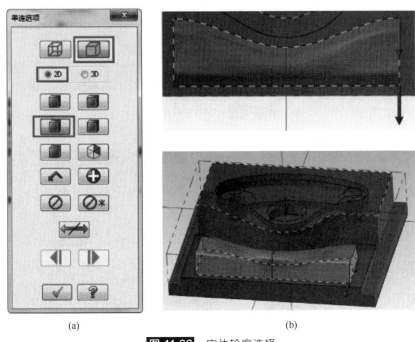

(a)　　　　　　　　　　　　　　　　　　(b)

图 11-66　实体轮廓选择

④ 单击【刀具】选项，将鼠标移动到中间空白处右击，选择【创建新刀具】，弹出创建刀具对话框，选择【平底刀】；单击【下一步】，在刀齿直径中输入 12；单击【下一步】，设置铣刀参数，设置刀具名称：D12 粗刀、进给速率：2000、主轴转速：3800、下刀速率：600；单击【完成】完成新刀具的创建。

⑤ 单击【切削参数】选项，设置步进量：20%，壁边、底边预留量：0.2。

⑥ 单击【共同参数】选项，设定参考高度：30.0（绝对坐标），进给下刀位置：3.0（增量坐标），工件表面：0.0，深度：−19（绝对坐标）。

⑦ 单击【冷却液】选项，设定开启冷却液模式【On】。

⑧ 单击右下角的 确定，生成图 11-67 所示刀具路径。

⑨ 单击【仅显示已选择的刀路】。

2）Z−25 台阶

① 单击【动态铣削】图标 ，弹出加工轮廓串连选项界面，单击加工范围下的 图标，点选：线框、串连；选择 160mm×130mm 的矩形作为加工范围，点选加工区域策略：开放。

② 点选避让范围下的 图标，分别选择图 11-68（a）所示两个轮廓；单击 确定，弹出切削参数设置对话框。

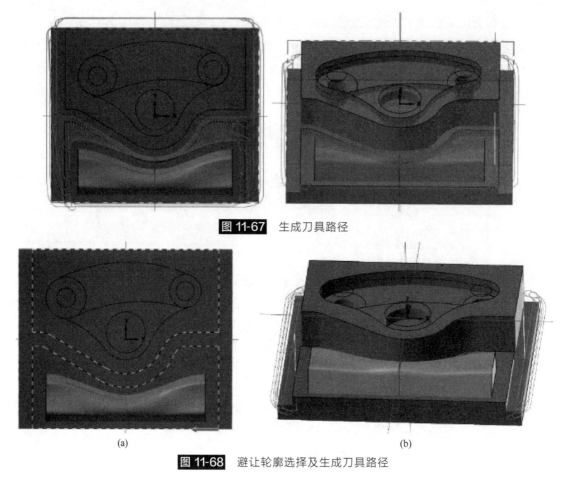

图 11-67 生成刀具路径

(a)　　　　　　　　　　　　　(b)

图 11-68 避让轮廓选择及生成刀具路径

③ 单击【刀具】选项，选择【D12 粗刀】。

④ 单击【共同参数】选项，设定参考高度：30.0（绝对坐标），进给下刀位置：3.0
（增量坐标），工件表面：0.0，深度：−25（绝对坐标）。

⑤ 单击右下角的 ☑ 确定，生成图 11-68（b）所示刀具路径。

3）$Z-5$ 凹槽

① 单击 2D 功能区中的【挖槽】图标 ，弹出加工轮廓串连选项界面，选择图 11-69

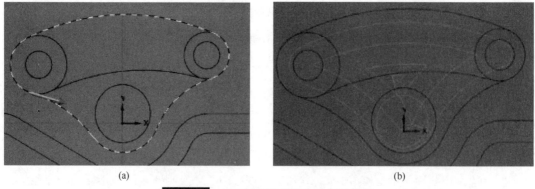

(a)　　　　　　　　　　　　　(b)

图 11-69 加工轮廓选择及生成刀具路径

（a）所示图形作为加工范围，单击 ✔ 确定；弹出切削参数设置对话框。

② 单击【刀具】选项，选择【D12 粗刀】，在原刀具参数上修改切削参数，设置为进给速率：600、主轴转速：1900、下刀速率：300，如图 11-70 所示。

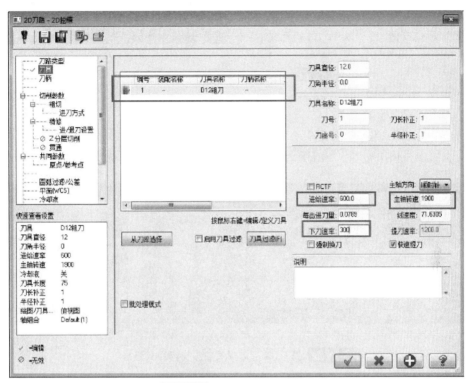

图 11-70　修改刀具切削参数

③ 单击【切削参数】选项，设置壁边、底边预留量：0.2。

④ 单击【粗切】选项，点选：平行环切，设置切削行距：80％。

⑤ 单击【进刀方式】选项，设置 Z 间距：2，其余默认。

⑥ 单击【精修】选项，不勾选：精修。

⑦ 单击【共同参数】选项，设定参考高度：30.0（绝对坐标），进给下刀位置：3.0（增量坐标），工件表面：0.0，深度：−5（绝对坐标）。

⑧ 单击【冷却液】选项，设定开启冷却液模式【On】。

⑨ 单击右下角的 ✔ 确定，生成图 11-69（b）所示刀具路径。

4）$Z-10$ 凹槽

① 单击 2D 功能区中的【挖槽】图标，弹出加工轮廓串连选项界面，选择图 11-71（a）所示图形作为加工范围，单击 ✔ 确定；弹出切削参数设置对话框。

②【刀具】、【切削参数】、【粗切】、【进刀方式】、【精修】、【冷却液】选项，不需要修改，直接默认与上条程序一样。

③ 单击【共同参数】选项，设定参考高度：30.0（绝对坐标），进给下刀位置：3.0（增量坐标），工件表面：−5（绝对坐标），深度：−10（绝对坐标）。

④ 单击右下角的 ✔ 确定，生成图 11-71（b）所示刀具路径。

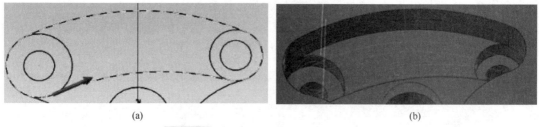

（a）   （b）

图 11-71 加工轮廓选择及生成刀具路径

5）φ30 圆

① 单击 2D 功能区中的【挖槽】图标，弹出加工轮廓串连选项界面，选择图 11-72
（a）所示图形作为加工范围，单击 ✔ 确定；弹出切削参数设置对话框。

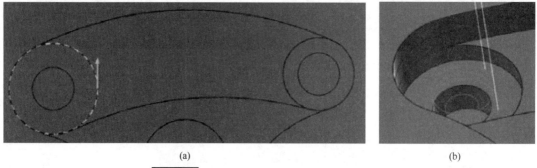

（a）   （b）

图 11-72 加工轮廓选择及生成挖槽刀具路径

②【刀具】、【切削参数】、【粗切】、【进刀方式】、【精修】、【冷却液】选项，不需要修
改，直接默认与上条程序一样。

③ 单击【共同参数】选项，设定参考高度：30.0（绝对坐标），进给下刀位置：3.0
（增量坐标），工件表面：−10（绝对坐标），深度：−15（绝对坐标）。

④ 单击右下角的 ✔ 确定，生成图 11-72（b）所示刀具路径。

6）φ24 圆

① 单击 2D 功能区中的【挖槽】图标，弹出加工轮廓串连选项界面，选择图 11-73
（a）所示图形作为加工范围，单击 ✔ 确定，弹出切削参数设置对话框。

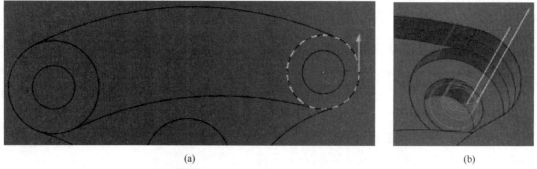

（a）   （b）

图 11-73 加工轮廓选择及生成挖槽刀具路径

② 单击【进刀方式】选项，设置最小半径：3，其余默认。

③ 单击【共同参数】选项，设定参考高度：30.0（绝对坐标），进给下刀位置：3.0（增量坐标），工件表面：－10（绝对坐标），深度：－15（绝对坐标）。

④ 单击右下角的 ✔ 确定，生成图 11-73（b）所示刀具路径。

7）深度为 8 的 φ30 圆

① 单击 2D 功能区中的【挖槽】图标 ，弹出加工轮廓串连选项界面，选择图 11-74（a）所示图形作为加工范围，单击 ✔ 确定，弹出切削参数设置对话框。

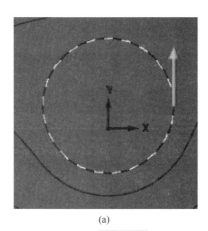
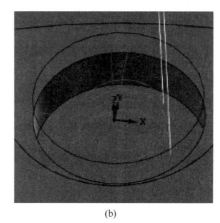

(a)　　　　　　　　　　　　　　　(b)

图 11-74　加工轮廓选择及生成挖槽刀具路径

② 单击【共同参数】选项，设定参考高度：30.0（绝对坐标），进给下刀位置：3.0（增量坐标），工件表面：－5（绝对坐标），深度：－13（绝对坐标）。

③ 单击右下角的 ✔ 确定，生成图 11-74（b）所示刀具路径。

（3）D8 粗加工

单击【机床群组-1】，鼠标停留在机床群组-1 上右击，依次选择【群组】—【新建刀路群组】，输入刀具群组名称：D8 粗加工；完成新群组的创建。

1）2×φ14 圆

① 单击【2D 功能区】中的【螺旋铣孔】图标 ，弹出对话框，单击 选择图形 ，依次选择 φ14 圆的轮廓，单击 结束选择 ，单击对话框 ✔ 确定，弹出螺旋铣孔参数设置对话框。

② 单击【刀具】选项，创建一把直径为 8、用于粗加工的平底刀。设置刀具属性，名称：D8 粗刀、进给速率：600、主轴转速：2500、下刀速率：300。

③ 单击【切削参数】选项，设置壁边、底面预留量 0.2。

④ 单击【粗/精修】选项，设置粗切间距：2，其余默认。

⑤ 单击【共同参数】选项，设定参考高度：30.0（绝对坐标），进给下刀位置：3.0（增量坐标），工件表面：－15（绝对坐标），深度：－23（绝对坐标）。

⑥ 单击【冷却液】选项，设定开启冷却液模式【On】。

⑦ 单击 ✔ 确定，生成刀具路径。

2）宽度 10 的槽

① 单击 2D 功能区中的【外形】图标 ，选择【部分串连】，选择图 11-75 所示轮廓，

单击 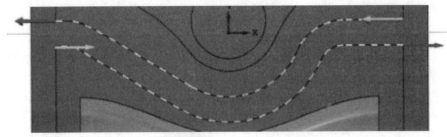确定；弹出外形铣削参数设置对话框。

② 单击【刀具】选项，选择【D8粗刀】。

③ 单击【切削参数】选项，设置外形铣削方式【2D】，壁边、底面预留量0.2。

图 11-75　加工轮廓选择

④ 单击【Z分层切削】选项，勾选深度分层切削，输入最大粗切深度：2，精修量：0，其余默认。

⑤ 单击【进/退刀设置】选项，不勾选：在封闭轮廓中点位置执行进/退刀、过切检查，进/退刀设置直线为：8，圆弧为：0，将其余默认或根据所需修改。

⑥ 单击【共同参数】选项，设定参考高度：30.0（绝对坐标），进给下刀位置：3.0（增量坐标），工件表面：-19（绝对坐标），深度：-25（绝对坐标）。

⑦ 单击【冷却液】选项，设定开启冷却液模式【On】。

⑧ 单击 确定，生成图 11-76 所示刀具路径。

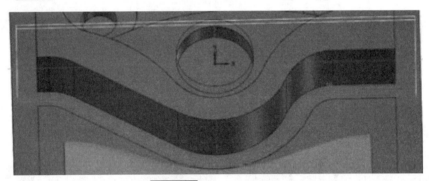

图 11-76　生成刀具路径

3）曲面粗加工

① 依次单击【曲面】—【由实体生成曲面】，单击实体上的曲面生成单独的曲面，用于编程时的选择，如图 11-77 所示。

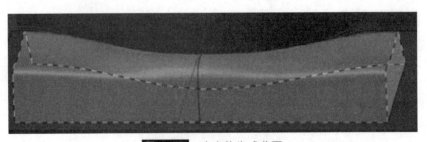

图 11-77　由实体生成曲面

② 单击 3D 功能区中的【等高】图标，绘图区左上角提示 选择加工曲面 ，单击拾取上一步生成的曲面，单击 结束选择 ，弹出刀路曲面选择对话框，加工曲面显示【1】，说明拾取了一个加工曲面，如图 11-78 所示，单击 ✓ 确定，弹出等高铣削参数设置对话框。

③ 单击【刀具】选项，选择【D8 粗刀】。

④ 单击【毛坯预留量】选项，设置壁边、底面预留量 0.2。

⑤ 单击【切削参数】选项，点选：最佳化；分层深度：1，其余默认。

⑥ 单击【陡斜/浅滩】选项，勾选：使用 Z 轴深度，设置最高位置：0，最低位置 -18.8，如图 11-79 所示，其余默认。

图 11-78　刀路曲面选择对话框

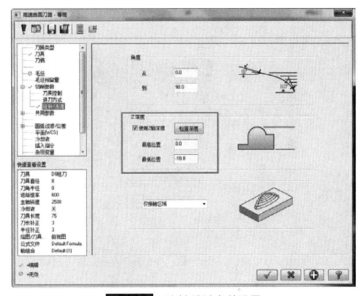

图 11-79　陡斜/浅滩参数设置

⑦ 单击【冷却液】选项，设定开启冷却液模式【On】。

⑧ 单击确定，生成图 11-80 所示刀具路径。

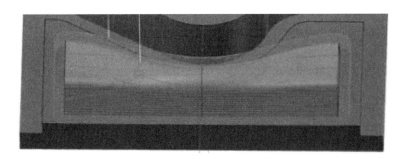

图 11-80　生成刀具路径

（4）D8 精加工

单击【机床群组-1】，鼠标停留在机床群组-1 上右击，依次选择【群组】—【新建刀路群组】，输入刀具群组名称：D8 精加工；完成新群组的创建。

1）面铣

① 单击 2D 功能区中的【面铣】图标，弹出加工轮廓串连选项界面，单击【串连】，选择图 11-63（b）所示轮廓作为加工轮廓，单击 ✔ 确定，弹出【面铣】对话框。

② 单击【刀具】选项，创建一把直径为 8 的平底刀。设置刀具属性，名称：D8 精刀、进给速率：400、主轴转速：2800、下刀速率：200。

③ 单击【切削参数】选项，设置走刀类型【双向】，底面预留量 0，最大步进量 6。

④ 单击【共同参数】选项，设定参考高度：30.0（绝对坐标），进给下刀位置：3.0（增量坐标），工件表面：0.0，深度：0（绝对坐标）。

⑤ 单击【冷却液】选项，设定开启冷却液模式【On】。

⑥ 单击右下角的 ✔ 确定，生成图 11-81 所示刀具路径。

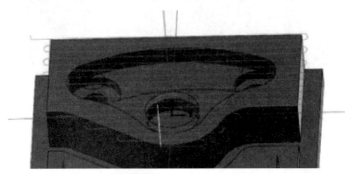

图 11-81　生成刀具路径

2）$Z-25$ 凸台精加工-1

① 单击 2D 功能区中的【外形】图标，弹出串连选项对话框，点选【部分串连】图标，选择图 11-82（a）所示轮廓（注意方向），单击对话框 ✔ 确定，弹出外形铣削参数设置对话框。

② 单击【刀具】选项，选择【D8 精刀】。

③ 单击【切削参数】选项，设置壁边、底面预留量 0。

④ 单击【Z 分层切削】选项，勾选深度分层切削，输入最大粗切深度：13，精修量：0，不勾选：不提刀，其余默认。

⑤ 单击【进/退刀设置】选项，不勾选：在封闭轮廓中点位置执行进/退刀、过切检查，进/退刀设置直线为：8，圆弧为：0，将其余默认或根据所需修改。

⑥ 单击【共同参数】选项，设定参考高度：30.0（绝对坐标），进给下刀位置：3.0（增量坐标），工件表面：0（绝对坐标），深度：-25（绝对坐标）。

⑦ 单击 ✔ 确定，生成图 11-82（b）所示刀具路径。

3）$Z-25$ 凸台精加工-2

① 单击【外形】图标，弹出串连选项对话框，点选【部分串连】图标，选择图 11-83（a）所示轮廓，单击对话框 ✔ 确定，弹出外形铣削参数设置对话框。

② 单击【刀具】选项，选择【D8 精刀】。

③ 单击【Z 分层切削】选项，不勾选【深度分层切削】。

④ 单击【共同参数】选项，设定参考高度：30.0（绝对坐标），进给下刀位置：3.0

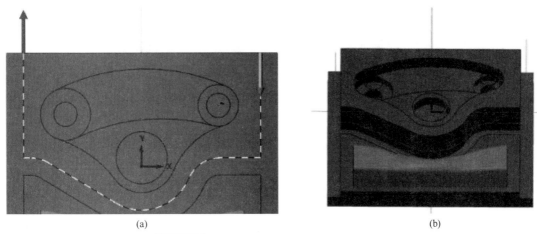

(a)   (b)

图 11-82 加工轮廓选择及生成外形刀具路径

（增量坐标），工件表面：－19（绝对坐标），深度：－25（绝对坐标）。

⑤ 单击 [勾] 确定，生成图 11-83（b）所示刀具路径。

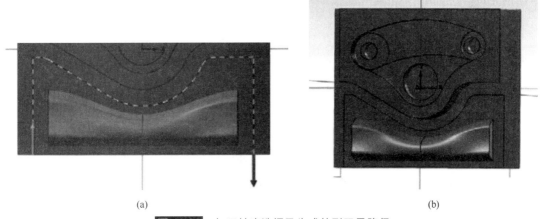

(a)   (b)

图 11-83 加工轮廓选择及生成外形刀具路径

4）$Z-25$ 深度清余量

① 单击【外形】图标 外形，弹出串连选项对话框，依次单击【实体】图标 —2D】—【边界】图标 ，选择图 11-84（a）所示两条轮廓，单击对话框 [勾] 确定，弹出外形铣削参数设置对话框。

② 单击【刀具】选项，选择【D8 精刀】。

③ 单击【切削参数】选项，设置补正方式：关 (补正方式 ┃ 关 ▾)。

④ 单击【共同参数】选项，设定参考高度：30.0（绝对坐标），进给下刀位置：3.0（增量坐标），工件表面：－24（绝对坐标），深度：－25（绝对坐标）。

⑤ 单击 [勾] 确定，生成图 11-84（b）所示刀具路径。

5）$Z-19$ 平面精加工

① 单击 2D 功能区中的【区域】图标 区域，弹出串连选项对话框，单击【加工范围】下的

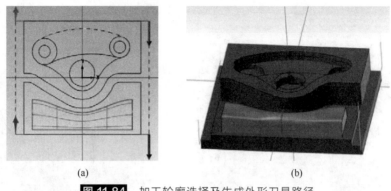

(a)   (b)

图 11-84 加工轮廓选择及生成外形刀具路径

图标 ，选择图 11-85（a）所示轮廓作为加工范围，单击 确定，点选加工区域策略：开放；单击【避让范围】下的图标 ，弹出对话框，依次单击【实体】—【2D】—【连接边界】，选择图 11-85（b）所示两个封闭轮廓作为避让范围（选完一个封闭轮廓后，需单击空格键才能继续选择下一条轮廓），单击 确定；再单击 确定，弹出区域加工参数设置对话框。

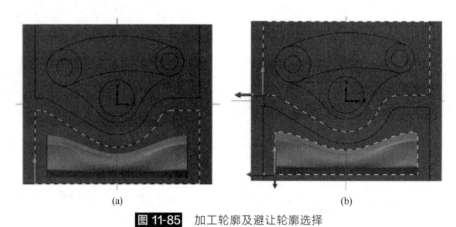

(a)   (b)

图 11-85 加工轮廓及避让轮廓选择

② 单击【刀具】选项，选择【D8 精刀】。

③ 单击【切削参数】选项，设置 XY 步进量：80%，壁边、底面预留量 0。

④ 单击【共同参数】选项，设定参考高度：30.0（绝对坐标），进给下刀位置：3.0（增量坐标），工件表面：-18（绝对坐标），深度：-19（绝对坐标）。

⑤ 单击【冷却液】选项，设定开启冷却液模式【On】。

⑥ 单击 确定，生成图 11-86 所示刀具路径。

6）$Z-5$ 凹槽精加工

① 复制【3-2D 挖槽（标准）】到【D8 精加工】刀具群组下。

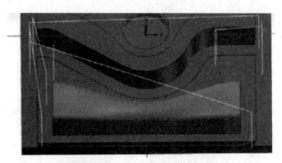

图 11-86 生成区域刀具路径

② 修改参数；【刀具】选项选择 D8 精刀；【切削参数】选项壁边、底面预留量 0；【共同参数】工件表面：－4（绝对坐标）。

③ 单击 ✔ 确定，单击操作管理器上的图标重新计算，生成图 11-87（a）所示刀具路径。

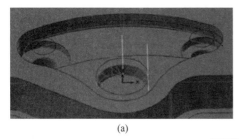 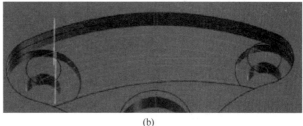

(a)   (b)

图 11-87 生成刀具路径

7）$Z-10$ 凹槽精加工

① 复制【4-2D 挖槽（标准）】到【D8 精加工】刀具群组下。

② 修改参数；【刀具】选项选择 D8 精刀；【切削参数】选项壁边、底面预留量 0；【共同参数】工件表面：－9（绝对坐标）。

③ 单击 ✔ 确定，单击操作管理器上的重新计算，生成图 11-87（b）所示刀具路径。

8）$\phi 30$ 圆精加工

① 复制【5-2D 挖槽（标准）】到【D8 精加工】刀具群组下。

② 修改参数；【刀具】选项选择 D8 精刀；【切削参数】选项壁边、底面预留量 0；【共同参数】工件表面：－14（绝对坐标）。

③ 单击 ✔ 确定，单击操作管理器上的 ▶ 重新计算，生成图 11-88（a）所示刀具路径。

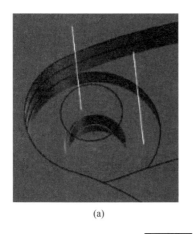 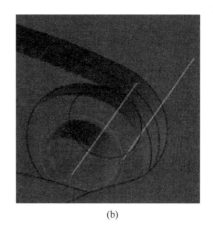

(a)   (b)

图 11-88 生成刀具路径

9）$\phi 24$ 圆精加工

① 复制【6-2D 挖槽（标准）】到【D8 精加工】刀具群组下。

② 修改参数；【刀具】选项选择 D8 精刀；【切削参数】选项壁边、底面预留量 0；【共同参数】工件表面：－14（绝对坐标）。

③ 单击 ✔ 确定，单击操作管理器上的 ▷ 重新计算，生成图 11-88（b）所示刀具路径。

10）深度为 8 的 φ30 圆精加工

① 复制【7-2D 挖槽（标准）】到【D8 精加工】刀具群组下。

② 修改参数；【刀具】选项选择 D8 精刀；【切削参数】选项壁边、底面预留量 0；【共同参数】工件表面：−12（绝对坐标）。

③ 单击 ✔ 确定，单击操作管理器上的 ▷ 重新计算，生成图 11-89（a）所示刀具路径。

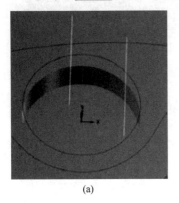
(a)
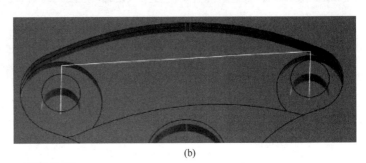
(b)

图 11-89　生成刀具路径

11）2×φ14 圆精加工

① 复制【8-螺旋铣孔】到【D8 精加工】刀具群组下。

② 修改参数；【刀具】选项选择 D8 精刀；【切削参数】选项壁边、底面预留量 0；【共同参数】工件表面：−22（绝对坐标）。

③ 单击 ✔ 确定，单击操作管理器上的 ▷ 重新计算，生成图 11-89（b）所示刀具路径。

12）曲面精加工（清角）

① 单击 3D 功能区中的【等高】图标 ，选择图 11-77 所示生成的曲面，单击 结束选择，单击 ✔ 确定，弹出等高铣削参数设置对话框。

② 单击【刀具】选项，选择【D8 精刀】。

③ 单击【毛坯预留量】选项，设置壁边、底面预留量 0。

④ 单击【切削参数】选项，点选：最佳化，分层深度：0.2，其余默认。

⑤ 单击【陡斜/浅滩】选项，勾选：使用 Z 轴深度，设置最高位置：−16，最低位置：−19，其余默认。

⑥ 单击 ✔ 确定，生成图 11-90 所示刀具路径。

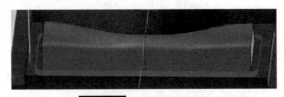

图 11-90　清角刀具路径

（5）D6R3 曲面精加工

① 单击【机床群组-1】，鼠标停留在机床群组-1 上右击，依次选择【群组】—【新建刀路群组】，输入刀具群组名称：D6R3 曲面精加工；完成新群组的创建。

② 依次单击【曲面】—【由实体生成曲面】，单击曲面底面生成单独的曲面，用于编程时作为干涉面，如图 11-91 所示。

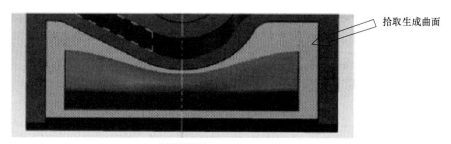

拾取生成曲面

图 11-91　拾取生成曲面

③ 单击 3D 功能区中的【流线】图标 ，选择图 11-77 曲面，单击 结束选择 ，弹出【刀路曲面选择】对话框；单击干涉面下的图标 ，选择上一步生成的曲面作为干涉面，单击 结束选择 回到对话框；单击 确定，弹出曲面精修流线参数设置对话框。

④ 单击【刀具参数】选项，创建一把直径为 6 的球刀。设置刀具属性，名称：D6R3 球刀、进给速率：2000、主轴转速：3500、下刀速率：600。

⑤ 单击【曲面参数】选项，参考高度：30（绝对坐标），下刀位置：3（增量坐标），其余默认，如图 11-92 所示。

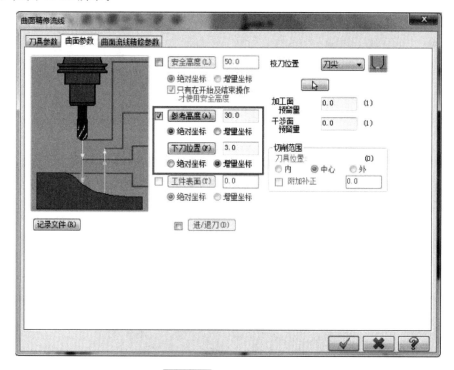

图 11-92　曲面参数设置

⑥ 单击【曲面流线精修参数】选项，设置截断方向控制点选：距离，输入：0.2，其余默认，如图 11-93 所示。

⑦ 单击 ✓ 确定，弹出图 11-94 所示【曲面流线设置】对话框。

图 11-93　曲面流线精修参数设置

图 11-94　曲面流线设置

⑧ 单击【补正方向】，出现图 11-95 所示刀路预览，【切削方向】、【步进方向】、【起始点】，用户可以根据所需进行修改，此处直接按照默认，单击 ✓ 确定。

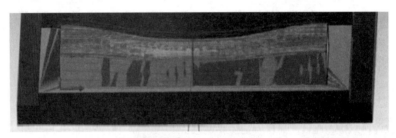

图 11-95　刀具路径预览

⑨ 系统弹出【刀路/曲面】警告对话框，点选【不再显示此警告信息】，单击 ✓ 确定，生成图 11-96 所示刀具路径。

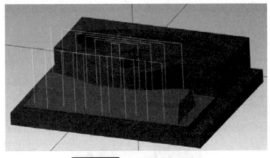

图 11-96　生成刀具路径

（6）实体仿真

① 单击操作管理器上的【机床群组-1】，选中所有的刀具路径。

② 单击【机床】—【实体仿真】进行实体仿真，单击 ▶ 播放，仿真加工过程和结果如图 11-97 所示。

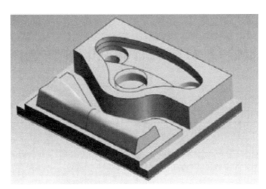

图 11-97　实体切削验证效果

（7）保存

单击选项卡上【文件】—【保存】，将本例保存为【自动编程实例.mcam】文档。

（8）后处理程序

选择 802D.PST 后处理文件，分别将 "D12 粗加工" "D8 粗加工" "D8 精加工" "D6R3 曲面精加工" 群组处理成 CX-D12.NC、CX-D8.NC、JX-D8.NC、JX-D6R3.NC 文件。

附录

附录 A FANUC 0i 系统 G 代码和 M 代码

G 代码

代码	分组	含　义	代码	分组	含　义
G00		快速进给、定位	G45		刀具位置补偿伸长
G01	01	直线插补	G46	00	刀具位置补偿缩短
G02		圆弧插补 CW（顺时针）	G47		刀具位置补偿 2 倍伸长
G03		圆弧插补 CCW（逆时针）	G48		刀具位置补偿 2 倍缩短
G04		暂停	G49	08	刀具长度补偿取消
G07	00	假想轴插补	G50	11	比例缩放取消
G09		准确停止	G51		比例缩放
G10		数据设定	G50.1	19	程序指令镜像取消
G15	18	极坐标指令取消	G51.1		程序指令镜像
G16		极坐标指令	G52	00	局部坐标系设定
G17		XY 平面	G53		机械坐标系选择
G18	02	ZX 平面	G54		工件坐标系 1 选择
G19		YZ 平面	G55		工件坐标系 2 选择
G20	06	英制输入	G56		工件坐标系 3 选择
G21		米制输入	G57	12	工件坐标系 4 选择
G22	04	存储行程检查功能 ON	G58		工件坐标系 5 选择
G23		存储行程检查功能 OFF	G59		工件坐标系 6 选择
G27		回归参考点检查	G60	00	单方向定位
G28		回归参考点	G61		准确停止状态
G29	00	由参考点回归	G62		自动转角速率
G30		回归第 2、第 3、第 4 参考点	G63	15	攻螺纹状态
G40		刀径补偿取消	G64		切削状态
G41	07	左刀径补偿	G65	00	宏调用
G42		右刀径补偿	G66		宏模态调用 A
G43	08	刀具长度补偿＋	G66.1	14	宏模态调用 B
G44		刀具长度补偿－	G67		宏模态调用 A/B 取消

296

代码	分组	含　义	代码	分组	含　义
G68	16	坐标旋转	G85	09	削镗固定循环
G69		坐标旋转取消	G86		退刀形削镗固定循环
G73	09	深孔钻削固定循环	G87		削镗固定循环
G74		左螺纹攻螺纹固定循环	G88		削镗固定循环
G76		精镗固定循环	G89		削镗固定循环
G80		固定循环取消	G90	03	绝对方式指定
G81		钻削固定循环、钻中心孔	G91		相对方式指定
G82		钻削固定循环、锪孔	G92	00	工件坐标系的变更
G83		深孔钻削固定循环	G98	10	返回固定循环初始点
G84		攻螺纹固定循环	G99		返回固定循环 R 点

M 代码

代　码	含　义
M00	程序暂停,即计划停止
M02	程序结束
M03	主轴正转启动
M04	主轴反转启动
M05	主轴停
M06	换刀
M07	冷却液开
M09	冷却液关
M30	程序结束并返回程序起点
M98	子程序调用
M99	子程序结束

附录 B　SIEMENS 802S/C 系统指令表

地址	含　义	赋　值	说　明
D	刀具刀补号	0～9 整数,不带符号	用于某个刀具 T 的补偿,一个刀具最多有 9 个 D 号
F	进给率(与 G04 一起可以编程停留时间)	0.001～99999.99	刀具/工件的进给速度,对应 G94 或 G95,单位分别为 mm/min 或 mm/r
G	G 功能(准备功能字)	已事先规定	G 功能按 G 功能组划分,分模态有效和程序段有效

续表

地址	含　义	赋　值	说　　明
G00	快速移动		
G01*	直线插补		
G02	顺时针圆弧插补		运动指令（插补方式）模态有效
G03	逆时针圆弧插补		
G05	中间点圆弧插补		
G33	恒螺距的螺纹切削		
G331	不带补偿夹头切削内螺纹		
G332	不带补偿夹头切削内螺纹—退刀		
G04	暂停时间		
G63	带补偿夹头切削内螺纹		
G74	回参考点		特殊运行，程序段方式有效
G75	回固定点		
G158	可编程的偏置		
G258	可编程的旋转		
G259	附加可编程旋转		写存储器，程序段方式有效
G25	主轴转速下限		
G26	主轴转速上限		
G17*	X/Y 平面		
G18	Z/X 平面		平面选择，模态有效
G19	Y/Z 平面		
G40*	刀尖半径补偿方式的取消		
G41	调用刀尖半径补偿，刀具在轮廓左侧移动		刀尖半径补偿，模态有效
G42	调用刀尖半径补偿，刀具在轮廓右侧移动		
G500	取消可设定零点偏置		
G54	第一可设定零点偏置		
G55	第二可设定零点偏置		可设定零点偏置，模态有效
G56	第三可设定零点偏置		
G57	第四可设定零点偏置		
G53	按程序段方式取消可设定零点偏置		取消可设定零点偏置，段方式有效
G60*	准确定位		定位性能，模态有效
G64	连续路径方式		
G09	准确定位，单程序段有效		程序段方式准停，段方式有效
G601*	在 G60、G09 方式下精准确定位		准停窗口，模态有效
G602	在 G60、G09 方式下准确定位		

地 址	含 义	赋 值	说 明
G70	英制尺寸		英制/公制尺寸,模态有效
G71*	公制尺寸		
G90*	绝对尺寸		绝对尺寸/增量尺寸,模态有效
G91	增量尺寸		
G94*	进给率 F,mm/min		进给/主轴,模态有效
G95	进给率 F,mm/r		
G901	在圆弧段进给补偿"开"		进给补偿,模态有效
G900	在圆弧段进给补偿"关"		
G450	圆弧过滤		刀尖半径补偿时拐角特性,模态有效
G451	交点过滤		

带 * 的功能在程序启动时生效

地 址	含 义	赋 值	说 明
I	插补参数	±0.001~99999.999 螺纹; 0.001~20000.000	X 轴尺寸,在 G02 和 G03 中为圆心坐标;在 G33,G331,G332 中则表示螺距大小
J	插补参数	±0.001~99999.999 螺纹; 0.001~20000.000	Y 轴尺寸,在 G02 和 G03 中为圆心坐标;在 G33,G331,G332 中则表示螺距大小
K	插补参数	±0.001~99999.999 螺纹; 0.001~20000.000	Z 轴尺寸,在 G02 和 G03 中为圆心坐标;在 G33,G331,G332 中则表示螺距大小
L	子程序名及子程序调用	7 位十进制整数,无符号	可以选择 L1~L9999999;子程序调用需要一个独立的程序段
M	辅助功能	0~99 整数,无符号	用于进行开关操作,如"打开冷却液",一个程序段中最多有 5 个 M 功能
M00	程序停止		用 M00 停止程序的执行,按"启动"键加工继续执行
M01	程序有条件停止		与 M00 一样,但仅在"条件停有效"功能被软键或接口信号触发后才生效
M02	程序结束		在程序的最后一段被写入
M30	主程序结束		在主程序的最后一段被写入
M17	子程序结束		在子程序的最后一段被写入
M03	主轴顺时针旋转		
M04	主轴逆时针旋转		
M05	主轴停		
M06	更换刀具		在机床数据有效时用 M06 更换刀具,其他情况下直接用 T 指令进行换刀
M40	自动变换齿轮级		
M41~M45	齿轮级 1 到齿轮级 5		
M70	—		预定,没用

地 址	含 义	赋 值	说 明
:	主程序段	0～99999999 整数，无符号	指明主程序段，用字符":"取代副程序段的地址符"N"。主程序段中必须包含其加工所需的全部指令
N	副程序段	0～99999999 整数，无符号	与程序段段号一起标识程序段，N 位于程序段开始
P	子程序调用次数	1～9999 整数，无符号	在同一程序段中多次调用子程序
R0～R249	计算参数		R0～R99 可以自由使用，R100～R249 作为加工循环中传送参数
计算功能			除了 ＋－*/四则运算外还有以下计算功能
SIN( )	正弦	单位(度)	
COS( )	余弦	单位(度)	
TAN( )	正切	单位(度)	
SQRT( )	平方根		
ABS( )	绝对值		
TRUNC( )	取整		
RET	子程序结束		代替 M2 使用，保证路径连续运行
S	主轴转速，在 G04 中表示暂停时间	0.001～99999.999	主轴转速单位，r/min，在 G04 中作为暂停时间
T	刀具号	1～32000 整数，无符号	可以用 T 指令直接更换刀具，也可由 M06 进行。这可由机床数据设定
X	坐标轴	±0.001～99999.999	位移信息
Y	坐标轴	±0.001～99999.999	位移信息
Z	坐标轴	±0.001～99999.999	位移信息
AR	圆弧插补张角	0.00001～399.99999	单位是度，用于在 G02/G03 中确定圆弧大小
CHF	倒角	0.001～99999.999	在两个轮廓之间插入给定长度的倒角
CR	圆弧插补半径	0.001～99999.999 大于半圆的圆弧带负号"－"	在 G02/G03 中确定圆弧半径
GOTOB	向上跳转指令		与跳转标志符一起，表示跳转到所标志的程序段，跳转方向向程序开始方向
GOTOF	向下跳转指令		与跳转标志符一起，表示跳转到所标志的程序段，跳转方向向程序结束方向
IF	跳转条件		有条件跳转，指符合条件后进行跳转，比较符：＝＝等于，＜＞不等于，＞大于，＜小于，＞＝大于等于，＜＝小于等于
IX	中间点坐标	±0.001～99999.999	X 轴尺寸，用于中间点圆弧插补 G05
JY	中间点坐标	±0.001～99999.999	Y 轴尺寸，用于中间点圆弧插补 G05
KZ	中间点坐标	±0.001～99999.999	Z 轴尺寸，用于中间点圆弧插补 G05

地址	含 义	赋 值	说 明
LCYC…	调用标准循环	事先规定的值	用一个独立的程序段调用标准循环,传送参数必须已经赋值
LCYC82	钻削,沉孔循环		R101:退回平面(绝对) R102:安全距离 R103:参考平面(绝对) R104:最后钻深(绝对) R105:在此钻削深度停留时间
LCYC83	深孔钻削循环		R101:退回平面(绝对) R102:安全距离 R103:参考平面(绝对) R104:最后钻深(绝对) R105:在此钻削深度停留时间 R107:钻削进给率 R108:首钻进给率 R109:在起始点和排屑时停留时间 R110:首钻深度(绝对) R111:递减量 R127:加工方式 断屑=0,退刀排屑=1
LCYC840	带补偿夹头切削内螺纹循环		R101:退回平面(绝对) R102:安全距离 R103:参考平面(绝对) R104:最后钻深(绝对) R106:螺纹导程值 R126:攻丝时主轴旋转方向
LCYC84	不带补偿夹头切削内螺纹循环		R101:退回平面(绝对) R102:安全距离 R103:参考平面(绝对) R104:最后钻深(绝对) R105:在螺纹终点处的停留时间 R107:钻削进给率 R108:退刀时进给率
LCYC85	精镗孔、铰孔循环		R101:退回平面(绝对) R102:安全距离 R103:参考平面(绝对) R104:最后钻深(绝对) R105:在此钻削深度处的停留时间 R107:钻削进给率 R108:退刀时进给率
LCYC60	线性分布孔循环		R115:钻孔或攻螺纹循环号值:82,83,84,840,85(相应于LCYC…) R116:横坐标参考点 R117:纵坐标参考点 R118:第一孔到参考点的距离 R119:孔数 R120:平面中孔排列直线的角度 R121:孔间距离

续表

地址	含义	赋值	说明
LCYC61	圆周分布孔循环		R115:钻孔或攻螺纹循环号值:82,83,84,840,85(相应于LCYC…) R116:圆弧圆心横坐标(绝对) R117:圆弧圆心纵坐标(绝对) R118:圆弧半径 R119:孔数 R120:起始角(−180＜R120＜180) R121:角增量
LCYC75	铣凹槽和键槽		R101:退回平面(绝对) R102:安全距离 R103:参考平面(绝对) R104:凹槽深度(绝对) R116:凹槽中心横坐标 R117:凹槽中心纵坐标 R118:凹槽长度 R119:凹槽宽度 R120:拐角半径 R121:最大进刀深度 R122:深度进刀进给率 R123:表面加工的进给率 R124:侧面加工的精加工余量 R125:深度加工的精加工余量 R126:铣削方向值:2用于G02,3用于G03 R127:铣削类型值:1用于粗加工,2用于精加工
RND	倒圆	0.010～999.999	在两个轮廓之间以给定的半径插入过渡圆弧
RPL	G258和G259时的旋转角	±0.00001～359.9999	单位为度,表示在当前平面G17～G19中可编程旋转的角度
SF	G33中螺纹加工切入点	0.001～359.999	G33中螺纹切入角度偏移量
SPOS	主轴定位	0.001～359.999	单位为度,主轴在给定位置停止(主轴必须作相应的设计)
STOPRE	停止解码		特殊功能,只有在STOPRE之前的程序段结束以后才译码下一个程序段

参考文献

［1］　徐衡. 跟我学 FANUC 数控系统手工编程［M］. 北京：化学工业出版社，2013.

［2］　赵长明. 数控加工中心加工工艺与技巧［M］. 北京：化学工业出版社，2008.

［3］　刘雄伟. 数控机床操作与编程培训教程［M］. 北京：机械工业出版社，2001.

［4］　翟瑞波. 图解数控铣/加工中心加工工艺与编程从新手到高手［M］. 北京：化学工业出版社，2019.